神机妙算

一本关于算法的闲书

A Casual Book on Algorithms

顾 森 著

蔡雪琴 绘

U0281146

电子工业出版社.

Publishing House of Electronics Industry

北京•BEIJING

内容简介

本书撷取生活中的趣闻逸事，将它们抽象成一个一个算法，寓教于乐，并阐述了主流算法背后的来龙去脉，包括贪心算法、排序算法、RSA算法、递归、分治、动态规划等经典内容。本书适合对算法有好奇心的人群阅读。

图书在版编目（CIP）数据

神机妙算：一本关于算法的闲书 / 顾森著；蔡雪琴绘.—北京：电子工业出版社，2021.10
ISBN 978-7-121-41422-0
I. ①神…II. ①顾…②蔡…III. ①算法分析 IV. ①O224
中国版本图书馆 CIP 数据核字（2021）第 133389 号

责任编辑：刘　皎
印　　刷：北京盛通商印快线网络科技有限公司
装　　订：北京盛通商印快线网络科技有限公司
出版发行：电子工业出版社
　　　　　北京市海淀区万寿路 173 信箱　　邮编：100036
开　　本：720×1000　1/16　　印张：15.75　　字数：255 千字
版　　次：2021 年 10 月第 1 版
印　　次：2022 年 11 月第 3 次印刷
定　　价：79.00 元

代序

多年前的一个晚上，本书作者找到我，说会在《程序员》杂志连载一系列文章，主题是生活中的算法。连载结束后，会集结成册汇成一本书，他想请我为这本八字还没一撇的书绘制插图。

一开始我是拒绝的。我既不是专业插画师，对所谓生活中的算法也没什么概念，这本书能不能顺利出版也还是未知数，但在他的一再坚持下，最终还是答应了这个缥缈的请求。当时我俩谁也没想到，他所说的这本书，从连载到最后成型出版，整整酝酿了八年。这八年间，我已经和他结了婚，我们的两个孩子都比这本书先"问世"了。

连载的那段时间，他每完成一篇文章，都会先发给我看看。而我作为这个系列的第一个读者，每次看完都会反馈给他能不能看懂、有没有问题、好不好玩，从一个业余读者的角度，尽可能地监督他把问题简单有趣地讲明白。

一个算法，可以讲到它的前世今生，讲到它在生活中的应用，就连我们在生活中遇到的真实问题，也被他写进书里做例子，甚至附上了日期时间。跨越八年，有些例子也带上了些许年代感，令人感叹。

临近出版，该给书写个序了。他坐在我边上盯着屏幕发呆，似乎没什么思路。瞄了一眼屏幕，这个家伙竟然在一本正经地搜索"如何给一本书写序"……我说要不我先从我的角度写写吧，抛砖引玉，看看我写完能不能给你点灵感。于是便有了这篇代序。

蔡雪琴

2021 年 8 月

序言

　　小学时，我特别喜欢解数学谜题。为了把狼、羊、白菜运到河对岸，为了找出重量较轻的那枚假币，为了在3分钟内煎好全部大饼，为了判断出谁是骑士谁是无赖，我常常会废寝忘食地在纸上写写画画，最后为自己发现了答案而兴奋不已。有个谜题让我至今记忆犹新：把4个A、4个B、4个C、4个D排成一个4×4的方阵，使得每一行都没有重复的字母，每一列也没有重复的字母。我把它解决了，而且获得了更大的爽快感。因为，问题的答案并不是我盲目地试出来的，而是用一个自己想到的"招数"得出的。在第一排按顺序写下A、B、C、D这4个字母，然后把第一个字母挪到最后面，变成下一排的字母顺序，并且不断地这样做下去。等4排都写完了，就会得到一个正确的答案。

$$
\begin{array}{cccc}
A & B & C & D \\
B & C & D & A \\
C & D & A & B \\
D & A & B & C
\end{array}
$$

而且我发现，这个"招数"十分万能，它可以直接用于字母更多的情况。现在回想起来，这没准儿是我解决的第一个算法问题。

　　中学时，我开始搞信息学竞赛，才知道这是一个经典问题，叫作拉丁方阵（Latin square）。当年我找到的，不过是4阶拉丁方阵的一个最基本的解。4阶拉丁方阵还有很多，有些没法拿我当年的"招数"得出，比如下面这个：

```
A D B C
B C A D
C B D A
D A C B
```

更让我吃惊的是，这个看似纯粹的数字游戏，在生产生活中竟然有非常真实的应用。假设某汽车发动机制造商想要测试并比较 4 种汽油添加剂的性能。不妨把这 4 种汽油添加剂分别记作 A、B、C、D。如果所有试验全在某一辆车上进行，可能会出现一些问题，比方说该车的某些特性正好能让 A 充分发挥性能，最终的试验结果会显示 A 的性能更好，但这个结论无法广泛适用于各种场合。类似地，驾驶员的习惯或许也会无意地影响到试验结果。为了消除这些因素的影响，我们可以选择 4 辆不同的车（编号分别为 1、2、3、4）、4 名不同的驾驶员（编号也分别为 1、2、3、4）。在我当年得出的拉丁方阵中，第 2 行第 3 列是 D，我们就把 D 装进 2 号车，交给 3 号驾驶员去开。所有 16 次测试中，每种汽油添加剂都用了 4 次，这 4 次都是跟不同的车、不同的驾驶员搭配，而且每一名驾驶员都没开过重复的车。这样得到的试验结果就能很好地反应更普遍的情况。

算法，不但是编写程序的人需要掌握的一门学问，在人们的日常生活中也扮演着重要的角色。拉丁方阵就是一个非常好的例子。

大学时，看了不少科普书，自己也试着写了一些。当时，市面上有很多经济学、心理学等"兴趣学科"的优秀科普书，既不像教科书那样无趣，又不像"快餐书"那样泛泛而谈，不管是门外汉还是业内人士，看完后都觉得收获颇丰。我忽然萌生了一个想法：算法也是一个应用广泛、妙趣横生的学科，计算机行业内外的人应该都会有兴趣，但为什么没有写给大家看的算法书呢？那时，我就计划着自己写一本。

我和很多人分享了这个想法。2012 年，应卢鸫翔编辑的邀请，我开始为《程序员》杂志的算法栏目供稿。2013 年末，稿件数量已经累积到我觉得比较满意的程度了，我便着手将它们串联并扩充成一本完整的算法书。2015 年，这本书的初稿终于完成了。接下来，这本书进入了漫长而曲折的审校打磨阶段，图书编辑和插画师轮番抱娃，耽误了不少进度，我作为完美主义者、拖延症患者和插画师的孩子他爸，对此书跳票亦有卓越贡献。一眨眼，已经到 2020 年了。八年的时间里凝聚了太多人的智慧和汗水。这里，向所有对这本书的写作和出版有帮助的人致谢。

最后，也想对正在阅读序言的你说一句，祝愿这本书能陪伴你度过一段难忘的算法之旅。如果你喜欢刚才那个拉丁方阵的例子，那你可要做好准备了。拉丁方阵不过是算法这个游乐园里的旋转木马，后面的内容将会像过山车一样惊险刺激！

顾 森

2021 年 8 月

目录

图论算法

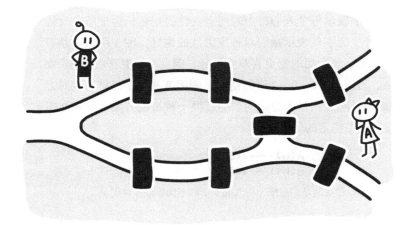

稳定婚姻问题

什么是算法？每当有人问我这样的问题，我总会引用下面这个例子。

假如你是一个媒人，有若干名单身男子登门求助，还有同样多的单身女子也来征婚。如果你已经知道这些女孩儿在每个男孩儿心目中的排名，以及男孩儿们在每个女孩儿心目中的排名，那么你该怎样为他们牵线配对呢？

最好的配对方案当然是，每个人的另一半正好都是自己的"第一选择"。这当然很完美，但绝大多数情况下都不可能实现。比方说，男 1 号的最爱是女 1 号，而女 1 号的最爱不是男 1 号，这两个人的最佳选择就不可能被同时满足。如果出现了好几位男士的最爱是同一个女孩儿的情况，这几位男士的首选也不会同时得到满足。当这种最为理想的配对方案无法实现时，怎样的配对方案才能令人满意呢？

其实，找对象不见得需要那么完美，和谐才是关键。如果男 1 号和女 1 号各有各的对象，但男 1 号觉得女 1 号比自己的现任更好，女 1 号也觉得对方比自己的现任更好，那么两人就可能扔下自己现在的另一半，走在一起——因为这个结果对他们两人都更好一些。如果在一种男女配对方案中出现了这种情况，我们就说这种配对方案是不稳定的。作为一个红娘，你深深地知道，介绍对象就怕婚姻关系不稳定。因此，在给客户牵线配对时，虽然不能让每个人都得到最合适的，但婚姻搭配必须得是稳定的。现在，我们的问题就是：稳定的婚姻搭配总是存在的吗？如果存在，又应该怎样寻找出一个稳定的婚姻搭配？

为了便于分析，下面我们做一些约定。我们用字母 A、B、C 对男性进行编号，用数字 1、2、3 对女性进行编号。我们把所有男性从上到下列在左侧，括号里的数字表示每个人心目中对所有女性的排名；再把所有女性列在右侧，用括号里的字母表示她们对各位男性的偏好。图 1 所示就是有 2 男 2 女的一种情形，每个男的都更喜欢女 1 号，但女 1 号更喜欢男 B，女 2 号更喜欢男 A。若按 A—1、B—2 进行搭配，则男 B 和女 1 都更喜欢对方一些，这样的婚姻搭配显然是不稳定的。但若换一种搭配方案（如图 2 所示），这样的搭配就是稳定的了。

$$A(1,2) — 1(B,A)$$
$$B(1,2) — 2(A,B)$$

图 1　一个不稳定的婚姻搭配（男 B 和女 1 都不满意现任伴侣）

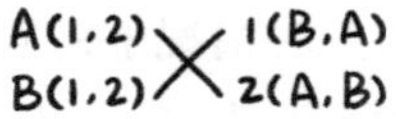

$$A(1,2) \diagdown 1(B,A)$$
$$B(1,2) \diagup 2(A,B)$$

图2　一个稳定的婚姻搭配

可能很多人会立即想到一种寻找稳定婚姻搭配的策略：不断修补当前搭配方案。如果两个人互相之间都觉得对方比自己当前的伴侣更好，那就让这两个人成为一对，刚刚被甩的那两个人组成一对。如果还有想要在一起的男女对，就继续按照他们的愿望对换情侣，直到最终消除所有的不稳定组合。容易看出，应用这种"修补策略"所得到的最终结果一定满足婚姻的稳定性，但这种策略的问题在于，它不一定有一个"最终结果"。按照上述方法反复调整搭配方案，最终有可能陷入一个死循环，无法得出一个确定的方案（如图3所示）。

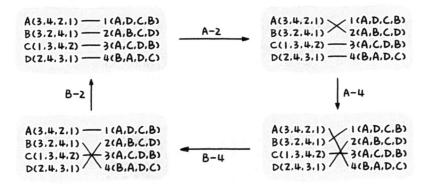

图3　应用"修补策略"可能会产生死循环

1962年，美国数学家戴维·盖尔（David Gale）和罗伊德·沙普利（Lloyd Shapley）发明了一种寻找稳定婚姻的策略。不管男女各有多少人，也不管他们各自的偏好如何，应用这种策略后总能得到一个稳定的婚姻搭配。换句话说，他们证明了稳定的婚姻搭配总是存在的。有趣的是，这种策略反映了现实生活中的很多真实情况。

在这种策略中，男士将一轮一轮地去追求他中意的女子，而女子可以选择接受或拒绝相应的追求者。第一轮，每位男士都选择向自己最心仪的女子表白。此时，每个女子可能面对的情况有三种：没有人向她表白，只有一个人向她表白，有不止一个人向她表白。在第一种情况下，这个女子什么都不用做，只需继续等待；在第二种情况下，接受那个人的表白，答应暂时和他做男女朋友；在第三种情况下，从所有追求者中选择自己最中意的那一位，答应暂时和他做男女朋友，并拒绝其他所有的追求者。

第一轮结束后，有些男士已经有女朋友了，有些男士仍然单身。第二轮，每位单身男士都从所有尚未拒绝他的女子中选出自己最中意的，并向她表白，无论她现在是否单身。和第一轮一样，每位女子需要从表白者中选择自己最中意的一位，拒绝其他追求者。注意，如果这个女子已经有男朋友，当遇到更好的追求者时，她必须抛开现任男友，投向新的追求者的怀抱。这样，一些单身男士将会找到女友，而那些已经有女友的也可能会恢复单身。在以后的每一轮中，单身的男士继续按照心目中的排序追求下一个女子，而女子则从包括现男友在内的所有追求者中选择自己最中意的一个，并对其他人说不。这样一轮一轮地进行下去，直到某个时候所有人都不再单身，接下来的一轮将不会发生任何表白，整个过程也就自动结束（如图 4 所示）。此时的婚姻搭配就一定是稳定的了。

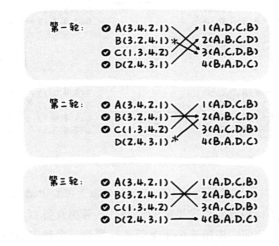

图 4　应用上述策略，三轮之后将得出稳定的婚姻搭配

这个策略会不会像之前的修补法一样，出现永远也无法终止的情况呢？不会。下面我们将说明，随着轮数的增加，总有一个时候所有人都能配上对。由于在每一轮中，至少会有一个男士向某个女子告白，因此总的告白次数将随着轮数的增加而增加。倘若整个流程一直没有因所有人都配上对而结束，最终必然会出现某个男子追遍了所有女孩儿的情况。而一个女孩

图论算法

儿只要被人追过一次，以后就不可能再单身了。既然所有女孩儿都被这个男人追过，就说明所有女孩儿现在都不是单身，也就是说此时所有人都配上对了。

接下来，我们还需要证明，这样得出的配对方案确实是稳定的。首先注意到，随着轮数的增加，一个男人追求的对象总是越来越糟，而一个女孩儿的男友只可能变得越来越好。假设男 A 和女 1 各自有各自的对象，但比起现在的对象来，男 A 更喜欢女 1。因此，在此之前男 A 肯定已经跟女 1 表白过。既然女 1 最后没有跟男 A 在一起，说明女 1 拒绝了男 A，也就是说她有了比男 A 更好的男人。这就证明了，两个人虽然不是一对，但都觉得对方比自己现在的伴侣好，这样的情况绝不可能发生。

我们把用来解决某种问题的一个策略，或者说一个方案，或者说一个处理过程，或者说一系列操作规则，或者更贴切的，一套计算方法，叫作"算法"（algorithm）。上面这个用来寻找稳定婚姻的策略就叫作"盖尔–沙普利算法"（Gale-Shapley algorithm），有些人也管它叫"延迟认可算法"（deferred acceptance algorithm）。

盖尔–沙普利算法带给我们很多启发。作为一个为这些男女牵线的媒人，你并不需要亲自使用这个算法来计算稳定匹配，甚至根本不需要了解每个人的偏好，而只需按照这个算法组织一个男女配对活动即可。你要做的仅仅是把算法流程当作游戏规则告诉大家，游戏结束后会自动得到一个大家都满意的婚姻匹配。整个算法可以简单地描述为：每个人都去做自己想做的事情。对于男性来说，从最喜欢的女子开始追起是顺理成章的事；对于女性来说，不断选择最好的男子也正好符合她的利益。因此，大家会自动遵守游戏规则，无须担心有人虚报自己的偏好。

历史上，这样的"配对游戏"还真有过实际应用，并且更有意思的是，这个算法的应用居然比算法本身的提出还早 10 年。早在 1952 年，美国就开始用这种办法给医学院的学生安排工作，这被称为"全国住院医师配对项目"。配对的基本流程就是，各医院从尚未拒绝这一职位的医学院学生中选出最佳人选并发送聘用通知，当学生收到来自各医院的聘用通知后，系统会根据他所填写的意愿表自动将其分配到意愿最高的职位，并拒绝掉其他的职位。如此反复，直到每个学生都分配到了工作。当然，那时人们并不知道这样的流程可以保证工作分配的稳定性，只是凭直觉认为这是很合理的。直到 10 年之后，盖尔和沙普利才系统地研究了这个流程，提出了稳定婚姻问题，并证明了这个算法的正确性。这套理论成功地解决了诸多市场资源配置问题，罗伊德·沙普利也因此获得了 2012 年诺贝尔经济学奖。很可惜，戴维·盖尔没能与他共享这一荣誉——他在 2008 年就已经离开人世了。

盖尔-沙普利算法还有很多有趣的性质。比如说，大家可能会想，这种男追女女拒男的方案对男性更有利还是对女性更有利呢？答案是，这种方案对男性更有利。事实上，稳定婚姻搭配往往不止一种，然而上述算法的结果可以保证，每一位男性得到的伴侣都是所有可能的稳定婚姻搭配方案中最理想的，同时每一位女性得到的伴侣都是所有可能的稳定婚姻搭配方案中最差的。受篇幅限制，我们略去证明的过程。当然，为了得到一种对女性最优的稳定婚姻搭配，我们只需要把整个算法反过来，让女孩儿去追男孩儿，男孩儿拒绝女孩儿就行了。

这个算法还有一些局限性。例如，它无法处理 $2n$ 个人不分男女的稳定搭配问题。一个简单的应用场景便是宿舍分配问题：假设每个宿舍住两个人，已知 $2n$ 个学生中每一个学生对其余 $2n-1$ 个学生的偏好评价，如何寻找一个稳定的宿舍分配？此时，盖尔-沙普利算法就不再有用武之地了。而事实上，宿舍分配问题中很可能根本就不存在稳定的搭配。例如，有 A、B、C、D 四个人，其中 A 把 B 排在第一，B 把 C 排在第一，C 把 A 排在第一，而且他们三人都把 D 排在最后。容易看出，此时一定不存在稳定的宿舍分配方案。倘若 A、D 同宿舍，B、C 同宿舍，那么 C 会认为 A 是更好的室友（因为 C 把 A 排在了第一），同时 A 会认为 C 是更好的室友（因为他把 D 排在了最后）。同理，B、D 同宿舍或者 C、D 同宿舍也都是不行的，因而稳定的宿舍分配是不存在的。此时，重新定义宿舍分配的优劣性便是一个更为基本的问题。

稳定婚姻问题还有很多其他的变种，有些问题至今仍然没有一种有效的算法。这些问题都是图论当中非常有趣的话题。

欧拉路径与德布鲁因序列

图论（graph theory）是离散数学和算法领域中的一个重要分支，是描述自然现象和人类活动的一个非常有力的模型。给定一些顶点，再告诉你哪些顶点之间有连线，这就构成了一个最基本的图。例如，把地球上的每个人都看作一个顶点，两个人若互为好友就在这两个人之间连一条线，这就构成了一个庞大的"好友关系图"。图论在运筹学中地位很重要，交通道路设计、货物运输路径、管道铺设、活动安排等问题都可以直接转化为图论问题。在一些极其抽象的组合构造类问题中，图论也发挥着巨大的作用。

在肖恩·安德森（Sean Anderson）的"位运算小技巧"网页里（*http://res.broadview.com.cn/41422/0/1*），有一段非常诡异的代码：

```
unsigned int v; // find the number of trailing zeros in 32-bit v
int r; // result goes here
static const int MultiplyDeBruijnBitPosition[32] = { 0, 1, 28, 2, 29,
    14, 24, 3, 30, 22, 20, 15, 25, 17, 4, 8, 31, 27, 13, 23, 21, 19,
    16, 7, 26, 12, 18, 6, 11, 5, 10, 9 };
r = MultiplyDeBruijnBitPosition[((uint32_t)((v & -v) * 0x077CB531U)) >>
    27];
```

这段代码可以非常快速地给出一个数的二进制表达中末尾有多少个 0。比如，67 678 080 的二进制表达是 100 00001000 10101111 10000000，因此这段代码给出的结果就是 7。熟悉位运算的朋友们可以认出，v & -v的作用就是取出末尾连续的 0 以及右起第一个 1。当 v 的值为 67 678 080 时，v & -v就等于 128，即二进制的 10000000。怪就怪在，这个 0x077CB531 是怎么回事？不妨把这个常量写成 32 位二进制数，可以得到

00000111011111001011010100110001

这个 0、1 串有一个非常难能可贵的性质：如果把它看作是循环的，它正好包含了全部 32 种可能的 5 位 01 串，既无重复，又无遗漏！

```
[00000]111011111001011010100110001 → 00000
0[00001]11011111001011010100110001 → 00001
00[00011]1011111001011010100110001 → 00011
000[00111]011111001011010100110001 → 00111
0000[01110]11111001011010100110001 → 01110
```

```
00000[11101]111100101101010011000]1  →  11101
..................................       .....
0000011101111100101101010100[11000]1  →  11000
00000111011111001011010100[10001]    →  10001
0]0000111011111001011010011[0001]     →  00010
00]0001110111110010110101100[001      →  00100
000]0011101111100101101010001100[01   →  01000
0000]011101111100101101010011000[1   →  10000
```

天啊！这个 0、1 串是怎么构造出来的?! 这还得从 18 世纪的德国说起。

德国东普鲁士的哥尼斯堡城坐落于普列戈利亚河的两侧，河流中另有两块很大的岛。整个哥尼斯堡城就这样被分成了 4 块，它们被 7 座桥连在一起（如图 1 所示）。据说，每逢周日，人们都会在城里散步，并尝试着寻找一条散步的路线，能够既无重复又无遗漏地经过每座桥恰好一次。从哪块区域出发可以由自己决定，最后也不必回到出发时的区域，但每次过桥时必须完全经过这座桥，不允许在走到桥的中间时折返回来。这就是著名的"哥尼斯堡七桥问题"（Seven Bridges of Königsberg）：究竟是否存在这样一条满足要求的路线呢?

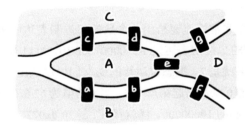

图 1　哥尼斯堡的七座桥

18 世纪的瑞士大数学家莱昂哈德·欧拉（Leonhard Euler）开创性地想出了一种分析哥尼斯堡七桥问题的方法。他发现，实际上哥尼斯堡 4 块区域的形状和位置并不重要，7 座桥的长短也不会对问题造成实质性的影响，重要的仅仅是每座桥连接的都是哪里和哪里。于是，欧拉把每个区域都用一个点来表示，把每座桥都用一条连线来表示，整个地图就被抽象成了图 2。这种大胆的抽象奠定了图论这个数学新分支的基础。我们现在的任务就变成了一个简单的图论问题——判断图 2 是否能一笔画画完。

图论算法

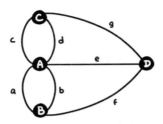

图 2　抽象后的七桥问题

在 1736 年的一篇论文中，欧拉证明了这个图是不能一笔画完成的。假设这个图是可以一笔画完成的，那么除了一笔画线路的起点和终点以外，其他的所有点都必然是"有进必有出"，"进去过多少次就出来过多少次"。如果我们把一个点引出的线条数叫作这个点的"度"（degree），那么你会发现，除了一笔画线路的起点和终点允许奇数的度，其余所有点的度都必须是偶数。但是，图 2 中 4 个点的度数都是奇数，因而它是不能一笔画完成的。

我们把遍历图中每条连线恰好一次的路径叫作"欧拉路径"（Eulerian path）。上面的推理实际上刻画了一个图里存在欧拉路径的必要条件：度数为奇数的顶点最多只能有两个。如果额外地要求这条路径最后必须回到起点处，则图里完全不能有任何度数为奇数的顶点出现。我们接下来关心的问题就是，这些条件同时也是欧拉路径存在的充分条件吗？换句话说，如果一个图真的满足这些条件，那么欧拉路径就一定存在吗？1871 年，德国数学家卡尔·希尔霍泽（Carl Hierholzer）对此给出了一个肯定的回答：只要整个图是连通的，并且满足前面关于度数的条件，那么不但欧拉路径是一定存在的，而且我们还能高效地生成一条合法的路径。只可惜，他还没来得及把这一切写成论文，就不幸英年早逝了，去世时年仅 31 岁。所幸的是，希尔霍泽去世前曾经向他的同事讲述过解决问题的大致思路。后来，他的同事们凭借记忆，复原了希尔霍泽的证明方法，并以希尔霍泽的名义发表了论文，希尔霍泽的欧拉路径生成方法才得以保留下来。

希尔霍泽的欧拉路径生成方法非常简单。让我们先来看一下图中没有奇数度顶点，所有顶点度数均为偶数的情况。首先，我们可以从中选择任意一个点作为出发点，往任意一个方向走一步（此时出发点的度数就变成奇数了），并且不断地走下去，直至回到出发点为止。在这个过程中，我们绝对不会"走死"，因为除了现在的出发点以外，每个顶点的度数都是偶数，进去了是一定能出来的。但是，当我们走回出发点后，我们可能还没有走遍所有的路。没关系。现在，我们擦掉所有已经走过的路。容易看出，对于每一个顶点来说，如果它的度数减少了，那一定是成双成对地减少。因此，擦掉走过的路后，剩余的图仍然满足所有顶点度数均为偶数的性质。我们在走过的路上找出一个点，使得它上面还连着一些没有走过的、仍然留在剩余图中的道路。从这个点出发，像刚才那样，在剩余的图中走出一条回路，然后把这条新的回路插入到刚才的路线里，并从剩余的图中擦掉。不断从剩余的图中寻找回路，并且并入已经生成的回路里。考虑到整个图是连通的，因此最终我们将会得到遍历所有道路恰好一次的路径。

这个方法很容易扩展到有两个奇数度顶点的情况，只需要一开始从其中一个奇数度顶点出发，最后必然会到达另外一个奇数度顶点。然后，像刚才那样，不断在这条路径上插入一个一个的回路，直到这条路径包含了所有的道路。

即使在有重边（同一对顶点间有多条连线）、有自环（从某个顶点出发连一条线到自身）的情况下，上面的这些推理同样适用。欧拉路径的问题还可以扩展到有向图上：假如我们规定每条连线都是"单行道"，那么怎样的图才会有遍历所有连线的路径呢？对于任意一个顶点，我们把指向该顶点的线条数叫作它的"入度"（indegree），把从该顶点向外发出的线条数叫作它的"出度"（outdegree）。容易想到，为了保证欧拉路径的存在，我们必须要让每个顶点的入度都等于出度；如果允许路线的起点和终点不重合，我们还可以允许有一个顶点的出度等于入度加 1，有另一个顶点的入度等于出度加 1。事实上，这些条件不但是欧拉路径存在的必要条件，也是欧拉路径存在的充分条件，推理方法仍然如上，这里不再赘述。

很多保险箱的密码都是 4 位数，这足以给人带来安全感——由于从 0000 到 9999 共有 10000 种情况，要想试遍所有的密码，按 40000 次数字键似乎是必需的。但是，有些保险箱的数字键盘上并没有输入键。只要连续输入的 4 个数字恰好和预先设定的密码相同，保险箱都会打开。比如说，当你尝试输入 1234 和 1235 两个密码时，2341、3412、4123 也被试过了。聪明的小偷可以利用这一特性，设计出一种数字输入顺序，大大减少最坏情况下需要的总按键次数。你认为，试遍所有的密码最少需要按多少个键呢？

如果一个数字序列包含了 10000 个不同的 4 位数，这个数字序列至少得有 10003 位长。令人吃惊的是，真的就存在这么一个 10003 位的数字序列，它既无重复又无遗漏地包含了所有可能的 4 位数。更神的是，满足要求的数字序列不止一种，而寻找数字序列的任务竟完全等价于一笔画问题！

为了把事情解释清楚，不妨让我们先来看一个更为简单的问题：假如密码是一个只由数字 0 和 1 构成的 3 位数（这有 8 种可能的情况），如何构造一个 10 位数字串，使它正好包含所有可能的 3 位数？现在，让我们在图上画 4 个点，分别标记为 00、01、10、11，它们表示数字串中相邻两个数字可能形成的 4 种情况。如果某个点上的数的后面一位，恰好等于另一个点上的数的第一位，就从前面那个点出发，画一个到后面那个点的箭头，表示从前面那个点可以走到后面这个点（如图 1 所示）。举例来说，00 的后一位数正好是 01 的前一位数，则我们画一个从 00 到 01 的箭头，意即从 00 可以走到 01。注意，有些点之间是可以相互到达的（比如 10 和 01），有些点甚至有一条到达自己的路（比如 00）。

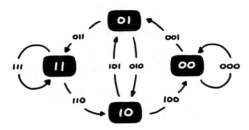

图 3　图上有 00、01、10、11 四个点，如果两个点满足 xy 和 yz 的关系（x、y、z 有可能代表相同的数字），就画一条从 xy 到 yz 的路，这条路就记作 xyz

试密码的过程，其实就相当于沿着箭头在图 3 中游走的过程。不妨假设你最开始输入了 00。如果下一次输入了 1，那么就试过了 001 这个密码，同时最近输过的两位数就变成了 01；如果下一次还是输入的 0，那么就试过了 000 这个密码，最近输过的两个数仍然是 00。从图上看，这无非是一个从 00 点出发走了哪条路的问题：是选择了沿 001 这条路走到了 01 这个点，还是沿着 000 这条路走回了 00 这个点。同理，每按下一个数字，就相当于沿着某条路走到了一个新的点，路上所写的 3 位数就是刚才试过的密码。我们的问题就可以简单地概括为，如何既无重复又无遗漏地走完图 3 中的所有路。也就是说，我们要解决的仅仅是一个欧拉路径的问题！

稍试几下，我们便可以找出一条欧拉路径。其中一条路就是：

$$00 \rightarrow 00 \rightarrow 01 \rightarrow 10 \rightarrow 01 \rightarrow 11 \rightarrow 11 \rightarrow 10 \rightarrow 00$$

它给出了一个满足要求的 10 位数字序列：

$$0001011100$$

这个 10 位数字串就真的包含了全部 8 个由 0 和 1 构成的 3 位数！事实上，利用上一节的结论，我们可以直接看出，这个图一定能一笔画走完。很显然，在上图中，从任意一点出发，都有两条路可以走；同时，走到这个点也总有两种不同的途径。这说明，图中每个点的出度都等于入度。这就告诉我们，遍历所有路恰好一次的方法是一定存在的。

同样地，对于 0 到 9 组成的全部 4 位数来说，我们可以设置 1000 个顶点，分别记作 $000, 001, \cdots, 999$。如果某个数的后两位等于另一个数的前两位，就从前者出发，画一个箭头指向后者。容易想到，每个顶点的入度和出度都是 10，因此图中存在一条欧拉路径。也就是说，只需要按 10003 次数字键，便能试遍所有可能的 4 位数密码了。利用前面讲到的希尔霍泽算法，我们可以很快给出一个满足要求的 10003 位数字序列。

其实，由于图中的所有点入度都等于出度，因此图中的任意一条欧拉路径一定是一条终点等于起点的回路。所以，这 10003 位数的末 3 位一定等于头 3 位。或者，我们可以把它看作一个循环的 10000 位数，末位的下一位就直接跳到了首位。这样一来，10000 位数里就可以包含 10000 个长度为 4 的子串，它们恰好对应了所有可能的 4 位数密码。

类似地，假设我们有一个大小为 k 的字符集，那么我们一定能找出一个字符串，如果把它看作是循环的，则它既无重复又无遗漏地包含所有可能的 n 位字符串。我们把这样的字符串叫作"德布鲁因序列"（De Bruijn sequence），记作 $B(k, n)$。它是以荷兰数学家尼古拉斯·德布鲁因（Nicolaas Govert de Bruijn）的名字命名的。这位涉猎广泛的数学家于 2012 年逝世，享年 93 岁。

本文开头提到的 0、1 串，其实就是 $B(2, 5)$（如图 4 所示）。理论上，为了把 $B(2, 5)$ 写成一个 0、1 串，我们可以从任意地方断开这个循环的"字符圈"。出于某种后面将会做出解释的目的，我们有意在"00000"的前面断开，得到 00000111011111001011010100110001。把它写成十六进制，就成了本文开头的代码中设定的神秘常量 0x077CB531。

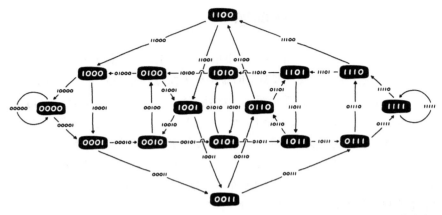

图 4　用于生成 $B(2,5)$ 的图，图中的每一条欧拉路径都对应了一个 $B(2,5)$ 的具体方案

0x077CB531 在代码中究竟有什么用呢？它的用途其实很简单，就是为 32 种不同的情况提供了一个唯一索引。比方说，10000000 后面有 7 个 0，将 10000000 乘以 0x077CB531，就得到

00000111011111001011010100110001 → 10111110010110101001100010000000

这相当于是把德布鲁因序列左移了 7 位。再把这个数右移 27 位，就相当于提取出了这个数的头 5 位：

10111110010110101001100010000000 → 10111

由于德布鲁因序列的性质，因此当输入数字的末尾 0 个数不同时，最后得到的这个 5 位数也不同。而数组 MultiplyDeBruijnBitPosition 则相当于一个字典的功能。10111 转换回十进制是 23，于是我们查一查 MultiplyDe-BruijnBitPosition[23]，程序即返回 7。注意到当输入数字末尾的 0 超过 27 个时，代码仍然是正确的，因为我们选用的德布鲁因序列是以 00000 开头的，而对二进制数进行左移时低位正好是用 0 填充的，因此这就像是把开头的 00000 循环左移过来了一样，于是德布鲁因序列的性质便得以继续保存。

在科学研究和工业设计中，德布鲁因序列还有很多奇妙的应用，感兴趣的朋友们不妨在网上查阅相关的资料。

网络流与棒球赛淘汰问题

1996 年 9 月 10 日，《旧金山纪事报》的体育版上登载了《巨人队正式告别 NL 西区比赛》一文，宣布了旧金山巨人队输掉比赛的消息。当时，圣地亚哥教士队凭借 80 场胜利暂列西区比赛第一，旧金山巨人队只赢得了59 场比赛，要想追上圣地亚哥教士队，至少得再赢 21 场比赛才行。然而，根据赛程安排，巨人队只剩下 20 场比赛没打了，因而彻底与冠军无缘。

有趣的是，报社可能没有发现，其实在两天以前，也就是 1996 年 9 月8 日，巨人队就已经没有夺冠的可能了。那一天，圣地亚哥教士队还只有78 场胜利，与洛杉矶道奇队暂时并列第一。此时的巨人队仍然是 59 场胜利，但还有 22 场比赛没打。因而，表面上看起来，巨人队似乎仍有夺冠的可能。然而，根据赛程安排，圣地亚哥教士队和洛杉矶道奇队互相之间还有 7 场比赛要打，其中必有一方会获得至少 4 场胜利，从而拿到 82 胜的总分；即使巨人队剩下的 22 场比赛全胜，也只能得到 81 胜。由此可见，巨人队再怎么努力，也不能获得冠军了。

在美国职业棒球的例行赛中，每个球队都要打 162 场比赛（对手包括但不限于同一分区里的其他队伍，和同一队伍也往往会有多次交手），所胜场数最多者为该分区的冠军；如果有并列第一的情况，则用加赛决出冠军。在比赛过程中，如果我们发现，某支球队无论如何都已经不可能以第一名或者并列第一名的成绩结束比赛，那么这支球队就提前被淘汰了（虽然它还要继续打下去）。从上面的例子中可以看出，发现并且证明一个球队已经告败，有时并不是一件容易的事。为了说明这一点，我们展示一组虚构的数据（这是在 1996 年 8 月 30 日美国联盟东区比赛结果的基础上略作修改得来的），如下表所示。

球队	胜	负	余	纽约	巴尔的摩	波士顿	多伦多	底特律
纽约	75	59	28	0	3	8	7	3
巴尔的摩	72	62	28	3	0	2	7	4
波士顿	69	66	27	8	2	0	0	0
多伦多	60	75	27	7	7	0	0	0
底特律	49	86	27	3	4	0	0	0

其中，纽约扬基队暂时排名第一，总共胜 75 场，负 59 场，剩余 28 场比赛没打，其中和巴尔的摩还有 3 场比赛，和波士顿还有 8 场比赛，和多伦多还有 7 场比赛，和底特律还有 3 场比赛（还有 7 场与不在此分区的其他队伍的比赛）。底特律暂时只有 49 场比赛获胜，剩余 27 场比赛没打。如果剩余的 27 场比赛全都获胜的话，底特律似乎是有希望超过纽约扬基队的；即使只有其中 26 场比赛获胜，底特律似乎也有希望与纽约扬基队战平，并在加赛中取胜。然而，根据表里的信息已经足以判断，其实底特律已经没有希望夺冠了，大家不妨自己来推导一下。

有没有什么通用的方法，能够根据目前各球队的得分情况和剩余的场次安排，有效地判断出一个球队是否有夺冠的可能？1966 年，施瓦茨（Schwartz）在一篇题为《部分完成的锦标赛中可能的胜出者》（*Possible Winners in Partially Completed Tournaments*）的论文中指出，其实刚才提出的问题，可以归结为一个简单而巧妙的网络流模型。

让我们先来看一个似乎完全无关的问题。假设图 1 是一个交通网示意图，其中 s 点是出发点（或者说入口），t 点是终点（或者说出口），其余所有的点都是交叉路口。点与点之间的连线代表道路，所有道路都是单行道，汽车只能沿着箭头方向行驶。由于道路的宽度、限速不同等原因，每条道路都有各自的最大车流量限制，我们已经把它们标在了图上。例如，道路 $b \to c$ 的最大车流量为 6，这就表示当你站在这条道路上的任意一点时，单位时间内最多可以有 6 辆汽车经过你所在的位置。假设在 s 点处源源不断地有汽车想要到达 t 点，这些汽车已经在 s 点处排起了长队。那么，应该怎样安排每条道路的实际流量，才能让整个交通网络的总流量最大化，从而最大程度地缓解排队压力呢？

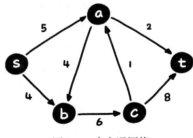

图 1　一个交通网络

其中一种规划如图 2 所示，各道路上标有实际流量和最大流量，此时整个交通网络的流量为 6。由 s 点出发的汽车平分两路，这两条路的实际流量均为 3，分别驶入 a 路口和 b 路口。在 b 路口处还有另外一条驶入的路，流量为 2。从 $s \to b$ 和 $a \to b$ 这两条路上来的车合流后驶入 $b \to c$，因而 $b \to c$ 的实际流量就是 5。这 5 个单位的车流量是 c 路口的驶入汽车的唯一来源，这些车分为两拨，其中 1 个单位的车流量进入 $c \to a$ 路，另外 4 个单位的车流量直接流向了终点。a 路口的情况比较复杂，其中有两条路是驶入的，实际流量分别为 3 和 1；有两条路是驶出的，实际流量分别为 2 和 2。注意，我们实际上并不需要关心从每条路上驶入的车都从哪儿出去了，也不需要关心驶往各个地方的车又都是从哪儿来的，只要总的流入量等于总的流出量，这个路口就不会发生问题。

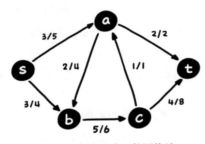

图 2　一个流量为 6 的网络流

有些朋友可能已经发现，我们的规划多少有些奇怪：图中存在 $a \to b \to c \to a$ 这么一个"圈"，搞得不好，有些车会在里面转圈，永远到不了 t 点。不过，我们只关心整个系统的总流量，并不关心实际上每个个体的命运。换句话说，我们可以假设汽车与汽车之间都是无差异的。事实上，如果把这个圈里的所有道路的实际流量都减 1，整个网络的总流量仍然不会发生变化，但得到的却是一个更简洁、更明晰的流量规划。不过，为了让后面的讲解更有趣一些，我们故意选取了一个复杂的规划。

给定一个交通网络图，给出图中每条道路允许的最大流量，再指定一个点作为源点（通常用 s 表示），指定一个点作为汇点（通常用 t 表示）。如果为每条道路设定一个实际流量（通常可以假设流量值为整数），使得每条道路的实际流量都不超过这条道路的最大流量，并且除了 s 点和 t 点之外，其他每个点的总流入量都等于总流出量，我们就说这是一个"网络

　　　　　　　　　　　　　　　　　　　　　　　　　图论算法

流"（network flow）。由于制造流量的只有 s 点，消耗流量的只有 t 点，其他点的出入都是平衡的，因此很容易看出，在任意一个网络流中，s 点的总流出，一定等于 t 点的总流入。我们就把这个数值叫作网络流的总流量。我们通常关心的是，如何为各条道路设定实际流量，使得整个图的总流量最大。

图 2 所示的流量显然还没有达到最大，因为我们还可以找出一条从 s 到 t 的路径，使得途中经过的每条道路的流量都还没满。例如，$s \rightarrow a \rightarrow b \rightarrow c \rightarrow t$ 就是这样的一条路径。把这条路径上的每条道路的实际流量都加 1，显然能够得到一个仍然合法，但总流量比原来大 1 的网络流。新的网络流如图 3 所示。

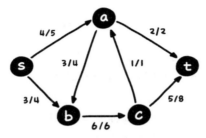

图 3　一个流量为 7 的网络流

我们还能进一步增加流量吗？还能，但是这一次就不容易看出来了。考虑路径 $s \rightarrow b \rightarrow a \rightarrow c \rightarrow t$，注意这条路径中只有 $s \rightarrow b$ 段和 $c \rightarrow t$ 段是沿着道路方向走的，而 $b \rightarrow a$ 段和 $a \rightarrow c$ 段与图中所示的箭头方向正好相反。现在，我们把路径中所有与图中箭头方向相同的路段的实际流量都加 1，把路径中所有与图中箭头方向相反的路段的实际流量都减 1。于是，整个网络变成了图 4 所示的样子。此时你会发现，这番调整之后，s 点的流出量增加了 1 个单位，t 点的流入量增加了 1 个单位，其他所有点的出入依旧平衡。因此，新的图仍然是一个合法的网络流，并且流量增加了 1 个单位。

现在，我们有了两种增加网络流流量的通用模式，考虑到前者实际上是后者的一个特例，因而它们可以被归结为一种模式。首先，从 s 点出发，寻找一条到 t 点的路径，途中要么顺着某条流量还没满的（还能再加流量的）道路走一步，要么逆着某条流量不为零的（能够减少流量的）道路走一步。我们把这样的路径叫作"增广路径"（augmenting path）。找到一条增广路径之后，增加或者减少沿途道路的流量，从而在保证网络流仍然合法的前提下，增加网络流的总流量。

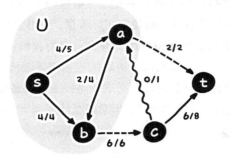

图4　一个流量为8的网络流

1956年，美国数学家小莱斯特·福特（Lester Ford, Jr.）和德尔伯特·富尔克森（Delbert Fulkerson）共同发表了一篇题为《网络中的最大流》（*Maximal flow through a network*）的论文，论文中指出，为了找出一个网络中的最大流量，我们只需要使用上面这种流量改进模式即可。换句话说，如果不能用上述模式增加某个网络流的流量，即如果图中不存在增广路径，那么此时的流量就一定达到最大值了。

例如，在图4中，网络流的流量已经达到了8个单位，但我们再也找不到增广路径了。这就说明，图4中的流量已经不能再改进，流量最大就是8了。

这个结论有一个非常漂亮的证明。假设现在有这么一个网络流，它里面不存在任何增广路径，这就意味着，从s点出发，沿着尚未满流的道路走，或者逆着尚有流量的道路走，是无法走到t点的。我们把从s点出发按此规则能够走到的所有点组成的集合记作U。根据集合U的定义，任何一条从U内走到U外的道路一定都已经满流了，任何一条从U外走进U内的道路流量一定都为零，否则的话集合U都还能进一步扩大。例如，在图5中，集合U就是{s, a, b}。驶出U的道路有两条，分别是a→t和b→c，它们都已经满流了；驶入U的道路只有c→a，它的流量一定为零。我们不妨把所有驶出U的道路都画成虚线，把所有驶入U的道路都画成波浪线。

现在，保持集合U的范围和道路的线型不变，修改图中各道路的实际流量，使之成为任意一个合法的网络流。你会发现，下面这个重要的结论

18　　　　　　　　　　　　　　　　　　　　　　　　图论算法

始终成立：虚线道路里的总流量，减去波浪线道路里的总流量，总是等于整个网络流的流量。比如，把图 4 中的网络流改成图 2 或者图 3 的样子，那么道路 $a \rightarrow t$ 的流量加上道路 $b \rightarrow c$ 的流量，再减去道路 $c \rightarrow a$ 的流量，一定都等于整个网络流的总流量。为什么？其实道理很简单，别忘了，制造流量的只有 s 点，消耗流量的只有 t 点，其他点只负责转移流量，因而不管网络流长什么样，如果从 U 里边流出去的流量比从外边流入 U 的流量更多，多出来的部分就一定是 s 制造的那些流量。

对于任意一个网络流，这些虚线道路的总流量减去这些波浪线道路的总流量，就可以得出整个网络流的总流量，这实际上给出了网络流的流量大小的一个上限——如果在某个网络流中，所有的虚线道路都满流，并且所有波浪线道路都无流量，那么流量值便达到上限，再也上不去了。然而，这个上限刚才已经实现了，因而它对应的流量就是最大的了。至此，我们便证明了福特和富尔克森的结论。

根据这一结论，我们可以从零出发，反复寻找增广路径，一点一点增加流量，直到流量不能再增加为止。这种寻找最大流的方法就叫作"福特–富尔克森算法"（Ford-Fulkerson algorithm）。

在运筹学中，网络流问题有着大量直接的应用。然而，网络流问题还有一个更重要的意义——它可以作为一种强大的语言，用于描述很多其他的实际问题。很多乍看上去与图论八竿子打不着的问题，都可以巧妙地转化为网络流问题，用已有的最大流算法来解决。让我们来看一看，施瓦茨是如何用网络流来解决棒球赛淘汰问题的。

一支队伍必然落败，意即这支队伍在最好的局面下也拿不到第一。让我们来分析一下底特律可能的最好局面。显然，对于底特律来说，最好的局面就是，剩余 27 场比赛全都赢了，并且其他四个队在对外队的比赛中全都输了。这样，底特律将会得到 76 胜的成绩，从而排名第一。但是，麻烦就麻烦在，剩下的四个队内部之间还会有多次比赛，其中必然会有一些队伍获胜。为了让底特律仍然排在第一，我们需要保证剩下的四个队内部之间比完之后都不要超过 76 胜的成绩。换句话说，在纽约、巴尔的摩、波士顿、多伦多之间的 $3 + 8 + 7 + 2 + 7 + 0 = 27$ 场比赛中，纽约最多还能胜 1 次，巴尔的摩最多还能胜 4 次，波士顿最多还能胜 7 次，多伦多最多还能胜 16 次。只要这 27 场比赛所产生的 27 个胜局能够按照上述要求分给这四个队，底特律就有夺冠的希望。

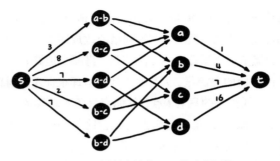

图5　用于判断底特律是否落败的网络

网络流是描述这种"分配关系"的绝佳模型。为了简便起见，我们把这4个队分别记作a、b、c、d。我们为每支队伍都设置一个节点，并且为这4个节点各作一条指向汇点 t 的道路。a和b之间有3场比赛，于是我们设置一个名为"a-b"的节点，然后从源点 s 引出一条道路指向这个节点，并将其最大流量设定为3；再从这个节点出发，引出两条道路，分别指向 a 和 b，其最大流量可以均设为3，或者任意比3大的值（一般设为无穷大，以表示无须限制）。因而，在一个网络流中，节点 a-b 将会从源点 s 处获得最多3个单位的流量，并将所得的流量再分给节点 a 和节点 b。如果把每个单位的流量理解成一个一个的胜局，那么网络流也就可以理解为这些胜局的来源和去向。类似地，我们设置一个名为"a-c"的节点，从 s 到 a-c 有一条道路，最大流量为8，从 a-c 再引出两条道路，分别指向右边的 a 和 c。除了 c 和 d 之间没有比赛，其他任意两队之间都有比赛，因此在最终的网络当中，有 a-b、a-c、a-d、b-c、b-d 共5个代表比赛的节点。每一个合法的网络流，也就代表了这些比赛所产生的胜局的一种归派方案。我们希望找出一种胜局归派方案，使得a、b、c、d获得的胜局数量分别都不超过1、4、7、16。因而，我们给 $a \to t$、$b \to t$、$c \to t$、$d \to t$ 四条道路的最大流量依次设为1、4、7、16。最后，我们利用福特–富尔克森算法寻找整个网络的最大流，若流量能够达到27，这就说明我们能够仔细地安排四支队伍之间全部比赛的结果，使得它们各自获得的胜局数都在限制范围之内，从而把第一名的位置留给底特律；如果最大流的流量无法达到27，这就说明四个队之间的比赛场数太多，无法满足各队获胜局数的限制，那么底特律也就不可能取胜了。

　　　　　　　　　　　　　　　　　　　　　图论算法

事实上，图 5 中的最大流是 26（如图 6 所示），没有达到 27，因而底特律也就必败无疑了。类似地，我们也可以为其他队伍建立对应的网络，依次计算每个队伍的命运，从而完美解决了棒球赛淘汰问题。

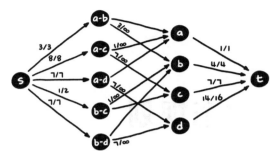

图 6　一个流量为 26 的网络流

网络流还有很多妙用。感兴趣的读者不妨了解一下二分图最大匹配问题和任务分配问题，继续欣赏网络流模型之美。最大流最小割定理是网络流理论中的一个极其重要的定理，它与上文中福特–富尔克森算法的正确性证明息息相关，读者朋友们也可以研究研究。

2

贪心与动态规划

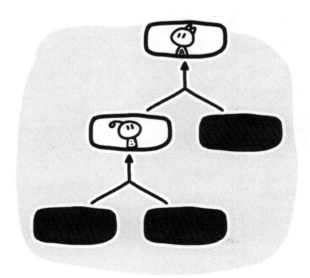

一类最优序列问题的贪心算法

在食堂打饭、在银行取钱、在火车站取票、在收银台结账……人生中不知有多少宝贵的时间浪费在了排队上。随着城市生活节奏的加快，如何节省客户排队等待的时间成了提高服务质量的一个关键因素。通过建立数学模型，数学家们逐渐发展出了一门叫作"排队论"的学科，专门研究排队的现象。现在，我们来考虑与排队有关的一个经典问题：队伍的顺序会影响平均排队时间吗？

答案是肯定的。下面这个简单而又极端的例子告诉我们，队伍的顺序不但会对平均排队时间产生影响，有时这种影响还会非常大。假设有 A、B 两个人要去银行办理业务，其中 A 办理业务只需要一秒，B 办理业务则需要一个小时。现在，这两个人同时走进银行，却发现银行里只开了一个窗口。那么谁先办理更好呢？显然，让 A 先办更合理一些。若让 A 排在 B 前面，那么 B 只需要等上一秒就可以办理自己的业务了，平均每个人用了半秒的时间排队。但是，若 A 排在了 B 的后面，他就得足足等上一个小时才能办完自己一秒钟就能办完的事儿，平均每个人花在排队上的时间长达半个小时。

我们自然而然地提出这样一个算法问题：已知每个人办理业务所需要的时间，如何设计一个排队的顺序，能让平均排队时间最短？

如果队伍中某个人办理业务需要 t 分钟，那么他后面的所有人都要多等上 t 分钟，因此直觉告诉我们，应该尽量让办理时间较短的人排在前面。让我们来对比一下，遵循"小业务者优先"和"大业务者优先"这两种不同的原则，平均排队时间会相差多少。

假如银行窗口前有 10 个人，第一个人办理业务只需要 1 分钟，第二个人办理业务需要 2 分钟，以此类推，最后一个人办完业务得花 10 分钟的时间。若按照办理业务所需的时间由少到多排队，则 10 个人的排队等待时间总和为

$$0 + 1 + (1 + 2) + (1 + 2 + 3) + \cdots + (1 + 2 + 3 + \cdots + 9) = 165(\text{分钟})$$

平均每个人的等待时间为 16.5 分钟。

如果这 10 个人按照所需时间从多到少的顺序排队，要办 10 分钟的站在最前面，只需 1 分钟的站在最后面，则他们排队总共花费

$$0 + 10 + (10 + 9) + (10 + 9 + 8) + \cdots + (10 + 9 + 8 + \cdots + 2) = 330(\text{分钟})$$

平均等候时间为 33 分钟。

把办理时间较短的人排在前面，这种排队方案总是最好的吗？有没有可能出现一些很特殊的情况，使得业务办理时间长的人站在前面反而更好？事实上，这样的情况是不会发生的。我们可以严格地证明，这种"小业务者优先"、"按所需时间由少到多排队"的算法始终是正确的，不管队伍中有多少人，不管他们办理业务各自需要的时间是多少。

假设有一群人，他们以任意一种方式排好了队，但在队伍中有两个位置相邻的人，其中站在前面的那个人办理业务所需的时间比紧跟在他身后的那个人更长。不妨假设前面那个人办理业务需要 a 分钟，他身后的那个人需要 b 分钟。如果把他俩所站的位置交换一下，那么原来站前面的人现在跑到了后面，需要多等 b 分钟的时间；而原来站在后面的人现在则跑到了前面，少等了 a 分钟的时间。由于 a 比 b 更大，因此这两个人的等待时间之和变小了。但交换这两个人的位置显然不会影响到其他人的排队等待时间，因此所有人的等待时间总和也随之变小了。也就是说，只要队伍里出现了一前一后两个人，他们满足前者办理业务需要的时间比后者更多，那么交换这两个人的位置总能让平均每个人的等待时间变得更短。显然，当平均等待时间达到最短的时候，队伍里将不再有站错位置的人，也就是说整个队伍是按照办理业务所需时间由短到长的顺序排好的了。

或许大家已经发现，这个思路与我们日常生活中的直觉是一致的——让办事时间短的人插在队伍前面似乎是一件很合理的事。下次当你站在长龙般的队伍中焦急地等待时，突然冒出一个人对你说"我有急事要办，反正就一两分钟的事，就让我插在你前面吧"，或许你将会有一些新的看法。这确实是一个损人利己的恶行，但站在整体的角度来说却是有益的，因为它缩短了所有人的平均等待时间。

上面的最优排队顺序问题有一个非常有趣的应用。假如我们需要在一盘磁带上储存 n 条长度不同的数据供今后查询，那么以怎样的顺序储存这些数据，才能让读取数据平均所需的时间最短？这里，我们假设今后各条数据被访问到的概率都是均等的。注意，如果要访问磁带上的第 i 条数据，我们必须要先"快进"跳过前面 $i-1$ 条数据，所需的时间与前面 $i-1$ 条数据的总长度是成正比的。最后你会发现，我们需要最小化的东西与刚才的排队问题是一样的。因而，最优的存储方案就是，将各条数据按长度由小到大的顺序依次储存在磁带上即可。

大家或许会注意到，这里有一个有趣的巧合：每次都把耗时最短的项放到最前面，所得的方案总的来说也是最快的。这种解决问题的策略背后的思想非常单纯：在每一步都简单地做出一个在某种意义上只满足于眼前利益的选择，并且指望最终得到的方案就是最好的方案。这种寻找最优方案的策略可谓是目光短浅，不顾大局，被人们形象地叫作"贪心算法"（greedy algorithm）。可不要小瞧贪心算法，利用它所得到的解往往不算差，并且算法思路非常清晰，实现起来也很简单，运行起来效率极高，因而在实践中常被用来代替真正的最优算法。而且，对于某些特殊的问题，贪心算法有可能正好就是最优算法！除了刚才所讲的问题外，这样的例子还有很多。下面这个问题则是又一个非常漂亮的例子。

印象中，我目前经历过的最忙的一天，恐怕要算 2013 年 3 月 31 日了。这是一个星期天。当天早晨 7:30，我睁开双眼从床上坐起，理了一下当天要做的事情，立即崩溃了。我要在 15:00 之前提交语料库的句子抽取代码，完成代码需要 4 个小时左右。我要在 16:00 之前写完一篇稿子，而这至少得用 2 个小时的时间。我要在 21:00 之前完成第二天演讲用的 keynote，这恐怕要花 3 个小时的时间。另外，我还得花半个小时在网上选购一台投影仪，11:00 之前必须下单，否则第二天上午无法送到。我还要去火车站退一张火车票，12:00 之后就没法退了，全程估计要用 1 个小时。最后，我还要和老婆一块儿完成一个愚人节特别项目，这一共需要大约 4 个小时。这个项目必须在 23:30 之前完成，否则就没法在 4 月 1 日凌晨第一时间上线了。总结起来，我要做的事情及它们的截止时间如下：

- 写代码，需要 4 个小时，15:00 之前必须完成。
- 写稿子，需要 2 个小时，16:00 之前必须完成。
- 制作 keynote，需要 3 个小时，21:00 之前必须完成。
- 选购投影仪，需要 0.5 个小时，11:00 之前必须完成。
- 退火车票，需要 1 个小时，12:00 之前必须完成。
- 做特别项目，需要 4 个小时，23:30 之前必须完成。

洗漱完毕后，上午 8:00 就能正式开工。假设任意两个任务都不能同时进行，吃午饭和吃晚饭的时间可以忽略不计。那么，我能按时完成所有的任务吗？

容易想到，为了尽可能让所有任务都能按时完成，我最好是马不停蹄地工作，每完成一项任务以后，都不要休息片刻，立即开始着手另一项任务。这样一来，执行任务的先后顺序就成为了决定性的因素。或许在某种精心安排的任务执行顺序下，这些任务本来可以全部按时完成；但错误地采用了不恰当的任务执行顺序，有的任务就没法按时完成了。继续往下分析之前，大家不妨先凭借直觉想一想，如果你是我，你会怎么做呢？如果在你面前摆着一大堆要做的事情，每个事情都有一个截止时间，那么你会先做哪件事情呢？你一定会说，当然是先做最要紧的那件事情！

这种直觉是正确的。利用一些简单的数学推理方法，我们可以得出这样一个结论：最好的任务执行方案就是，按照截止时间从前往后的顺序依次进行，先做最要紧的事情，最后做最不要紧的事情，即使最要紧的事情花费的时间很少，即使最不要紧的事情需要花费很长的时间。

不妨假设在某种任务执行顺序当中，我们刚刚做完某个任务 A，紧接着做了一个更要紧的任务 B（换句话说，任务 A 的截止时间其实比任务 B 更晚）。那么如果原来的顺序就能让所有任务全部按时完成，交换 A、B 这两个任务以后，所有的任务仍然都能按时完成。为什么呢？首先，交换这两个任务，不会影响其他所有任务的开始时间和结束时间，它们和原来一样，照常可以按时完成；然后，把任务 B 放到任务 A 之前完成，会使得任务 B 比之前结束得更早，因而如果原来任务 B 就能按时完成，现在肯定也能按时完成。最危险的就是任务 A 了：它被安排到了任务 B 的后面，因而完成时间会比原来更晚，那它还能按时完成吗？当然可以！交换了两个任务的执行顺序后，现在任务 A 的结束时间就和原来任务 B 的结束时间一样了；但别忘了，任务 A 的截止时间比任务 B 的截止时间要晚，而原来任务 B 就能按时完成，现在任务 A 肯定也能按时完成。

因此，如果某种任务执行顺序的方案本来就能保证所有任务均可按时完成，但里面有两个相邻的任务，前面那个任务的截止时间反而更晚，那么我们就可以安全地交换这两个任务的执行先后顺序，所有的任务均可照常按时完成。如果新的任务执行顺序中还有这样的任务对，我们还能继续做交换。不断这样换呀换，换呀换，最终得到的结论就是，在所有可能的任务执行顺序中，只要有任何一种顺序是满足要求的，那么按照截止时间从前往后排列所得的顺序也一定满足要求；反之，如果这样都没法让所有任务全部按时完成，那么这些任务无论如何都没法全部按时完成了。

从 8:00 开始，依次执行上述 6 项任务，结果如何呢？买好投影仪已是 8:30，好在它的截止时间是 11:00；退掉车票后已是 9:30，好在它的截止时间是 12:00；写完代码后已是 13:30，好在它的截止时间是 15:00；写完稿子后已是 15:30，好在它的截止时间是 16:00；做好 keynote 之后已是 18:30，好在它的截止时间是 21:00；完成愚人节特别项目则要到 22:30，好在它的截止时间是 23:30。因此，我的任务可以全部按时完成！（事实上，那天的任务也确实全都按时完成了。）

让我们来看一个更复杂的问题。有一天，我和老婆去超市大采购。和往常一样，结完账之后，我们需要小心谨慎地规划把东西放进购物袋的顺序，防止东西被压坏。这并不是一件容易的事情，尤其是考虑到各个物体自身的重量和它能承受的重量之间并无必然联系。鸡蛋、牛奶非常重，但同时也很怕压；毛巾、卫生纸都很轻，但却能承受很大的压力。于是，我突然想到了这么一个问题：给定 n 个物体各自的重量和它能承受的最大重量，判断出能否把它们叠成一摞，使得所有的物体都不会被压坏（一个物体不会被压坏的意思就是，它上面的物体的总重小于等于自己能承受的最大重量），并且给出一种满足要求的叠放顺序（如果有的话）。

事实证明，这是一个非常有趣的问题——老婆听完这个问题后整日茶饭不思，晚上做梦都在念叨着自己构造的测试数据。这里，我们不妨给出一组数据供大家尝试。假设有 A、B、C、D 四个物体，其中：物体 A 的自重为 1，最大承重为 9；物体 B 的自重为 5，最大承重为 2；物体 C 的自重为 2，最大承重为 4；物体 D 的自重为 3，最大承重为 12。在这个例子中，安全的叠放方式是唯一的，你能找出来吗？

答案：C 在最上面，其次是 B，再次是 A，最下面是 D。注意，在这个最优方案中，最上面的物体既不是自身重量最小的，也不是承重极限最小的，而是自身重量与承重极限之和最小的。事实上，最优方案中的四个物体就是按照这个和的大小排列的！对于某种叠放方案中的某一个物体，不妨把它的最大载重减去实际载重的结果叫作它的安全系数。我们可以证明，这种按自身重量与载重能力之和排序的叠放策略可以让最危险的物体尽可能安全，也就是让最小的那个安全系数达到最大。如果此时所有物体的安全系数都是非负数，那么我们就相当于有了一种满足要求的叠放方案；如果此时仍然存在负的安全系数，那么我们就永远找不到让所有物体都安全的叠放方案了。

证明这一点的思路和刚才相同。假设在某种叠放方案中，有两个相邻的物体，上面那个物体的自身重量和最大载重分别为 W_1 和 P_1，下面那个物体的自身重量和最大载重分别为 W_2 和 P_2。再假设它俩之上的所有物体的重量之和是 W，这是这两个物体都要承担的重量。如果 $W_1 + P_1$ 大于 $W_2 + P_2$，那么把这两个物体的位置交换一下，会发生什么事情呢？原先下面那个物体的安全系数为 $P_2 - W - W_1$，移到上面去之后安全系数变成了 $P_2 - W$，这无疑使它更安全了。原先上面那个物体的安全系数为 $P_1 - W$，移到下面后安全系数变成了 $P_1 - W - W_2$，这个值虽然减小了，但却仍然大于原先另一个物体的安全系数 $P_2 - W - W_1$（这里用到了 $W_1 + P_1 > W_2 + P_2$ 的假设）。因此，交换两个物体之后，不但不会刷新安全系数的下限，相反有时还能向上改进它。

所以说，我们可以不断地把自身重量与载重能力之和更小的物体换到上面去，反正这不会让情况变得更糟。最终得到的最优方案，也就与我们前面给出的结论一致了。

最后，我们从易至难给出 4 个类似的问题，利用某种适当的贪心算法都能够得到最优解。大家不妨先从中挑选几个感兴趣的问题研究一下，再阅读后面的答案。

问题 1. 在某个游戏里，有 n 个怪物正在围攻你。第 i 个怪物每秒钟会砍掉你 a_i 滴血，杀死它需要花费 t_i 秒的时间。为了让你掉的血最少，你应该按照什么顺序杀死这些怪物？

问题 2. 一台计算机上面有 m 个单位的储存空间。现在我们手里有 n 个程序，其中第 i 个程序运行时需要占用 R_i 个单位的空间，储存结果则需要占用 O_i 个单位的空间（其中 O_i 一定小于 R_i）。是否能够合理安排这些程序的运行顺序，使得所有程序都能顺利完成？如果可以，你需要给出一种方案。

问题 3. 假设有 n 个藏宝地点。你已经知道了每个地点的寻宝成本 c_i 和能挖到宝藏的概率 p_i。如何设计一个挖宝顺序，使得挖到第一个宝藏平均需要的总成本最少。这是由赫伯特·西蒙（Herbert Simon）和约瑟夫·卡登（Joseph Kadane）在 1974 年的一篇论文中提到的问题。

问题 4. 假设有 n 个零件需要加工。每个零件都需要先在机器 A 上加工，再在机器 B 上加工。其中第 i 个零件在机器 A 上加工所需的时间为 A_i，在机器 B 上加工所需的时间为 B_i。注意，虽然两台机器可以并行运作，但每台机器每次只能加工一个零件。如何安排这 n 个零件的加工顺序，使得从第一个零件开始加工到最后一个零件完成加工所需要的时间最短。

下面是答案。这些答案的正确性证明都和之前的思路相仿，这里不再赘述。

问题 1 的答案：按照 a_i/t_i 的值从大到小杀怪。这非常符合我们的直觉：攻击力高的、容易被杀死的肯定应该先杀。正确性的证明也很容易。

问题 2 的答案：按照 $R_i - O_i$ 从大到小的顺序执行任务。也就是说，谁运行完后会释放更多的空间，谁就应该优先处理。这种方案可以把空间消耗的最高峰降到最低。如果这样下来 m 个单位的空间仍然不够，那么可以肯定问题无解。

问题 3 的答案：按照 c_i/p_i 从小到大的顺序挖宝。这非常符合我们的直觉：寻宝成本小的、出宝概率大的肯定应该先挖。严格证明的思路和刚才差不多，但是中间会涉及不少数学运算。

问题 4 的答案：首先，$A_i < B_i$ 的一定排在 $A_i \geqslant B_i$ 的前面；如果两个零件的 A_i 都小于 B_i，则 A_i 更小的排在前面；如果两个零件的 A_i 都大于等于 B_i，那么 B_i 更大的排在前面。问题 4 是一个非常困难的问题，上面这个漂亮的算法是 S·M·约翰逊（S. M. Johnson）于 1954 年给出的。这个算法背后的直觉就是，我们一定要减少机器 B "等零件"的时间，最好让机器 B 前面的零件排上长队。因而，那些 A_i 小 B_i 大的先加工，那些 A_i 大 B_i 小的就后加工。不过，为什么刚才的方案一定是最优的，证明起来并不容易，需要考虑到很多不同的情况。这就留给感兴趣的读者了。

动态规划与文本排版

FreeType 是一款非常优秀的字体渲染库，Android 和 iOS 当中都有使用。FreeType 的官方网站上提供了两种不同的许可证供人们使用。一种是 GPLv2，最常见的自由软件许可协议；另一种则是被称作 FTL 的许可证，是由 FreeType 的开发人员自己撰写的。前者自然是原封不动地取自自由软件基金会主席理查德·斯托曼（Richard Stallman）于 1991 年 6 月所写的文档，它的前面几段如图 1 所示。

```
            GNU GENERAL PUBLIC LICENSE
               Version 2, June 1991

Copyright (C) 1989, 1991 Free Software Foundation, Inc.
   51 Franklin St, Fifth Floor, Boston, MA  02110-1301  USA
Everyone is permitted to copy and distribute verbatim copies
of this license document, but changing it is not allowed.


                      Preamble

  The licenses for most software are designed to take away your
freedom to share and change it.  By contrast, the GNU General Public
License is intended to guarantee your freedom to share and change free
software--to make sure the software is free for all its users.  This
General Public License applies to most of the Free Software
Foundation's software and to any other program whose authors commit to
using it.  (Some other Free Software Foundation software is covered by
the GNU Library General Public License instead.)  You can apply it to
your programs, too.

  When we speak of free software, we are referring to freedom, not
price.  Our General Public Licenses are designed to make sure that you
have the freedom to distribute copies of free software (and charge for
this service if you wish), that you receive source code or can get it
if you want it, that you can change the software or use pieces of it
in new free programs; and that you know you can do these things.

  To protect your rights, we need to make restrictions that forbid
anyone to deny you these rights or to ask you to surrender the rights.
These restrictions translate to certain responsibilities for you if you
distribute copies of the software, or if you modify it.
```

图 1　GPLv2 文档的前面几段

命令行环境下的很多文字编辑器里，一行最多只能显示 80 个字符。因此，这篇文档每过几个词就会有一处换行，以保证每行都不超过 80 个字符，从而能够顺畅地在这些文字编辑器里展示出来。有趣的是，FreeType 自家的 FTL 许可证虽然也是纯文本格式，虽然也在用换行来控制文档页的宽度，但看起来效果却完全不一样（如图 2 所示）。

为什么 FTL 文档看起来要漂亮得多呢？仔细观察就会发现端倪：GPLv2 文档的右边界参差不齐，而 FTL 文档的左右两端都是对齐了的。你或许会感到万分诧异：这怎么可能做得到呢？难道作者遣词造句的功力如此之强，让 FTL 文档的各行恰好拥有完全相同的字符数？当然不是。再仔细观察，你就会注意到，在 FTL 文档中，相邻单词之间的间隙时大时小，有的地方只有 1 个空格，有的地方则有 2 个甚至更多的空格。借助这个小技巧，便能让文档的右端平正整齐，如信纸上工整的字迹一般，令人赏心悦目。

```
The FreeType Project LICENSE
----------------------------

              2006-Jan-27

        Copyright 1996-2002, 2006 by
   David Turner, Robert Wilhelm, and Werner Lemberg



Introduction
============

    The FreeType  Project is distributed in  several archive packages;
    some of them may contain, in addition to the FreeType font engine,
    various tools and  contributions which rely on, or  relate to, the
    FreeType Project.

    This  license applies  to all  files found  in such  packages, and
    which do not  fall under their own explicit  license.  The license
    affects  thus  the  FreeType  font  engine,  the  test  programs,
    documentation and makefiles, at the very least.

    This  license  was  inspired  by  the  BSD,  Artistic,  and  IJG
    (Independent JPEG  Group) licenses, which  all encourage inclusion
    and use of  free  software in  commercial and freeware  products
    alike.  As a consequence, its main points are that:

      o We don't promise that this software works. However, we will be
        interested in any kind of bug reports. (`as is' distribution)

      o You can  use this software for whatever you  want, in parts or
        full form, without having to pay us. (`royalty-free' usage)

      o You may not pretend that  you wrote this software.  If you use
        it, or  only parts of it,  in a program,  you must acknowledge
        somewhere  in  your  documentation  that  you  have  used  the
        FreeType code. (`credits')
```

图 2　FTL 文档的前面几段

　　但是，如果有哪一行要添加大量额外的空格才能撑到所需的宽度，这一行就会因为过于稀疏而变得突兀，文档美化计划也将会因为这点瑕疵而泡汤。因此，究竟在什么地方换行，就变得非常讲究了。其中一种最容易想到的策略就是，每次总是把当前行尽可能填满后再换行。联想到上一节讲过的内容，你会发现，这其实就是一种简单的贪心策略。但是这一回，我们就没有那么幸运了——在这个问题中，利用贪心策略得到的结果并不总是最优的。假设我们有如下英文句子：

"i18n" is an abbreviation, where "18" refers to the 18 characters deleted in "internationalization".

并且文档的页面宽度限定在每行 32 个字符。从"i18n"到"where"正好 32 个字符，刚好能放进一行里；从"18"到"characters"正好又是 32 个字符，恰巧又能凑成一行。但最后面的"internationalization"这个词太长了，以至于剩下的这些单词没法挤到一行里去，必须要再换一行。结果，第二行空空如也，甚是别扭。一个更聪明的做法则是把"where"一词挪到下一行去，把"18 characters"挪到再下一行去，这样匀一下之后，看起来就会好很多（如图 3 所示）。这充分地说明了，贪心策略得到的结果并不总是最优的。

```
"i18n" is an abbreviation, where
"18" refers to the 18 characters
deleted in "internationalization".

"i18n" is an abbreviation, where
"18" refers to the 18 characters
deleted                        in
"internationalization".

"i18n"    is    an   abbreviation,
where   "18"   refers   to    the
18   characters   deleted    in
"internationalization".
```

图 3   一个不合法的换行方案，利用贪心策略所得的换行方案，以及与此相比更好的换行方案

所以，我们的问题就是，怎样才能找到一种最优的换行方案。等等，在此之前我们还要解决一个更基本的问题：怎样的方案才算最优的。能不能规定，每添加一个额外的空格就罚 1 分，而最优的换行方案则是总罚分最小的方案？显然不行。图 3 所示的两种合法方案中，添加的额外空格都是 22 个，罚分都是 22 分，但后者仍然比前者看起来更舒服。究其原因，并不

是因为额外空格的总数更少，而是因为它们更均匀地分布在了各行。因此，我们不但希望换行方案的罚分会随着额外空格数的增加而增加，还希望在各行的额外空格数目之和相同的情况下，这些数目之间的差值越大，带来的罚分也就越多。实现这一点的其中一种方法就是，让各行的罚分随着该行额外空格数的增加而加速增加，比如规定每一行的罚分都等于该行所需的额外空格数的平方。这意味着，如果某一行的额外空格数从 3 增加到 4，该行的罚分会从 9 增加到 16，共增加了 7 分；但若这一行的额外空格数从 8 增加到 9，该行的罚分会从 64 增加到 81，足足要增加 17 分。于是，在额外空格本来就很多的行里继续增加几个额外的空格，同时在额外空格本来就少一些的行里减去同样多个额外的空格，那么增加的罚分会比减少的罚分更多——这说明，即使总的额外空格数量不变，各行的额外空格数目变得更加悬殊，也会导致总罚分的增加。这种罚分体系非常符合我们的需要：既能反映出额外空格总数的多少，也能反映出额外空格数的分布情况。因而我们正式定义，在一个换行方案当中，每一行的罚分就是该行所需的额外空格数的平方，而最优的换行方案则是总罚分最小的方案。

图 3 所示的两种合法方案中，前者各行的额外空格数依次是 0、0、22、0，它们的罚分依次为 0、0、484、0，总罚分就是 484。后者各行的额外空格数依次是 6、8、8、0，它们的罚分依次是 36、64、64、0，总罚分就是 164。我们直觉上认为更好的方案，总罚分果然也要小一些。那么，这是否就是总罚分最小的换行方案呢？我们自然可以枚举所有可能的换行方案，但这样做的效率太低了。为了得到一种快速生成最优换行方案的算法，我们还需要再多动动脑子。

在观察图 3 时，你或许已意识到，由于前后两种合法的方案中，最后一行都是由 "internationalization" 独占的，因而两种方案究竟孰优孰劣，完全取决于前面 13 个单词的换行方案。当然，这 13 个单词的换行方案远不止这两种，究竟哪一种方案最好，又要取决于它们的最后一行里有哪些单词。这有 6 种不同的情况（如图 4 所示），它们的罚分从 1 分到 900 分不等，但每种情况下的总罚分究竟能有多小，还得取决于每种情况下更前面的那些单词的最优换行方案。例如，第 2 种情况下的最小总罚分，就应该等于 $s(11) + 484$，其中 $s(11)$ 就表示单词 "deleted" 之前的 11 个单词的最小总罚分。

```
... ... ...
... ... ...
in                                      -- 罚分：30²=900
"internationalization".                 -- 罚分：0²=0


... ... ...
... ... ...
deleted                         in      -- 罚分：22²=484
"internationalization".                 -- 罚分：0²=0


... ... ...
... ... ...
characters        deleted       in      -- 罚分：11²=121
"internationalization".                 -- 罚分：0²=0


... ... ...
... ... ...
18    characters      deleted    in     -- 罚分：8²=64
"internationalization".                 -- 罚分：0²=0


... ... ...
... ... ...
the  18  characters deleted  in         -- 罚分：4²=16
"internationalization".                 -- 罚分：0²=0


... ... ...
... ... ...
to the  18 characters deleted in        -- 罚分：1²=1
"internationalization".                 -- 罚分：0²=0
```

图 4　若最后一行由"internationalization"独占，则倒数第 2 行将会有 6 种不同的情况

　　在某个最优化问题中，如果整个问题的最优解需要不断依赖于前面的子问题的最优解，我们就说这个问题具有"最优子结构"（optimal substructure）。当然，不是所有最优化问题都具有最优子结构。如果我们在做的不是让换行方案的总罚分最小，而是让换行方案的总罚分最接近整百数，那么这个问题就不再具有最优子结构了——前面的单词获得的总罚分更接近整百数，整个换行方案的总罚分不见得更接近整百数。

　　　　　　　　　　　　　　　　　　　　　　　　　贪心与动态规划

别忘了，整个段落的最后一行不见得是由最后一个单词独占的，也有可能是由最后两个单词组成的，而且这种大情况也有它自己的一系列子问题（如图 5 所示）。究竟在这两种大的情况中，哪一种会通向真正的最优解，我们事先是不知道的。因此，我们需要把这两种大的情况都考虑到。我们需要考察每一种大情况里的所有子问题，进而要去考察所有子问题的子问题，等等，直到这些子问题足够简单为止。

```
... ... ...
... ... ...
deleted                          -- 罚分：25²=625
in "internationalization".       -- 罚分：0²=0


... ... ...
... ... ...
characters            deleted    -- 罚分：14²=196
in "internationalization".       -- 罚分：0²=0


... ... ...
... ... ...
18      characters     deleted   -- 罚分：11²=121
in "internationalization".       -- 罚分：0²=0


... ... ...
... ... ...
the   18   characters  deleted   -- 罚分：7²=49
in "internationalization".       -- 罚分：0²=0


... ... ...
... ... ...
to  the  18  characters deleted  -- 罚分：4²=16
in "internationalization".       -- 罚分：0²=0
```

图 5　若最后一行由"in"和"internationalization"两个单词构成，则倒数第 2 行将会有 5 种不同的情况

目前，这一切看上去似乎都与刚才的枚举策略没什么两样，然而只需要注意到下面这一点，一个高效算法的轮廓就慢慢浮现出来了：在问题分解的过程中，所得的子问题会有大量的重复。在图 5 中，为了获得第一种情况的最小总罚分，我们需要知道单词"deleted"前的那 11 个单词的最小

总罚分，而这其实就是 $s(11)$，刚才在图 4 中就已经涉及了。如果一个最优化问题当中，不同子问题的子问题有可能是同一个问题，我们就说这个最优化问题具有"重叠子问题"（overlapping subproblem）。同一个子问题会涉及很多次，但我们只需要计算一遍就行了，这会大大地节省运算的时间。

既然这样，我们为何不从最底层的子问题出发，先算出它们的最优解，再以此为基础算出更高一层的子问题的解，并不断这样做下去，直到算出整个问题的最优解？也就是说，我们可以先求出 $s(1)$，再借助 $s(1)$ 的值求出 $s(2)$，再借助 $s(1)$ 和 $s(2)$ 的值求出 $s(3)$，等等，直到我们求出 $s(14)$，这也就是整个问题的答案了。为了叙述简便，我们下面用 $cost(i..j)$ 表示把第 i 个单词到第 j 个单词放到一行中去的罚分。需要注意的是，如果这些单词太长，根本没法挤到一行中去，则罚分应为无穷大；如果第 j 个单词正好是整个段落的最后一个单词（并且这些单词确实能放入一行），则罚分为 0。另外，我们规定 $s(0) = 0$，表明初始时总的罚分为 0。显然，$s(1)$ 就等于 $s(0) + cost(1..1)$，$s(2)$ 的值就等于 $s(0) + cost(1..2)$ 和 $s(1) + cost(2..2)$ 的最小值，$s(3)$ 的值就等于 $s(0) + cost(1..3)$、$s(1) + cost(2..3)$、$s(2) + cost(3..3)$ 的最小值……总之，$s(i)$ 就等于 $s(k) + cost(k + 1..i)$ 的最小值，其中 k 可以取一切小于 i 的非负整数。我们需要特别记录一下，每次都是哪个 k 让 $s(i)$ 取到了最小值，这样才能追溯出最小总罚分的来历，得到它所对应的具体换行方案。

图 6 以计算 $s(1)$、$s(2)$、$s(3)$ 和 $s(13)$ 为例，展示了动态规划的过程。在求每一个 $s(i)$ 的过程中，我们都试着把这部分单词中的最后 1 个单词、最后 2 个单词、最后 3 个单词等放入最后一行，直到最后一行放不下更多的单词（或者说罚分将会达到无穷大）为止。计算每种情况下的最小罚分时，完全不用关心更前面的那些词的最优换行方案是什么，可以直接参考前面已经求过的 $s(1), s(2), \cdots, s(i-1)$ 值，优胜情况一比就知道，$s(i)$ 的值也就出来了。我们总是用两行圆点来代表更前面的那些词的最优换行方案（即使它们并不占两行）。

对我们的例子进行处理后，可以得到，$s(1)$ 到 $s(14)$ 的值分别是 676, 529, 400, 36, 0, 464, 261, 180, 100, 61, 0, 221, 164, 164, 所对应的最优的 k 分别是 0, 0, 0, 0, 0, 3, 4, 4, 4, 4, 5, 9, 9, 13。因此，图 3 最后给出的换行方案真的是最好的方案。

s(1)=? (ﾟ_ﾟ)	`.............................` `.............................` — s(0)=0 `"i18n"` — cost(1..1)=676 `* total cost: 0+676=676` <-- WINNER! ﹨(^｡^)／

s(2)=? (ﾟ_ﾟ)	`.............................`
	`.............................` — s(1)=676
	`is` — cost(2..2)=900
	`* total cost: 676+900=1576`

	`.............................` `.............................` — s(0)=0 `"i18n"                is` — cost(1..2)=529 `* total cost: 0+529=529` <-- WINNER! ﹨(^｡^)／

s(3)=? (ﾟ_ﾟ)	`.............................`
	`.............................` — s(2)=529
	`an` — cost(3..3)=900
	`* total cost: 529+900=1429`

	`.............................`
	`.............................` — s(1)=676
	`is                an` — cost(2..3)=729
	`* total cost: 676+729=1405`

	`.............................` `.............................` — s(0)=0 `"i18n"        is        an` — cost(1..3)=400 `* total cost: 0+400=400` <-- WINNER! ﹨(^｡^)／

`......`

s(13)=? (ﾟ_ﾟ)	`.............................`
	`.............................` — s(12)=221
	`in` — cost(13..13)=900
	`* total cost: 221+900=1121`

	`.............................`
	`.............................` — s(11)=0
	`deleted                in` — cost(12..13)=484
	`* total cost: 0+484=484`

	`.............................`
	`.............................` — s(10)=61
	`characters        deleted        in` — cost(11..13)=121
	`* total cost: 61+121=182`

	`.............................` `.............................` — s(9)=100 `18    characters    deleted    in` — cost(10..13)=64 `* total cost: 100+64=164` <-- WINNER! ﹨(^｡^)／

	`.............................`
	`.............................` — s(8)=180
	`the  18  characters  deleted  in` — cost(9..13)=16
	`* total cost: 180+16=196`

	`.............................`
	`.............................` — s(7)=261
	`to  the  18  characters  deleted  in` — cost(8..13)=1
	`* total cost: 261+1=262`

图 6　动态规划的过程示例

对于所有具有最优子结构和重叠子问题的最优化问题，上面的技巧都是有效的。我们不再是把问题当作一个有机的整体来看待的，而是把它拆成了一层一层的子问题，然后就像搭积木一样，不断计算局部的最优决策，最终自底向上地推出全局的最优决策。1954 年，美国数学家理查德·贝尔曼（Richard Bellman）在一篇论文中专门谈到了这种解决问题的技巧。他用"动态规划"（dynamic programming）一词来指代这种思想，这个词语一直沿用至今。

从 FreeType 到动态规划，所有这一切都有一个最基本的前提：假设每个字符所占的宽度是相同的。日常生活中的文本排版显得更加灵活，各种字符所占的宽度更贴近书写和阅读习惯，比如字母 i 和 l 较窄，字母 w 和 m 较宽等。刚才的算法几乎可以立即扩展到这种情况当中，我们需要做的，仅仅是把各种字符的宽度信息纳入罚分公式中去即可。

在中文的世界里，换行问题同样存在。你知道出一本书最让人头疼的事情是什么吗？对于我来说，最让人头疼的恐怕要算后期的排版了。为了让不该折行的地方不发生折行，我和排版人员必须经过无数次的沟通。在我写《思考的乐趣：Matrix67 数学笔记》一书的时候，遇到过的最麻烦的段落要算第 3 章中的《万能的连杆系统》了。那篇文章中有一段是这样的：

为什么 $AB \cdot AE$ 为常数，就能保证 E 点的轨迹是一条直线呢？如图 4，过 A 点作出圆 O 的直径 AM，在射线 AM 上找出一点 N 使得 $AM \cdot AN$ 也等于这个常数。由于 $AM \cdot AN = AB \cdot AE$，或者说 $AM/AB = AE/AN$，我们立即可知 $\triangle ABM$ 相似于 $\triangle ANE$，因此 $\angle ANE = \angle ABM = 90°$，也就是说 EN 与 AN 始终垂直。这就证明了，E 点的轨迹确实是一条与 AO 垂直的直线。

在这短短的一百来字里，有很多成分必须要在一行内显示，绝对不能在中间掐断，例如"$AB \cdot AE$"、"$\triangle ABM$"等。另外，"E 点"、"圆 O"等情况最好也不要被拆成两行，不然对阅读体验的影响很大。还有一点：标点符号是绝对不能出现在行首的。这意味着，最后面那个"直线"的"线"及其后的句号必须在同一行内，中间那个"$AM \cdot AN = AB \cdot AE$"连同后面的逗号也应被视为不可分割的整体。最麻烦的情况就是：某个不能折断的成分既可上又可下，但是放在上一行末尾会让上一行特别挤，放在下一行又会让上一行特别空。而且，调整过程经常是牵一发而动全身，等到这个

地方终于改好了的时候，后面的东西又全部乱套了。这种时候，换行问题的处理方法就派上用场了。

还有一个出人意料的排版问题，最终也会归结为我们的换行问题。在给书进行排版时，我们往往希望每个段落都能完整地显示在一页上，最好不要拆成两页。而段落末行跑到下一页的页首，或者段落首行正好在前一页的页尾，则更是排版中的大忌。另外，每一页上的脚注也必须和被注解的内容在同一页里，如果某个脚注恰好很长，就会出现这种让人哭笑不得的局面：把脚注放到第 3 页，被注解的内容就会被挤到第 4 页去；但把脚注放到第 4 页去，被注解的内容就会重新回到第 3 页。每一页究竟显示多少内容，究竟在哪些地方分页，也成为了排版中的一个难题。不难发现，分页问题其实就是更大尺度上的换行问题，可以直接套用换行问题的解决办法，反正问题的本质是完全一样的。

最优前缀码问题

有一次，由于某些原因，我需要把若干个零散的视频合成一个大的视频文件。那时，网络上的视频合并软件多如牛毛，但它们都有一个共同的问题——它们只能把两段视频合成一段视频。也就是说，要想把 A、B、C 三个视频合为一个文件，你得先把 A、B 合并成一个文件，再把它与 C 合并。当然，你也可以先把 A、C 合并起来，再与 B 合并；或者是先合并 B、C，再与 A 合并。我们不妨假设，合并两段视频花费的时间和播放这两段视频花费的时间相当，即把一个片长为 a 分钟的视频与另一个片长为 b 分钟的视频合并在一起大约需要 $a+b$ 分钟。当时，我就想到了这么一个有趣的问题：如果已知各段视频的时长，那么以怎样的顺序合并这些视频，才能让耗费的总时间最短呢？

等等，合并的顺序不同，所花的总时间会有区别吗？当然会有。举个极端的例子：假如有 3 段视频，它们的片长分别为 1 分钟、1 分钟和 100 分钟。我们可以先用 2 分钟的时间把前两段视频合起来，再用 102 分钟将它与剩下的那段视频合并，这样总共需要 2+102=104 分钟；我们也可以先用 101 分钟合并后两个视频，再用 102 分钟将它与剩下的那段视频合并，则总共要用 101+102=203 分钟，耗时几乎是前一种方案的两倍。

有了这个例子后，我们或许会大胆地猜测：为了得到最优的合并方案，只需要始终遵循一个非常简单的原则，即每次都合并目前最短的两个视频。如果用这种策略来合并时长分别为 2、4、6、7、8 的视频，则总的时间开销为 6+12+15+27=60 分钟，具体方案如图 1 所示。可以看出，这实质上是一种贪心的策略。

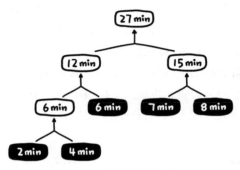

图 1　最优的合并方案

在上一节中，我们已经见证过，利用贪心算法得出的方案并不总是最优的，有时甚至会非常糟糕；幸运的是，这一次，利用贪心算法得到的确实就是最优的方案。不过，这一点并不容易证明。

首先注意到，为了证明这一点，我们只需要说明：在第一步把两个最短的视频合在一起，这总是一个正确的选择，一个可以引向最优合并方案的选择。这样，我们就可以安全地做出第一步的选择，并把最优化的艰巨任务不断推到后面去。比方说，面对着时长分别为 2、4、6、7、8 的视频，我们首先用 6 分钟把时长为 2 的视频和时长为 4 的视频合并在一起，反正这一步肯定不会错。接下来的任务就是把时长分别为 6、6、7、8 的视频合并起来，完成这个子任务需要多少时间，完成整个任务就需要 6 分钟加上这么多时间。因此，问题就完全变成了，如何最快地合并时长分别为 6、6、7、8 的视频。于是，我们就可以再次套用结论，选取当前最短的两个视频合并起来。如此反复，每一步都可以保证不会错过最优方案，因而最终得到的就是那个最优方案了。

接下来，我们就来说明，为什么我们的第一步选择"合并两个最短的视频"永远不会是错误的。为此，让我们换一个角度来计算合并方案的总耗时。假设图 2 是某种合并方案，它的总耗时是多少？除了把每一次合并

贪心与动态规划

的耗时累加起来以外，我们还有另一种计算总耗时的方法：将黑色节点代表的视频（也就是初始时手中的那些视频）的时长与它在合并顺序安排图中的"深度"相乘，再把这些乘积累加起来即可。这是因为，一段视频在图中的深度为 d，就表明它沿途参与了 d 次合并，也就表明它的时长在总耗时中被算了 d 次。让每段视频的时长都乘以自己所对应的 d，再把它们全部加起来，自然也就是总耗时了。

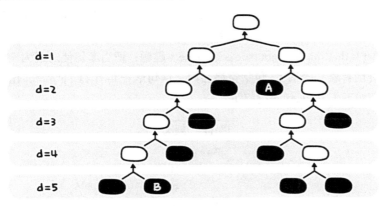

图 2　一种可能的合并方案

容易想到，为了让总耗时更少，我们应该把时长更短的视频尽可能放在顺序安排图中的底部。事实上，在任意一种给定的顺序安排图中，如果位于高处的某个视频 A 比位于低处的某个视频 B 拥有更短的时长，那么这一定不是最优的顺序安排，因为交换 A 和 B 的位置就能让总耗时更小：A 的位置降低了多少层，B 的位置就升高了多少层，但由于 A 的时长更短一些，B 的时长更长一些，因此 A 的位置降低后增加的耗时会小于 B 的位置升高后省下的耗时，从而让总耗时减小。这说明，如果某个顺序安排图是最优的，最低一层一定都是时长最短的视频。特别地，时长最短的那两个视频一定都在最低层。不过，这还不能推出，时长最短的那两个视频会被立即合并起来，因为最低层的视频有可能不止两个，而时长最短的那两个视频则有可能被排在了不同的小组。不过没关系，在同一层中交换视频的位置，这显然不会改变总耗时。因此，如果发生了这种情况，我们只需要直接把时长最短的两个视频换到相邻的位置就行了，反正它们都是在同一层，这没有影响。

至此，我们便证明了，虽然最优方案有可能不止一个，但至少有一个方案满足，时长最短的两段视频位于顺序安排图底部的两个相邻位置。因此，我们可以放心地把它们合并起来，不用担心会错过最优方案。接着便像之前讨论的那样，让"最优子结构"帮我们完成剩下的工作。最后的结论就是：利用贪心算法，我们总能得出最优的合并顺序安排。

1948 年，克劳德·香农（Claude Shannon）和罗伯特·范诺（Robert Fano）为了这么一个问题而绞尽了脑汁：给定一段文本，如何寻找最优的二进制编码方式？考虑下面这段文字：that that that is that that is not is not that that is that that is is not true is not true（趣题：适当断句使之成为一句通顺连贯且有意义的话）。包括空格在内，这句话一共有 11 种字符，出现频数分别如下（其中␣代表空格）：

字符	频次
t	24
␣	21
a	9
h	9
i	7
s	7
n	4
o	4
e	2
r	2
u	2

传统的编码方案就是，把这 11 种字符分别编码为 0000, 0001, …, 1010。这样的话，上面这个一共包含 91 个字符的句子，就会被编码为一个 364 位的 0、1 串。这个编码方式并不好，1011, 1100, …, 1111 本来还能表示 5 种新的字符，结果都被白白浪费了。然而，即使原文真的有 16 种字符，用尽了所有可能的 4 位 0、1 串，编码方式仍然有改进的空间。试想，如果原文当中有几个字符出现次数特别多，另外一些字符特别罕见，你会怎么办？于是，我们想到了用变长编码来代替定长编码，并让越常见的字符对应越短的编码。比方说，采用编码系统 {t→0, ␣→1, a→00, h→01, i→10, s→11, n→000, …}，这

样不就能大大提高编码效率了吗？但是，这样的编码有一个非常严重的问题：如果编码后的结果是 001000，那你怎么知道原文是"that"（0,01,00,0）还是"a␣n"（00,1,000），抑或是"tt␣ttt"（0,0,1,0,0,0）呢？看来，随便构造的编码方案还不行，我们还必须得保证编码后的结果不会产生歧义。

有一种变长编码的设计策略可以保证我们免受歧义之苦，就是确保没有哪个字符的编码正好是另一个字符编码的前缀。这种编码策略就好像电话号码一样。如果报时台的电话变成了 12117，原则上气象台的电话就不能是 121 了，否则当某个用户按下 121 之后，他将会陷入一种荒谬的不确定状态——"已接通 121"和"还没拨完 12117"同时成立。因而，虽然合法的电话号码有长有短，但其中任意一个电话号码都不能是另一个电话号码的前缀。类似地，我们也可以把刚才那些字符按照下面这种方式来编码：{t→00, ␣→01, a→10, h→1100, i→1101, s→11100, n→11101, o→111100, e→111101, r→111110, u→111111}。可以验证，这几个字符的编码中，谁也不是谁的前缀。"that"将会被编码为 0011001000，它的解码方式是唯一的，这就好像拨打电话号码一样，只要一拨通就说明解出了一个新的字符。

满足这种"无前缀关系"的编码系统就叫作"前缀码"（prefix code）。值得注意的是，前缀码并不是避免解码歧义的唯一方式。假如某个编码系统里有 3 个字符 {a, b, c}，它们分别被编码为 {01, 011, 0111}，这并不是一组前缀码，但对任意文本进行编码后，解码方式也总是唯一的。011010110110111必然对应着"babbc"，我们只需要数一数每个 0 后面有多少个 1 就行了。

言归正传。利用刚才那组前缀码，整句话将会被编码为一个 287 位 0、1 串。然而，这组前缀码并不是最优的。此时，我们就回到了香农和范诺的问题：给定文本中各个字符出现的频数，如何求出最优的前缀码编码方案，使得由此产生的编码结果最短？最终，香农和范诺只得出了一种构造"次优解"的算法，采用这种算法不能保证得出最优解，但能保证得出非常接近最优情况的解。香农把这个算法写进了 1948 年的信息论开山大作《通信中的数学理论》（*A Mathematical Theory of Communication*）中，并且提前引用了范诺将于次年发表的论文。后来，这种编码算法就被称为"香农-范诺编码"（Shannon-Fano coding）。

香农和范诺的算法非常简单。首先，把所有字符按照频数从高到低排序，然后把它们划分成左右两组，使得这两组的频数之和尽可能接近。左边这些字符的编码就以 0 开头，右边这些字符的编码就以 1 开头。接下来，用同样的方法把每一组字符继续分成频数之和尽可能接近的两组，并且规定左边这组字符的下一位编码都是 0，右边这组字符的下一位编码都是 1。不断这样做下去，直到最终每组字符都只剩一个字符为止。把这个算法用到我们的例子中，所得的图形如图 3 所示，对应的编码方案为 {t→00, ␣→01, a→100, h→1010, i→1011, s→1100, n→1101, o→1110, e→11110, r→111110, u→111111}。对原句进行编码，将得到一个长为 275 的 0、1 串。

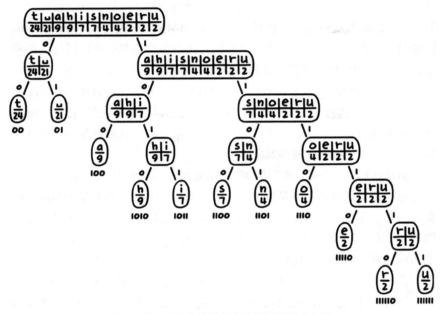

图 3　利用香农和范诺的算法得到的编码方案

然而，刚才我们说了，这种算法并不能保证得到最优解。有没有什么算法可以保证得出最优解呢？范诺被这个问题搞得茶饭不思，1951 年的时候终于决定要发大招了：把这个问题布置成学生的大作业。他规定，所有学生可以从期末大作业和期末考试中任选其一，如果完成了这个大作业，就不用参加期末考试了。

于是，我们迎来了戴维·哈夫曼（David Huffman）的登场。

　　　　　　　　　　　　　　贪心与动态规划

1951 年，戴维·哈夫曼还是一名 MIT 在读博士，当时他正好是范诺的学生。他在这个变态的大作业上花了大量的时间，但最后都是竹篮打水一场空。就在他打算放弃，准备开始复习期末考试内容的时候，他脑子里突然灵光一闪，想到了正确的思路——寻找最优前缀码的问题完全等价于本文开头的那个最优合并方案问题！

首先，让我们来说明这么一件事：任何一组前缀码都可以表示成与图 3 类似的"二叉树"（binary tree），反过来任何一棵二叉树都定义了一组前缀码。前面说过，一组前缀码就像一组电话号码一样，如果我们画出所有可能的电话号码拨打路线，就会得到图 3 那样的二叉树，每条路线都以底部的某个"叶子节点"（leaf node）为终点。反过来，画出一棵二叉树后，规定向左走就是数字 0，向右走就是数字 1，让每个叶子节点都代表一个字符，得到的也一定是一组前缀码。另外，如果在二叉树中出现了不分岔的非叶子节点组成的链条，如图 4 所示，那么把这根链条缩成一个点，就会立即得到一个更好的编码方案。因此，我们可以假设前缀码所对应的二叉树中，一个节点要么就是叶子节点，要么就一定会分成两岔。

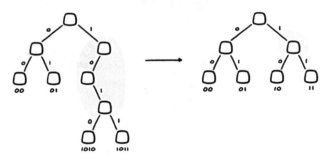

图 4　二叉树中的链条可以安全地缩成一个点

让我们再好好看一下图 3。图 3 所对应的编码方案将会把原文编码成一个 275 位的 0、1 串，这个 275 是怎么算出来的？它是每个字符的频数乘以自己的编码长度，再把所有这些乘积累加起来得到的。然而，每个字符的编码长度也就是它在图 3 所示中的深度，于是你会发现，这一切都与合并顺序安排图的总耗时计算方法是完全一致的！为了找到最优的前缀码，我们真正要做的事情，无非就是用最小的代价把这些频数不同的字符合并起来！

我们先选取频数最小的两个字符 u 和 r，把它们合并成一个总频数为 4 的字符集 ur。现在，频数最小的字符（或者字符集）就变成了 e 和 ur，把它们合并起来，得到一个字符集 eur，其总频数为 6。接下来，合并 o 和 n；再接下来，合并 eur 和 s……最终，我们会得到图 5 所示的最优合并顺序，它也就是最优的前缀码：{t→10, ␣→01, a→001, h→000, i→1100, s→1101, n→11111, o→11110, e→11000, r→110011, u→110010}。用它对原文进行编码，得到的将会是一个长度为 274 位的 0、1 串。它比香农–范诺编码的结果确实要好一点，虽然只是好了那么一点点。

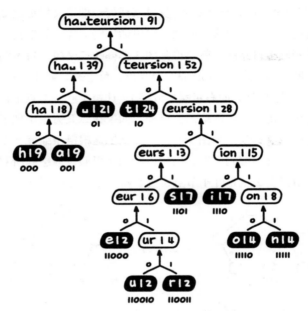

图 5　利用哈夫曼算法得到的编码方案

　　1952 年，哈夫曼把他的算法正式发表了出来，后人把它称为"哈夫曼编码"（Huffman coding）。哈夫曼编码成为了应用最为广泛的压缩算法之一，它不仅适用于文本，还适用于很多其他形式的数据。在 JPEG 图像压缩算法中，倒数第二步的输出结果是一个由整数构成的矩阵，其中有大量重复的元素，因而 JPEG 图像压缩算法的最后一步就是对其进行哈夫曼编码，最后把编码表和编码结果放在一起，作为压缩结果输出。

　　哈夫曼的故事讲完之后，让我们还是重新回到我的故事吧。在这篇文章刚开始的时候，我跟大家说到，我需要把若干个零散的视频合成一个大的视频文件，并思考起最优合并顺序的问题来。其实，刚才还是或多或少地欺骗了大家，因为真实的情况比刚才说的版本更复杂一些。大概是在我念高中的时候吧，我和社团里的同学组织了一次活动。活动流程里包含了若干个观看视频的环节，到时候我们需要按顺序播放几段事先准备好的视频。为了避免大屏幕上出现播放器的界面，我们决定把所有要播放的视频按顺序合成一个大的视频文件，用"播放—暂停—播放"的方法避免视频文件的切换。因此，在合并视频的时候，我们还得保证最后得到的视频文件必须是由那 n 段视频按照顺序拼接而成的。这意味着，我们每次只能合并两段前后相邻的视频。在这种情况下，又该如何确定最优的合并方案呢？

我们很难抵制住这样一个颇具诱惑力的想法：在之前的那个问题中，贪心算法正好奏效了，那么为什么不把它搬到这个问题中呢？于是，我们有了第一种策略：每次都合并时长之和最短的两段相邻视频。如果有 7 段视频，它们的时长依次为 1, 3, 6, 2, 7, 13, 17，那么根据规则，我们应该先把 1 和 3 合并起来，从而得到时长依次为 4, 6, 2, 7, 13, 17 的 6 段视频；接下来，6 和 2 变成了时长之和最短的两段相邻视频，把它们合并在一起后便得到 4, 8, 7, 13, 17。在接下来的几步里，手中的视频会继续变成 12, 7, 13, 17，然后是 19, 13, 17，而后是 19, 30，最后合成一个 49，从而完成整个合并过程，总的耗时将会等于 $4 + 8 + 12 + 19 + 30 + 49 = 122$。这很好地贯彻了贪心算法的思想：我们在每一步中都挑选当前看来最省事儿的任务，并且祈祷着这样得到的方案从全局上看也是最优的。

令人失望的是，这一次，贪心算法就没那么管用了，它并不能保证得出最优解。如果 4 段视频的长度依次为 10, 9, 9, 10，使用贪心算法就会错误地把中间的两个 9 合并成一个 18，它将被迫参与到此后的合并当中；然而真正的最优解却是先把这 4 段视频变成两个时长为 19 的视频，再把它们合并起来。前一种方案的总耗时为 $18 + 28 + 38 = 84$，后一种方案的总耗时则为 $19 + 19 + 38 = 76$。

上面的例子或许会给大家这么一个印象：由于多了一个限制条件，新的问题似乎变得非常复杂。但仔细想想，你会发现，从另一个角度来讲，新的问题其实变简单了：由于我们不能像原来那样乱合并视频，因而可能的合并方案数量变少了。很容易看出，在新的问题中，最后一步本质上只有 $n-1$ 种可能了：把第 1 个视频和后面 $n-1$ 个视频合起来，或者把前 2 个视频和后面 $n-2$ 个视频合起来，或者把前 3 个视频和后面 $n-3$ 个视频合起来，等等。同时，和原来的问题一样，新的问题仍然满足最优子结构的性质。在刚才的例子中，7 段视频的时长依次为 1, 3, 6, 2, 7, 13, 17，假设我们已经知道，最后一步是把前 3 个视频和后面 4 个视频合起来，这必然会花费 10 + 39 = 49 分钟的时间；总的耗时究竟是多少，就完全取决于合并 1, 3, 6 的方式及合并 2, 7, 13, 17 的方式。于是，我们只需要解决这么两个子问题就行了：求出合并 1, 3, 6 的最优方案，以及求出合并 2, 7, 13, 17 的最优方案。

另外，这个问题也具有重叠子问题。比方说，最后一步也有可能是前 2 个视频与后 5 个视频合并，为了求出此时的最优解，我们需要分别考察 1, 3 的最优合并方案与 6, 2, 7, 13, 17 的最优合并方案；而后者本身又有 4 种情况需要考虑，其中一种情况是将第 1 个视频与后面 4 个视频合并，这要求我们进一步去考察 2, 7, 13, 17 的最优合并方案，而这正是我们刚才已经碰到过的子问题！

上一节刚刚讲过的动态规划就派上用场了。不难发现，这些子问题无非就是，如何最快地把这几个连续的视频合并起来，又如何最快地把那几个连续的视频合并起来，等等。我们便能从最简单的那些子问题出发，自底向上地依次求出所有可能的子问题的最优解，最后得到整个问题的最优解（如图 6 所示）。也就是说，我们先把每两个相邻的视频合并起来所需的时间记录下来，再据此求出所有可能的"三连组"怎样合并最好，再据此求出所有可能的"四连组"怎样合并最好，以此类推，直到最终求出所有 n 个视频的最优合并方案。

1959 年，埃德加·吉尔伯特（Edgar Gilbert）和爱德华·摩尔（Edward Moore）发表了一篇论文，正式提出了这个算法。整个算法一共分为 n 个阶段，在第 k 阶段，我们将会算出每 k 连续视频的最优合并方案。在第一个阶段，我们需要为每一段单独的视频确定一个"合并耗时"。由于单独一段视频不需要任何合并，因此规定其耗时为 0。在第二个阶段，我们需要算出，对于每两个相邻的视频，合并起来所需的最短耗时各是多少。由于合并两个视频只有一种方案，因而这没有什么可以讨论的空间，它直接就等于这两段视频的时长之和。从第三个阶段开始，我们就会面临最优决策的选择问题了。如果我们把第 i 段视频的长度记作 L_i，把第 i 段视频到第 j 段视频这 $j - i + 1$ 段连续视频的最少合并耗时记作 cost($i..j$)，那么 cost($i..j$)

　　　　　　　　　　　　　　　　　　　贪心与动态规划

的值就取决于 cost($i..r$) + cost($r + 1..j$) + ($L_i + L_{i+1} + L_{i+2} + \cdots + L_j$) 中的最小值，其中 r 可以取 $j - i$ 种不同的值（即从 i 到 $j - 1$），它代表了 $j - i$ 种不同的决策。注意，cost($i..r$) 和 cost($r + 1..j$) 一定都是在前面的阶段已经计算过的了，我们直接调用当时计算出来的结果就行了。

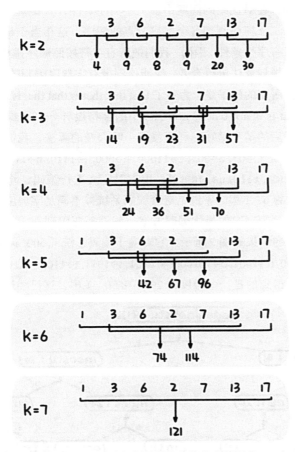

图 6   利用动态规划计算出最优的合并顺序

　　之前，我们提到了，合并视频的问题其实等价于一个最优编码的问题：给定一段文本中各个字符出现的频数，如何为这些字符设计一套变长编码，使得对全文编码后所得的结果最短？为了保证解码时不会出现两可的情况，我们规定所构造的编码必须是一组前缀码，即没有哪个字符的编码正好是另一个字符编码的前缀。有时候，我们还希望，这些字符在编码之后字典

最优前缀码问题

序能够保持不变。例如，编码系统 {a→00, b→1, c→01} 就不满足这个条件，因为 b 排在 c 的前面，但是 b 的编码 1 却排在 c 的编码 01 的后面；在这个意义下，{a→00, b→01, c→1} 就是一个更好的编码系统。这样一来，对编码后的若干条信息进行排序，就不会打乱这些信息原有的顺序了。

容易想到，在最优编码问题中加上字典序条件，其实就是限制了最优编码所对应的二叉树中底部各个字符节点的顺序，这相当于是在视频合并问题中加上了有序性条件。因而，我们把所有字符按照顺序排成一排，再使用刚才的动态规划算法进行合并，便能得到带有字典序限制的最优编码了。

之前我们所用的例子是，为句子 that that that is that that is not is not that that is that that is is not true is not true 中的字符设计一套前缀码，使得对整个句子编码后的结果最短。利用戴维·哈夫曼的算法，我们得到了一个最优的编码系统 {␣→01, a→001, e→11000, h→000, i→1110, n→11111, o→11110, r→110011, s→1101, t→10, u→110010}，用它对原文进行编码，将会得到一个长度为 274 位的 0、1 串。不过，这套编码系统并不满足字典序条件。为了得到带有字典序限制时的最优编码方案，我们需要用到刚才所说的动态规划算法，得到的结果如图 7 所示，它对应于编码系统 {␣→00, a→010, e→0110, h→0111, i→1000, n→1001, o→10100, r→10101, s→1011, t→110, u→111}。用它对原文进行编码，得到的是一个长度为 293 位的 0、1 串，这已经达到最短了。

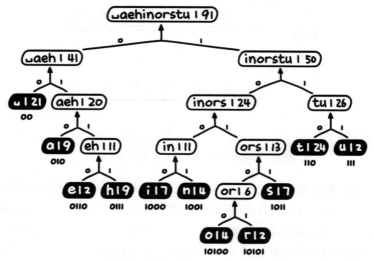

图 7　利用动态规划得到的带有字典序限制的编码方案

　　　　　　　　　　　　　　　　　　　　贪心与动态规划

不过，话说回来，我们真的不能用贪心算法来解决有序的视频合并问题吗？千万不要轻易下结论，在算法的大千世界里可谓是无奇不有。1971年，T·C·胡（T. C. Hu）和 A·C·塔克（A. C. Tucker）提出了一种非常诡异的算法，算法过程当中有很多贪心的影子。他们把这个算法叫作 T-C算法。算法最核心的内容只有一句话：不断合并时长之和最小的两段视频，但要求它们之间的视频都是合成视频。具体地说，在合并过程中的任何一个时刻，视频都分为两种：由多段视频组合而成的合成视频，以及尚未参与合并的初始视频。如果两段视频（不管它们各是哪一种视频）是相邻的，或者虽然不相邻，但中间夹着的其他视频都是合成视频，那么在下一轮里，这两段视频就有被合并起来的资格。胡和塔克把满足这种条件的视频对叫作"暂时相连"的（tentative-connecting，简称 T-C）。胡和塔克提出的算法就是，每次都找出时长之和最小的两段满足暂时相连关系的视频，然后把后面的那段视频合并到前面的那段视频里。我们还是用刚才的例子来做演示，即 7 段视频的长度分别为 1, 3, 6, 2, 7, 13, 17。为了区别两种不同的视频，我们不妨用圆括号来表示合成视频，用方括号来表示初始视频。那么，套用 T-C 算法将会得到这样的合并方案：

$$[1], [3], [6], [2], [7], [13], [17]$$
$$\rightarrow (4), [6], [2], [7], [13], [17]$$
$$\rightarrow (4), (8), [7], [13], [17]$$
$$\rightarrow (11), (8), [13], [17]$$
$$\rightarrow (19), [13], [17]$$
$$\rightarrow (19), (30)$$
$$\rightarrow (49)$$

注意，第 2 步我们不能把 (4) 和 [2] 合并起来，因为它们之间夹着 [6]，不是暂时相连的。第 3 步我们把 (4) 和 [7] 合并起来了，因为它们确实是符合暂时相连条件并且时长之和最短的两段视频；同时请注意，合并得到的结果 (11) 应该放在原来 (4) 的位置，而不是原来 [7] 的位置。最终，这种方案的总耗时为 4 + 8 + 11 + 19 + 30 + 49 = 121。

等一下，有的读者可能会说，这不是骗人吗？每次合并的并不总是两个相邻的视频，得到的最终结果并不满足有序的条件啊！别急，T-C算法神就神在这里：把这种暂时不符合要求的合并顺序图画出来，那么我们一定能够保持各个初始视频的深度不变，重构出一个合法的合并方案来。重构方法很简单：找出目前深度最大的所有视频，把它们按顺序两个两个地合并起来，得到一系列深度减小了一层的合成视频，然后不断重复这个过程即可。例如，图8所示的就是刚才所得的合并方案，我们知道了7段视频的深度依次为 4, 4, 3, 3, 3, 2, 2。先把最深的两段视频合起来，于是我们就有了6段视频，深度值依次为 3, 3, 3, 3, 2, 2。把深度为3的这4段视频两两合并，于是就只剩下4段视频，深度值都为2。把它们两两合并后再合并到一起，便得到了一种合法的合并方案了，如图9所示。T-C算法可以保证，重构之前的合并方案虽然不见得合法，但一定能让重构过程顺利地进行到底，不会在某一步死掉。最终得到的就是耗时最少的合并方案。

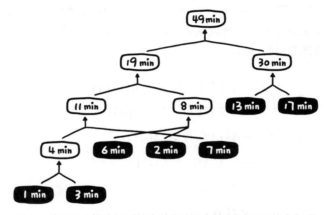

图8　利用 T-C 算法得到的合并方案，但它暂时还不符合规范

这个算法为什么是正确的？大家或许会期待着，一个如此简洁的算法应该有一个同样简洁的正确性证明，然而事实却并非如此。在论文中，胡和塔克用了10页的篇幅完成了 T-C 算法的正确性证明，其证明过程非常复杂。被誉为"算法分析之父"的计算机科学大师高德纳（Donald Knuth）在《计算机程序设计艺术》（The Art of Computer Programming）第3卷中写到："胡–塔克算法为什么是正确的，这已经超出了本书的范围；目前还没有一个已知的简单证明，而且很有可能今后永远也找不到一个简单的证明！"

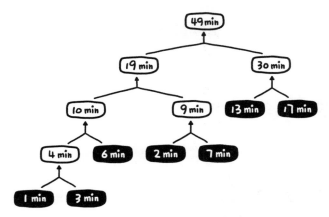

图 9   利用 T-C 算法得到的最终合并方案

每次想到这一点的时候，我都会对算法之美产生一种深深的敬畏之情。

3

递归与分治

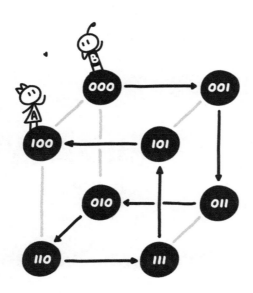

组合游戏中的必胜策略

记得小学的时候，奥数课程里有一章叫作博弈问题，其中第一个问题就是经典的"报 30"游戏。两个人从 1 开始轮流报数，每个人都只能报接下来的一个数或两个数。比如，第一个人可以报 1，也可以报 1、2；如果第一个人报了 1、2，第二个人就可以选择报 3 或者报 3、4……不断这样报下去，谁最先报到 30 谁就获胜。我还记得当时看完游戏分析之后的那种震撼感：这个看似有趣的游戏实际上非常无聊，因为后报数的人有一种非常简单的方法可以保证必胜。

我们可以从获胜条件出发，倒推出获胜之路上的关键点在哪里。由于最先报到 30 的人获胜，那么先报到 27 的人就一定可以获胜，因为对方报 28 我就报 29、30，对方报 28、29 我就报 30。由于先报到 27 的人可以保证获胜，根据同样的道理，先报到 24 的人就一定可以获胜了……不断这样推下去，最终得到的结论就是，先报到 3 的人一定必胜。于是，先报的人报 1，后报的人就报 2、3；先报的人报 1、2，后报的人就报 3。不管怎样，后报数的人都是必胜的。

这种类似的思想可以用于很多其他的博弈问题。考虑这样一个游戏：有 10 枚硬币，两人轮流从中拿走硬币，每次可以拿走 1 枚、2 枚或者 4 枚，谁取到最后一枚硬币，谁就获胜。这个游戏同样是非常无聊的，因为先取者有必胜策略。它的推导方法则更具典型性，更能反映一般情况下的做法：

- 如果硬币的总数只有 1 枚，则先取者胜；
- 如果硬币的总数是 2 枚，则先取者胜；
- 如果硬币的总数是 3 枚，则先取者败，因为他不管取多少，对方面临的情形都是必胜的情形；
- 如果硬币的总数是 4 枚，则先取者胜；
- 如果硬币的总数是 5 枚，则先取者胜，他只需要取走 2 枚，对方将会被迫面临 3 枚的情形；
- 如果硬币的总数是 6 枚，则先取者败，因为他不管取多少，对方面临的情形都是必胜的情形；
- 如果硬币的总数是 7 枚，则先取者胜，他只需要取走 1 枚，对方将会被迫面临 6 枚的情形；

- 如果硬币的总数是 8 枚，则先取者胜，他只需要取走 2 枚，对方将会被迫面临 6 枚的情形；
- 如果硬币的总数是 9 枚，则先取者败，因为他不管取多少，对方面临的情形都是必胜的情形；
- 如果硬币的总数是 10 枚，则先取者胜，他只需要取走 1 枚，对方将会被迫面临 9 枚的情形。

上面两个游戏之所以都能用同一种分析方法，是因为它们都满足某些共同的条件。我们不妨试着把这些共同的条件抽象出来，从而建立一套适用范围更广的博弈游戏分析法。说白了，这类游戏本质上就是两名玩家轮流让棋局状态向某个终结点转移，谁先不能走了谁就输了。具体地说，这类游戏有这么三个共同的特征：首先，游戏当中的信息是完全透明的，每个人都知道对方可以怎么走（这就排除了斗地主、军棋之类的游戏）；第二，也是最重要的一点，就是下一步可以怎么走与下一步是谁走没关系，两名玩家的唯一区别就是谁先走谁后走（这就排除了象棋、围棋及所有区分棋子颜色的游戏）；最后，整个游戏必然会在有限步之后结束，谁先没走的谁就输了。在博弈论中，这类游戏叫作"无偏博弈"（impartial game）。

对于所有这类游戏，我们都可以像刚才那样，用"必胜态"、"必败态"来分析。如果对于某个棋局状态，谁遇到了它谁就有办法必胜，我们就把它叫作"必胜态"；如果对于某个棋局状态，谁遇到了它对手就会有办法必胜，我们就把它叫作"必败态"。根据定义可以立即判断出，那些不能走的状态就是必败态了。从这些必败态出发，我们可以按照下面两条规则，自底向上地推出其他所有状态的性质：有办法走到必败态的状态就是必胜态，只能走到必胜态的状态就是必败态。从这两条规则可以看出，一个状态不是必胜的就是必败的。因此，像这样不断推下去，我们最终会得出：初始状态要么是必胜的，要么是必败的。换句话说，整个游戏要么是先行者必胜，要么是后行者必胜。

无偏博弈不见得是线性的，也不见得是显性的。不妨一起看看下面这个我非常喜欢的经典例子。地上有 n 颗石子（假设 $n \geqslant 2$），两个人轮流从中取出石子。规定：第一个人最少可以取走 1 颗石子，最多可以取走 $n-1$ 颗石子。今后，每个人取走的石子数量必须小于前一轮对方取走的石子数量的 2 倍（但必须取走至少 1 颗石子）。谁先取到最后一颗石子，谁就获胜了。比如说，当 $n = 4$ 时，第二个人是有必胜策略的。如果第一个人取走了 2 颗石子或者 3 颗石子，第二个人可以在下一轮直接获胜；如果第一个人取走了 1 颗石子，这将立即使得今后每个人取石子时永远只能取 1 颗石子，第二个人必然会取到最后一颗石子，从而获胜。我们的问题是，对于哪些 n，第二个人是必胜的？

这个游戏似乎不太符合刚才的模型，因为此时出现了一个刚才并没有涉及的情况：这一步能怎么走，要依赖于上一步是怎么走的。在这种情况下，我们似乎没法确定出状态与状态之间的转移关系。然而，只需要把"这次可以拿多少颗石子"的信息本身也纳入棋局状态里，游戏就变成纯粹的状态转移了。我们用 (x, y) 来表示现在还有 x 颗石子，并且玩家最多可以拿走其中 y 颗石子。当 $n = 4$ 时，游戏的初始状态就是 $(4, 3)$，第一名玩家可以把这个状态变为 $(3, 1)$、$(2, 3)$、$(1, 5)$ 之一；如果第一名玩家把状态变成了 $(2, 3)$，那么第二名玩家可以把它继续变为 $(1, 1)$ 和 $(0, 3)$。谁先把状态变成了形如 $(0, y)$ 的样子，谁就获胜了。

为了打印出当 $n \leqslant 100$ 时哪些 n 能使第二名玩家必胜，我们只需要在 Mathematica 中写入三行代码，如图 1 所示。我们用 True 来表示一个状态是必胜态，用 False 来表示一个状态是必败态。函数 f 用于返回从 (x, y) 出发可以到达哪些状态，函数 g 则用于计算 (x, y) 是必胜的还是必败的。

```
In[1]:= f[{x_, y_}] := f[{x, y}] = Table[{x - i, 2 i - 1}, {i, 1, Min[x, y]}];
        g[{x_, y_}] := g[{x, y}] = If[x == 0, False, Not[AllTrue[f[{x, y}], g]]];
        Select[Range[2, 100], g[{#, # - 1}] == False &]
Out[3]= {2, 4, 8, 16, 32, 64}
```

图 1 用 Mathematica 计算取石子游戏中的必胜态和必败态

结论非常出人意料：第二名玩家有必胜策略，当且仅当 n 是 2 的整数次幂！这究竟是为什么呢？下面就是一个漂亮的解释。

如果初始时石子个数不是 2 的整数次幂，那么石子个数的二进制表达中至少有两个数字 1。第一名玩家的必胜策略就是，去掉石子个数的二进制表达中的右起第一个数字 1。例如，如果石子个数为 176（其二进制表达为 10110000），第一名玩家的必胜策略就是拿走 16 颗石子，把石子个数变为 160（其二进制表达为 10100000）。第二名玩家无法仿照第一名玩家的做法，因为要想去掉石子个数的二进制表达中的右起再下一个数字 1，需要拿走的石子数量至少是刚才第一名玩家拿走的石子数量的 2 倍。第二名玩家唯一能做的，就是把石子个数的二进制表达中末尾形如 1000…00 的部分变为 0???…??，并且这些问号位置上的数字里至少有一个为 1。比方说，在刚才的例子中，第二名玩家可以从 160 颗石子中拿走 20 颗石子，余下 140 颗石子，石子个数的二进制表达就从 10100000 变成了 10001100。注意，第二名玩家拿走的石子数量是 20，其二进制表达为 10100，最后一个数字 1 在右起第 3 位。这决定了现在余下的石子个数的二进制表达中最后一个数字 1 也在右起第 3 位。因此，为了把这个数字 1 变为 0，需要拿走的石子数量不会超过刚才第二名玩家拿走的石子数量（当然就更不会达到或超过它的 2 倍了）。所以，第一名玩家可以继续重复刚才的必胜策略。一旦第二名玩家留下的石子个数满足其二进制表达里只含一个数字 1（比如把石子个数的二进制表达从 1000 变为 10，或者最后迫不得已地把 10 变为 1），第一名玩家就获胜了。

这个玄妙的结论鼓励我们继续探究下去。如果我们把游戏规则中的取走石子数量的上限"必须小于前一轮对方取走的石子数量的 2 倍"改成"必须小于等于前一轮对方取走的石子数量的 2 倍"呢？如图 2 所示，结果更加神奇：第二名玩家有必胜策略，当且仅当 n 是一个斐波那契数（Fibonacci number）！

```
In[1]:= f[{x_, y_}] := f[{x, y}] = Table[{x - i, 2 i}, {i, 1, Min[x, y]}];
        g[{x_, y_}] := g[{x, y}] = If[x == 0, False, Not[AllTrue[f[{x, y}], g]]];
        Select[Range[2, 100], g[{#, # - 1}] == False &]

Out[3]= {2, 3, 5, 8, 13, 21, 34, 55, 89}
```

图 2　用 Mathematica 计算修改版取石子游戏中的必胜态和必败态

为什么斐波那契数列会在这里出现？解释的大致方法和刚才相差不大，但细节更复杂一些，这里我们就不多说了。

在数学竞赛、编程竞赛和面试题当中，博弈问题往往有一些简洁而漂亮的解答。为了找出这个解答，有时可能要先用这种递推的办法做一下试验。在本文的最后，我们从易至难地给出 3 个小题目。我们的建议是，首先利用递推的办法尝试着列出游戏规模较小时的必胜态和必败态（用纸和笔也行，写一段代码也行），然后从中发现规律，最后想办法给出一个解释，从而给出一个完美的回答。如果你成功地找到了必胜态和必败态的规

递归与分治

律，那么找出一个解释也就不难了：只需要说明每个必胜态确实可以导向某个必败态，并且每个必败态确实都只能导向必胜态即可。

不妨把游戏双方叫作 A、B。先来看 A、B 两人玩的第一个游戏——掰巧克力。整板巧克力里面一共有 10×10 个小块。首先，A 把巧克力掰成两个矩形，吃掉其中一块，把另一块交给 B；B 再把剩下的巧克力掰成两个矩形，吃掉其中一块，把另一块交回给 A……两人就像这样轮流掰下去。规定，谁没法继续往下掰，谁就输。如果 A 先开始掰，A 和 B 谁有必胜策略？这种策略是什么？

答案是，在这个游戏中，B 有必胜策略。B 只需始终保持巧克力是正方形的就行了。刚开始，巧克力是 10×10 的，A 不管怎么掰，都会把它掰成一个长和宽不相等的矩形，B 只需要把它再掰回正方形即可。比如，A 把它掰成了 7×10 的巧克力，B 就再把它掰成 7×7 的巧克力。不断这样下去，直到 B 把它掰成 1×1 的巧克力，此时 A 就输定了。在这个游戏中，我们可以用 (m, n) 来表示巧克力的两边之长分别为 m 和 n，那么 $m = n$ 时的所有状态就是必败态，$m \neq n$ 时的所有状态就是必胜态。

再来看看 A、B 两人玩的第二个游戏——吃糖果。桌子上放着两堆糖果，一堆里有 50 个糖果，一堆里有 101 个糖果。A、B 轮流对这些糖果进行操作。在每一次操作中，操作者需要吃掉其中一堆糖果，只要另外一堆糖果的数量大于 1 个，他就必须把另外一堆糖果分成两堆（可以不相等）让对方继续操作。如果某人吃掉其中一堆糖果之后，发现另一堆里只有一个糖果，不用再分了，那么他就获得胜利。如果 A 先开始操作，A 和 B 谁有必胜策略？这种策略是什么？

答案是，在这个游戏中，A 有必胜策略。事实上，任何时刻，如果两堆糖果中有任何一堆的糖果数被 5 除余 1、余 4 或正好除尽，那么此时的操作者就是必胜的。反之，如果两堆糖果的数目被 5 除余数都是 2 或 3，那么此时的操作者就会输掉游戏。当游戏状态属于前者时，我们可以把糖果数被 5 除余 1、余 4 或正好除尽的那一堆分成糖果数被 5 除余数都是 2 或 3 的两堆（这是总能办到的，除非该堆的糖果数就是 1，而此时我们已经直接获胜了），而对方不得不把其中一堆糖果又分出新的糖果数被 5 除余 1、余 4 或正好除尽的一堆留给我们操作。这样逼着对方总是面临必败的状态，使得最后对方不得不把 2 个糖果或者 3 个糖果分成两堆，从而让我们获得游戏的胜利。

最后，让我们一起来看看 A、B 两人玩的第三个游戏——拿石子。地板上有 10 堆石子，各堆里面的石子数量分别为 1, 2, ⋯, 10 个。两个人轮流对这些石子进行操作，操作方式有两种：要么从某一堆石子中拿走一颗石子，要么把某一堆石子分成两个小堆。谁先没法继续操作（即石子被拿完），谁就输。如果 A 先走，A 和 B 谁有必胜策略？这种策略是什么？

答案是，在这个游戏中，A 是必胜的。事实上，我们会证明一个更一般的结论：满足下列两个条件之一的棋局都是必胜棋局：（1）只含一颗石子的有奇数堆；（2）含有偶数颗石子的有奇数堆。这种形式的棋局对于玩家是有利的，因为"有奇数堆"意味着至少有一堆，此时的玩家总能继续往下走。面对这种类型的棋局，我们的策略就是，把当前的棋局变为上述条件均不满足的棋局，即只含一颗石子的及含有偶数颗石子的都是偶数堆。这总是可以办到的。我们所面对的局势可以分成以下三类。

- 只含一颗石子的有奇数堆，含有偶数颗石子的有偶数堆。这样的话，我们把其中一个只含一颗石子的堆拿走就行了。只含一颗石子的堆数会减 1，从而变成偶数；同时，含有偶数颗石子的堆数也仍然保持偶数不变。

- 只含一颗石子的有偶数堆，含有偶数颗石子的有奇数堆。如果能找到某个恰好含有两颗石子的堆，那就把它分成两堆，每堆各一颗石子；如果所有含有偶数颗石子的堆都含有两颗以上的石子，那就从中任选一堆，拿走其中一颗石子。这样一来，只含一颗石子的堆数会加 2 或者不变，因而仍然是偶数；含有偶数颗石子的堆数则会减 1，从而变成了偶数。

- 只含一颗石子的有奇数堆，含有偶数颗石子的也有奇数堆。如果能找到某个恰好含有两颗石子的堆，那就从中拿走一颗石子；如果所有含有偶数颗石子的堆都含有两颗以上的石子，那就从中任选一堆，把它分成 1 加上某个大于 1 的奇数。这样一来，只含一颗石子的堆数会加 1，因而变成了偶数；含有偶数颗石子的堆数则会减 1，也变成了偶数。

于是，我们留给对方的局势将会满足这样的条件：只含一颗石子的有偶数堆，并且含有偶数颗石子的也有偶数堆。对方有以下四种选择。

- 选择某一个只含一颗石子的堆，把这颗石子拿走。这样的话，只含一颗石子的堆数就变成奇数了。

- 选择某一个含有偶数颗石子的堆，把其中一颗石子拿走。这样的话，含有偶数颗石子的堆数就变成奇数了。

- 选择某一个含有偶数颗石子的堆，把它拆成两堆石子，每一堆各含奇数颗石子。这样的话，含有偶数颗石子的堆数就减少了1，从而变成了奇数。

- 选择某一个含有偶数颗石子的堆，把它拆成两堆石子，每一堆各含偶数颗石子。这样的话，含有偶数颗石子的堆数就增加了1，从而变成了奇数。

不管怎样，局势又回到了对于我们来说有利的情形：要么只含一颗石子的有奇数堆，要么含有偶数颗石子的有奇数堆（或者两者同时满足）。于是，我们可以继续让对方面对不利的情形，并且逼迫对方把棋局变成对于我们有利的形势。不断这样下去，我们将会始终面对有路可走的棋局，从而保证不会输掉。

这个问题来自 2006 年意大利全国奥林匹克数学竞赛中的第 6 题。

格雷码及其应用

很久以前，我玩过一个第三人称冒险游戏，游戏的名字已经不记得了，但游戏当中的某个场景让我至今印象深刻。大概是在一个房子里，房子的一头有一个控制台，上面有 4 个开关和一个按钮。4 个开关上分别标有数字 1、2、3、4，每个开关都可以扳到 ON 状态或者 OFF 状态。按钮的作用是打开房子另一头的大铁门，它是逃离这个场景的唯一出口。只有当 4 个开关的 ON/OFF 状态处于某个唯一的正确组合时，按动按钮之后才能把门打开（但你不知道这个正确的组合是什么）。你需要做的事情很明确：不断扳动开关，尝试各种各样的 ON/OFF 组合，然后按动按钮，直到成功把门打开。

为了避免自己忘记哪些组合已经试过，我们只需要按照某种规律逐一尝试所有的组合就行了。比方说，用数字 0 来表示 OFF 状态，用数字 1 来表示 ON 状态，然后按照二进制数的规律依次尝试 $2^4 = 16$ 种不同的组合：$0000, 0001, 0010, 0011, 0100, \cdots, 1110, 1111$。其中，从 0000 到 0001 需要扳动

1 次开关,从 0001 到 0010 需要扳动 2 次开关……最恐怖的是,从 0111 到 1000 需要扳动全部 4 个开关! 在最坏情况下,最后试到的那个组合才是正确的组合,那么整个过程下来,我们一共要扳动 26 次开关! 更要命的就是,在游戏中,扳动一次开关非常费劲,你需要持续按住某个按键很长时间才行。于是,一个有意思的问题出现了:换一种尝试的顺序,能让我们少扳动几次开关吗? 最少需要扳动几次开关呢?

容易看出,由于我们一共要试 16 种不同的组合,从一个组合变到下一个组合至少需要扳动一个开关,因此整个过程至少要扳动 15 次开关。会不会扳动 15 次开关就足够了呢? 这意味着,每两个相邻的组合之间都只相差一个开关的位置。如此理想的解是否真的存在,这我不太清楚;但我当时立即想到,如果要试遍 3 个开关的所有 $2^3 = 8$ 种组合,只扳动 7 次开关确实是可以办到的。这就相当于沿着立方体的棱既无重复又无遗漏地经过每一个顶点。其中一种方案如图 1 所示,它所对应的试验顺序如下:

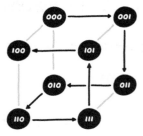

图 1　把 8 个 3 位 0、1 串看作立方体的 8 个顶点,两个 0、1 串之间有一条棱当且仅当它们只相差一位

$$000 \rightarrow 001 \rightarrow 011 \rightarrow 010 \rightarrow 110 \rightarrow 111 \rightarrow 101 \rightarrow 100$$

当时我的想法很简单:既然知道怎样快速遍历 3 个开关的所有组合,那就干脆让第一个开关保持 OFF 状态,先把所有形如 0??? 的组合都试一遍吧:

$$0000 \rightarrow 0001 \rightarrow 0011 \rightarrow 0010 \rightarrow 0110 \rightarrow 0111 \rightarrow 0101 \rightarrow 0100$$

接下来呢? 接下来我的想法就是,把第一位扳成 1,然后像刚才那样再遍历一次后 3 位的组合。把 0100 变成 1000 需要扳动 2 次开关,再把后 3 位的组合全试一遍又需要扳动 7 次开关,最后一共扳动了 16 次开关,嗯,已经很不错了。但是,刚扳完第一个开关,把 0100 变成了 1100 后,本想继续把后 3 位还原成 000 的,但却突然一下意识到:1100 本来就是一个新的组合呀! 干脆先把这个组合试了再说:

　　　　　　　　　　　　　　　　　　　　　　　递归与分治

0100 → 1100

紧接着，就像有人用一根大棒把我敲醒了一样，我猛然意识到：然后就从 1100 出发，逆着刚才的顺序遍历后 3 位的所有组合，最后回到 1000 不就行了吗？

1100 → 1101 → 1111 → 1110 → 1010 → 1011 → 1001 → 1000

这样，我们就实现了扳动 15 次开关既无重复又无遗漏地遍历 4 个开关的所有 16 种组合，每扳动一次开关得到的正好都是一种新的组合！

利用类似的方式，我们可以继续扩展，把 32 个 5 位 0、1 串也排成一列，使得每个 0、1 串到下个 0、1 串都只需要变动一位。当然，刚才那 8 个 3 位 0、1 串的排列顺序，本身也可以看作是由更基本的情况扩展而来的。事实上，我们可以像下表那样，从 1 位 0、1 串这种最基本的情况出发，不断通过"镜像"和"添首位"的方法，最终得到把 2^n 个 n 位 0、1 串排成一列的方案，使得相邻两个 0、1 串总是只差一位。

初始 0, 1（$n = 1$ 时的解）

镜像 0, 1, 1, 0

添首位 00, 01, 11, 10（$n = 2$ 时的解）

镜像 00, 01, 11, 10, 10, 11, 01, 00

添首位 000, 001, 011, 010, 110, 111, 101, 100（$n = 3$ 时的解）

……

我们姑且给它起个名字，叫作"镜像二进制编码"吧。

人们刚开始实现数字通信的时候，曾经为如何把模拟信号转化为数字信号而伤透脑筋。1937 年，英国科学家亚历克·里夫斯（Alec Reeves）发明了一种将声音信号进行数字化的方法，即我们现在所说的"脉冲编码调制"（pulse-code modulation，缩写成 PCM 或许大家会更熟悉一些）。假设我们有一段声音，它的波形图如图 2 所示。那么，我们就间隔相等地在 x 轴上取一些采样点，看看此时波形图的高度在什么位置，并用二进制数来表示。如果使用 5 位二进制数，那么每个采样结果都有 32 种不同的取值，可以与十进制中的 0 到 31 相对应。对于普通的人声来说，为了充分刻画出波的形状，理论上每秒至少需要采样 8000 次才行；采样频率越高，还原真实声音的效果也就越好。

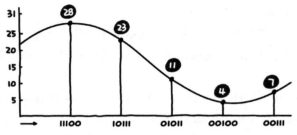

图 2　脉冲编码调制示意图

这种编码方式确实不错，关键是，如何设计一种信号转换器，让它能自动地按照这种方式把模拟信号转换成数字信号？总不能雇几个员工去人工完成每秒上千次的采样和转换吧。

人们巧妙地用阴极射线管和 X、Y 两组偏转板解决了这个问题。如图 3 所示，电子枪射出的电子束首先从两块 Y 偏转板之间穿过，并且受到 Y 偏转板所产生的电场的影响而上下偏转，其偏转幅度由输入电信号决定；偏转后的电子束继续从两块 X 偏转板之间穿过，并受其产生的电场影响而左右偏转。X 偏转板上的电位差由某个锯齿波发生器决定，其效果就是让电子束不断地从左至右扫描。在电子束到达电子收集屏之前，还必须经过一个上面有穿孔的"编码盘"。如果我们想要把每一个采样值都转化成 5 位 0、1 串，那么编码盘上的孔应该如图 4 所示。把声音信号转换为电信号输入进去后，电子束便能根据信号的强度变化在不同的高度处从左往右扫描，每扫描一次都会产生一个 5 位 0、1 串，其中 1 意味着电子束穿过了编码盘上的孔，0 意味着电子束被编码盘挡住了。如果电子束在 r_1 所示的高度处扫描一次，得到的 5 位 0、1 串就是 01101，或者说十进制的 13。

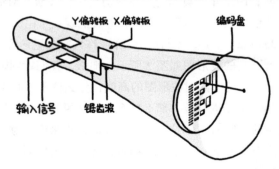

图 3　用阴极射线管制作一个信号转换器

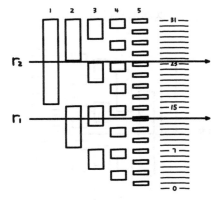

图 4　传统的编码盘打孔方案

　　这种信号转换器的原理的确巧妙，但理论与实际之间还是有一定距离的。在实际应用时，我们会遇到一个有些意想不到的问题。让我们假设，某个采样值正好是 23.5，于是电子束会在图 4 所示的 r_2 高度处从左往右扫描一次。注意，这条扫描线经过了 4 个孔的边界，于是完全有可能出现这样的误差：电子束穿过了第 2 位对应的孔，同时也穿过了第 3 位、第 4 位和第 5 位所对应的孔。于是，这个值最后就被编码为 11111。或者，电子束完全错过了后面 4 个位置上的孔，于是这个值就被编码为 10000。在最坏情况下，我们会把 15.5 编码为 11111 或者 00000，这个误差是不能容忍的。怎么办呢？

　　1947 年，贝尔实验室的弗兰克·格雷（Frank Gray）提交了一项专利，漂亮地解决了这个问题。弗兰克·格雷的方法非常简单：改用镜像二进制编码进行穿孔（如图 5 所示）！我们用 5 位镜像二进制编码中的第一项，即 00000，来表示最小的高度值，或者说十进制的 0；用镜像二进制编码中的下一项，即 00001，来表示次小的高度值，或者说十进制的 1；类似地，用 00011 表示 2，用 00010 表示 3，用 00110 表示 4，以此类推，一直到用 10000 表示 31。这样的话，任意两个相邻高度所对应的数字编码都只有一位的差异，换句话说，恰好从它们中间穿过去的扫描线只会遇到一处边界。如果扫描线的高度恰好是 15.5，则转换后的结果要么就是 01000（它代表 15），要么就是 11000（它代表 16），刚才的误差问题就解决了。

　　需要注意的是，由于 PCM 的编码方式变了，因而我们需要信号接收端也配备相应的解码器，当然也可以再设计一个专门把镜像二进制编码翻译成传统二进制编码的电路。这都不是最难的部分了。

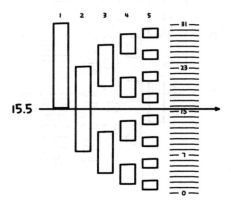

图 5　新的编码盘打孔方案

　　弗兰克·格雷还提到了用镜像二进制编码代替传统二进制编码的另外三个好处。首先，最小的孔（即最右边一列的孔）是原来的两倍大，这会更有助于编码盘本身的生产制作。其次，除去第一位以外，其余位置上的编码是上下对称的（当然孔的位置也就是上下对称的），因此，我们可以把第一位当作是正负符号位进行特殊处理。我们可以预先把输入信号的中轴线以下的部分翻折到上面来（同时完成第一位数字的处理），剩下的过程就只需要用到一半的编码盘了，这能大大减小编码盘的体积。最后，如果声波在中轴线附近的波动幅度不大（不超过最大幅度的一半），那么编码后的第二位几乎总是 1，这个标记会为信息接收端的同步化提供有用的信息。

　　弗兰克·格雷在专利文件中说，这种新的编码方式还没有一个名字，并且首次提出了"镜像二进制编码"（reflected binary code）这个名字。后来，人们逐渐开始用"格雷码"（Gray code）来指代这种编码方式，"格雷码"这个名字也就慢慢固定了下来。

　　在工业上，格雷码还有很多应用。假如有一个温度（或者水位、气压、比分等）检测系统，当它探测到数值从 7 变到 8 时，系统便会把 0111 改成 1000。万一在改动的过程当中正好出现了读取操作，此时读到的数据就是错误的。采用格雷码的话，数值的加 1 和减 1 操作将会成为真正的原子操作，这个问题也就能避免了。

　　有趣的是，n 位格雷码的第一个 0、1 串和最后一个 0、1 串之间也只差一位。因此，如果把 n 位格雷码看作是循环的，任意两个相邻的 0、1 串仍然满足要求。有些方向传感器会使用格雷码来表示方向，便是用到了格雷码的这个性质。例如，不妨用 $000,001,011,010,110,111,101,100$ 依次表示 8 个方向，那么不管是从哪个方向转到哪个相邻的方向，所对应的 0、1 串都只变了一位，这样也就不会产生错误的"中间数值"了。

漫话图像抖动技术

1880 年 3 月 4 日，美国纽约的《每日画报》(*Daily Graphic*) 上刊登了一张题为《棚户区一景》(*A Scene in Shantytown*) 的照片。在印刷过程中，美术总监斯蒂芬·霍根 (Stephen Horgan) 突破性地采用不同大小的墨点来模拟不同的灰度，让照片印刷摆脱了非黑即白的限制，在人眼看来与全灰度的图像别无二致。此后，这种叫作"半色调"(halftone) 的印刷技术便走进了报纸、杂志、书籍等各种纸质媒介。

20 世纪中后期，半色调技术重新受到人们的关注。早期的计算机显示屏、游戏机显示屏、手机显示屏都只能显示黑白两色，如何尽可能生动地呈现出一张图片，再次成为工程师们开始思考的问题。与 1880 年的情况不同的是，这次的原始图片和呈现出来的图片都是一张张离散的像素图。我们无法再使用不同大小的墨点来模拟不同的灰度，因为每一个像素都是单位大小的、不可再分的微粒。因此，乍看上去，我们唯一能做的，似乎就是设定一个阈值，将原图像的每个像素的灰度值都和这个阈值相比较。我们通常会用 0 到 1 之间的数来表示灰度值，越小的数就表示越接近黑色（因而 0 就代表纯黑色，1 就代表纯白色）。如果设定阈值为 0.5 的话，那么灰度值不超过 0.5 的像素就统统变为黑色，灰度值超过 0.5 的像素则统统变为白色。于是，图 1 所示的灰阶图片，就被转换成了图 2 所示的黑白图片。

难道在像素世界里，只用黑白两色真的不能达到更逼真的效果？天无绝人之路，人们还是想到了一个聪明的办法：利用随机阈值，让颜色越深的区域拥有越密的黑点，从而模拟出不同的灰度效果。具体地说，对于原图像当中的每一个像素，我们都概率均等地从 0 到 1 之间挑选一个数，若这个像素的灰度值超过该随机数，则输出白色，否则输出黑色。容易看出，灰度值越高的、越接近白色的像素，最后就越有可能变成白色，而灰度值越低的、越接近黑色的像素，最终变成黑色的概率也就越高。图 3 就是利用这种算法得到的，这个效果虽然惨不忍睹，但却已经能依稀看见原图想要展现的内容了。

图1　我们要尝试着把《冷藏室里的暹罗猫》处理成黑白像素图

图2　利用固定阈值法得到的结果　　　　图3　利用随机阈值法得到的结果

　　如何用黑白像素画更好地表现出灰阶图片，这成了一门非常大的学问。人们甚至为此发明了一个新的术语，叫作"图像抖动"（image dithering）。1973年，来自柯达公司的工程师布赖斯·拜尔（Bryce Bayer）想到了一种非常漂亮的图像抖动方法：用周期性波动的阈值来代替完全随机的阈值。比方说，这次用1/3作阈值，下次用2/3作阈值，下次再用1/3作阈值，下次再用2/3作阈值，并不断循环下去。这样一来，那些大片的浅色区域将会

递归与分治

变成一片白色，那些大片的深色区域则会变成一片黑色，而那些大量灰度值都介于 1/3 和 2/3 之间的区域，则会变成黑白相间的规律性图案。图 4 所示就是用这种方法生成的图片，它里面包含的信息量或许比图 3 要少，但却更让人赏心悦目。

图 4　利用长度为 2 的周期性阈值得到的结果

实际上，拜尔的做法更绝。他把原始图片分成一个个 2×2 的区域，在每个区域里都套用下面这个"阈值矩阵"。

$$\begin{pmatrix} 1/5 & 3/5 \\ 4/5 & 2/5 \end{pmatrix}$$

灰度值全都小于 1/5 的区域，就会变得一片漆黑；灰度值全都介于 1/5 和 2/5 的区域，就会变成稀疏的白点；灰度值全都介于 2/5 和 3/5 的区域，就会变成黑白相间的棋盘；灰度值全都介于 3/5 和 4/5 的区域，则会变成稀疏的黑点；灰度值全都大于 4/5 的区域，就变成一片纯白色。从这个意义上来说，我们相当于用黑白两色模拟出了 5 种不同的灰度效果。最终的效果如图 5 所示。

大家的注意力或许会停留在拜尔的阈值矩阵上。为什么矩阵里的值是 1/5, 2/5, 3/5, 4/5 这几个数，为什么又要以这种方式来排列呢？第一个问题不难回答：这是为了让图像各处的阈值均匀地分布在 0 到 1 之间，从而让转换前后的整体明暗程度保持不变。为了回答第二个问题，让我们不妨看一看图 6，这是改用矩阵

$$\begin{pmatrix} 1/5 & 2/5 \\ 3/5 & 4/5 \end{pmatrix}$$

后得到的结果。图 5 和图 6 的差别在哪儿呢？仔细观察你会发现，原图中的大片灰色区域，在图 5 中被转换成了黑白棋盘，但在图 6 中则被转换成了黑白条纹。这就是阈值在矩阵中的排列方式不同导致的。虽然本质上都是黑白像素各占一半，但棋盘式的分布比条纹式的分布更均匀，人眼看起来更像灰色。在构造阈值矩阵时，拜尔没有把 1/5 和 2/5 放在一起，而是错开来摆放，主要原因就在这里。

图 5　利用 2×2 阈值矩阵得到的结果　　图 6　利用另一个 2×2 阈值矩阵得到的结果

为了让黑白像素模拟出更丰富的灰度值，我们可以把原图分割成更大块的区域，比如一个个 4×4 的区域，并配上一个 4×4 的阈值矩阵。理论上，我们便能让一幅黑白像素图片呈现出 17 种不同的灰度。此时，阈值矩阵的构造就更讲究了。根据上面的讨论，这个矩阵应该包含 1/17, 2/17, …, 16/17 这 16 个数，但若像下面这样排列：

$$\begin{pmatrix} 1/17 & 2/17 & 3/17 & 4/17 \\ 5/17 & 6/17 & 7/17 & 8/17 \\ 9/17 & 10/17 & 11/17 & 12/17 \\ 13/17 & 14/17 & 15/17 & 16/17 \end{pmatrix}$$

产生的图片很不自然，非常影响视觉体验（如图 7 所示）。

　　　　　　　　　　　　　　　　　　　递归与分治

理想的阈值矩阵则应该满足，不管 k 是多少，$1/17, 2/17, \cdots, k/17$ 的位置都应该尽可能均匀地分布在矩阵当中。这样一来，在模拟各种灰度时，黑点和白点才能更均匀地掺在一起。拜尔想了一种系统的办法，来生成满足要求的阈值矩阵。首先，把 4×4 的矩阵分成 4 个小块，每个小块都是一个 2×2 的小矩阵。然后，把要填写的 16 个数按顺序列出，4 个 4 个一组地填进各个小块的各个位置中，填写顺序完全参考刚才那个 2×2 的阈值矩阵。在 2×2 的阈值矩阵中，我们把 $1/5, 2/5, 3/5, 4/5$ 这 4 个数按顺序依次填入了矩阵的左上角、右下角、右上角和左下角。因而现在，我们就要把 $1/17, 2/17, 3/17, 4/17$ 填入每个小块的左上角，把 5/17 到 8/17 填入每个小块的右下角，把 9/17 到 12/17 填入每个小块的右上角，把 13/17 到 16/17 填入每个小块的左下角。填写每一组数的时候，也要先填左上角的小块，再填右下角的小块，再填右上角的小块，再填左下角的小块。最后得到的阈值矩阵就像下面这样：

$$\begin{pmatrix} 1/17 & 9/17 & 3/17 & 11/17 \\ 13/17 & 5/17 & 15/17 & 7/17 \\ 4/17 & 12/17 & 2/17 & 10/17 \\ 16/17 & 8/17 & 14/17 & 6/17 \end{pmatrix}$$

利用这个阈值矩阵对原图进行抖动处理，效果非常理想（如图 8 所示）!

图 7　利用简单的 4×4 阈值矩阵得到的结果

图 8　利用精心构造的 4×4 阈值矩阵得到的结果

我们可以用类似的办法，构造出 8×8 的阈值矩阵。你可以把 8×8 的阈值矩阵分成 4 个小块，每个小块都是一个 4×4 的小矩阵。然后，把 1/65 到 64/65 之间的数顺序填入各个小块的各个位置当中，每 4 个数都要填入各小块的同一位置。每组数究竟应该填在各小块的哪个位置，取决于 4×4 的阈值矩阵是怎么填的；填的时候究竟应该先填哪个小块再填哪个小块，则依然按照左上、右下、右上、左下的顺序。最后得到的矩阵如下：

$$
\begin{pmatrix}
1/65 & 33/65 & 9/65 & 41/65 & 3/65 & 35/65 & 11/65 & 43/65 \\
49/65 & 17/65 & 57/65 & 25/65 & 51/65 & 19/65 & 59/65 & 27/65 \\
13/65 & 45/65 & 5/65 & 37/65 & 15/65 & 47/65 & 7/65 & 39/65 \\
61/65 & 29/65 & 53/65 & 21/65 & 63/65 & 31/65 & 55/65 & 23/65 \\
4/65 & 36/65 & 12/65 & 44/65 & 2/65 & 34/65 & 10/65 & 42/65 \\
52/65 & 20/65 & 60/65 & 28/65 & 50/65 & 18/65 & 58/65 & 26/65 \\
16/65 & 48/65 & 8/65 & 40/65 & 14/65 & 46/65 & 6/65 & 38/65 \\
64/65 & 32/65 & 56/65 & 24/65 & 62/65 & 30/65 & 54/65 & 22/65
\end{pmatrix}
$$

用它做抖动处理的效果如图 9 所示，此时图片的差异与图 8 相比已经不大了，但若仔细观察还是能看出，图 9 的渐变之处显得更柔和一些。

图 9 利用精心构造的 8×8 阈值矩阵得到的结果

拜尔的这一套抖动算法可谓是既快又好，最终经受住了实践的考验。时至今日，你或许仍然能看见这种带有规律性十字阵的图片，这就是图片经过拜尔的抖动算法处理后的结果。同时这也成了拜尔算法中几乎是唯一的一处缺点：会留下十字阵这种明显不自然的痕迹。

递归与分治

1975 年，图像处理领域迎来了一种全新的抖动算法——误差扩散抖动（error diffusion dithering）。它的核心思想非常简单：把原图像中的每一个像素变为黑色或者白色，然后把由此产生的误差传递给周围的像素。假设某个图像前三个像素的灰度值分别是 0.8、0.3 和 0.45。由于 0.8 距离 1 更近，因而我们把 0.8 改为 1（即纯白色）。但是，0.8 和 1 毕竟还是有差距的，如此修改必然会让图像颜色偏白。为了弥补这一点，我们把这次多加的灰度值从第二个像素上扣掉，因而第二个像素的灰度值就要减掉 0.2。现在，第二个像素的灰度值为 0.1，由于这个值更接近 0，因此我们把它直接改成 0，凭空减掉的那 0.1 便加在第三个像素的头上。第三个像素的灰度值原来是 0.45，本来和 0 更近一些；现在变成了 0.55，变得和 1 更接近了。于是，我们把第三个像素的灰度值改为 1，这一改便多加了 0.45。因此，下一个像素的灰度值就需要减去 0.45……在误差扩散的过程中，如果下一个像素的灰度值超过了 1 或者变成了负数，没有关系，继续往下做即可。等最后一个像素处理完毕，一幅生动的黑白像素画也就浮出了水面。

等等，刚才我们不断在说"下一个像素"，这究竟指的是哪一个像素呢？答案是：这取决于你打算如何遍历原图中的所有像素。如果我们采取最普通的蛇形路线（如图 10 所示），逐行往下遍历一个一个的像素，最终结果就如图 11 所示。

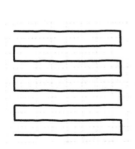

图 10　蛇形路线

图 11　沿着蛇形路线进行误差扩散的结果

这个效果非常不错，和拜尔算法的结果不相上下！只可惜，它并没有解决拜尔算法的问题。规律性的十字阵虽然消失了，但取而代之的却是明显的横向波纹。产生这些波纹的原因很简单：如果误差总是横向扩散，那么在一大片灰度值非常接近的区域，各行的黑白像素会出现相同的周期性现象，比如每 3 个白色像素后面就有 1 个黑色像素等。能否换一种遍历像素的路线，避免上述情况呢？或许，你会想到改用图 12 所示的螺旋路线，但改观并不明显（如图 13 所示）。

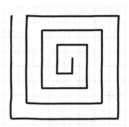

图 12　螺旋路线　　　图 13　沿着螺旋路线进行误差扩散的结果

为了更彻底地消除误差扩散遗留的痕迹，我们需要设计一条遍历路线，使得里面没有大量并排横路或者并排纵路，最好在遍历过程中不断转向，避免一直往同一个方向走，比如图 14 所示的城墙形路线。注意，这种路线只能用于图像的宽度和高度一奇一偶的情况，如果图像的宽度和高度都是奇数，或者都是偶数，我们需要对这条路线稍作修改，就像图 14 中的后两张图那样。沿着这条路来扩散误差，最后得到的结果如图 15 所示。这次的总体效果比刚才好多了，但若仔细观察细节，仍有很多不能让人满意的地方。图 14 的路线中虽然没有简单的并排直道，但却是由某种宽度为 2、模式非常固定的小路平铺而成的，因而图 15 中仍然出现了很多宽度为 2 的重复纹理。

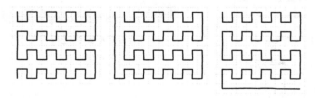

图 14　城墙形路线

图 15　沿着城墙形路线进行误差扩散的结果

　　为了全面清除这些纹理，让遍历路线在任何尺度上都没有并行排列的重复模式，为何不让路线在每个尺度上都呈一个 U 字形？于是，我们有了下面这个神奇的路线构造法。

　　对于一个 2×2 的网格，我们可以从整个图最左上角的格子出发，走出一个 U 字形，最后来到整个图最右上角的格子。记住，现在我们就有了一种遍历 2×2 的网格的理想路线，它从某个角上出发，以同一条边上的另一个角结束。接下来，我们要把 2×2 的路线扩展到 4×4 的网格上。把 4×4 的网格分成 4 个小块，每个小块都是一个 2×2 的小网格，然后依照刚才所得的那个 2×2 的路线去遍历这 4 个小块，即从最左上角的小块出发，走完一个小块再走下一个小块，一直走到最右上角的那个小块。在走每一个小块的时候，我们也要遵循刚才那种 2×2 的路线。需要注意的是，为了在走完一个小块后确实能再走一步走进下一个小块，我们不能把 2×2 的路线直接放进各个小块，而要把最左上角的小块逆时针旋转 90 度，把最右上角的小块顺时针旋转 90 度。最后我们就得到了图 16 中的左起第 2 张图。

　　这个 4×4 的路线也是从某个角上的格子出发，既无重复又无遗漏地走遍所有格子，最终到达了同一条边上的另一个角。我们可以以此为基础，仿照刚才的过程，继续构造出 8×8 的网格中的遍历路线：只需要把它复制成 4 份，摆成一个"田"字形，再把左上角的那一份逆时针旋转 90 度，把右上角的那一份顺时针旋转 90 度即可。这就得到了一个 8×8 的路线，并且起点依然是最左上角的格子，终点依然是最右上角的格子。自然，我们还能继续得到 16×16 的路线、32×32 的路线，乃至任意 $2^n \times 2^n$ 的路线。

图16　通过不断迭代构造出越来越大的理想路线

　　我们的原图正好是 256 像素 × 256 像素的，套用 256 × 256 的路线正好合适。沿着这条路线来做误差扩散抖动，效果趋近于完美（如图 17 所示）！当然，这里面很大的一个原因就是，不管是近看还是远看，刚才生成的曲线都在不停弯折，理论上杜绝了重复模式的并排出现。另一个原因则是，不管从这条路线中间的哪个点走起，接下来几步总是在附近转悠（如图 18 所示），因此误差不会扩散到非常远的地方。

图17　沿着上述路线进行误差扩散的　　　图18　曲线中的一点，光亮部分表示该
　　　结果　　　　　　　　　　　　　　　　　点之后的其他点

　　可惜的是，只有 $2^n \times 2^n$ 的网格里才有如此完美的路线。不过没关系，我们有很多变通的办法，让算法得以用在其他尺寸的图片上。例如，你可以通过加白边的方式，把图片扩大成满足要求的尺寸，完成抖动后再裁减回去即可。至此，我们终于有了一种抖动算法，可以把全灰度的图像转换为逼真的、自然的黑白像素图。

　　　　　　　　　　　　　　　　　　　　　　　　　　递归与分治

值得一提的是，这条曲线不但帮助我们解决了技术上的难题，在数学里也有着重要的意义。1890 年，意大利数学家朱塞佩·皮亚诺（Giuseppe Peano）构造了一种连续曲线，它可以经过正方形内的每一个点（虽然没有遗漏，但可能有重复）。这就是著名的"皮亚诺曲线"（Peano curve）。1891 年，德国数学家大卫·希尔伯特（David Hilbert）发现，如果把图 16 所示的迭代过程无限地做下去，就能得到越来越细密的曲线，它将无限逼近正方形区域内的每一个点。因此，这一系列曲线的极限，也就是当 n 趋于无穷时所对应的 $2^n \times 2^n$ 的路线，显然也能经过正方形区域内的每一个点。这样，希尔伯特就找到了一种同样可以覆盖正方形内的每一个点，并且几何构造比皮亚诺曲线更简单的连续曲线。人们把它称作"希尔伯特曲线"（Hilbert curve）。需要注意的是，和皮亚诺曲线一样，希尔伯特曲线也会经过重复的点。例如，在无限迭代的过程中，曲线里有 3 个地方都在逼近正方形的中心，因而最终所得的希尔伯特曲线会 3 次经过正方形的中心。

1982 年，伊恩·威滕（Ian Witten）和雷德福·尼尔（Radford Neal）首先想到，我们可以沿着皮亚诺曲线做误差扩散抖动，让输出图像中的点阵分布尽可能随机。随后，人们发现，把皮亚诺曲线换成希尔伯特曲线，也能得到非常让人满意的效果。1998 年，蒂亚德梅尔·里梅尔斯马（Thiadmer Riemersma）具体地描述了一种基于希尔伯特曲线的误差扩散抖动算法。在著名的图像处理软件 ImageMagick 中，你可以设置参数 "-dither Riemersma" 来使用这种算法。

前面说过，第一个误差扩散式的抖动算法是在 1975 年提出来的。这个算法叫作弗洛伊德–斯坦伯格算法（Floyd-Steinberg algorithm），它要归功于罗伯特·弗洛伊德（Robert Floyd）和路易斯·斯坦伯格（Louis Steinberg）两人。和刚才描述的误差扩散方式不同的是，在这种算法中，每个像素的误差都会按固定比例扩散到 4 个不同的相邻像素，如图 19 所示。处理图片时，只需要逐行遍历各个像素即可。你会发现，每个像素的误差都只会扩散到后面还未处理的像素中去。这种算法的效果也非常漂亮。如果一张图片的所有像素都是 50% 的灰度值，利用弗洛伊德–斯坦伯格算法得到的结果正好是一个黑白相间的棋盘。把弗洛伊德–斯坦伯格算法应用到我们的例图上，得到的结果如图 20 所示。

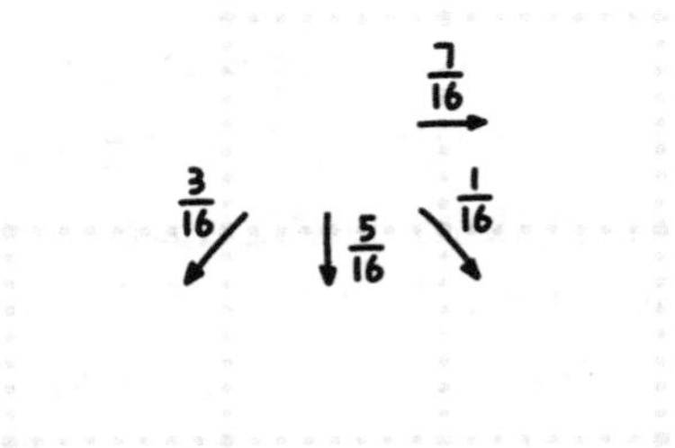

图 19　弗洛伊德–斯坦伯格算法所使用
　　　的误差扩散模式

图 20　利用弗洛伊德–斯坦伯格算法得
　　　到的结果

　　弗洛伊德–斯坦伯格算法还有一个优势：在处理图片时只需顺序读取各个像素，如果考虑计算机上的文件读写等细节，这一点是非常有利的。因而，弗洛伊德–斯坦伯格算法也成了一种非常实用的图像抖动算法。在 ImageMagick 中，你可以设置参数 "-dither FloydSteinberg" 来使用这种算法。

　　虽然现在的显示设备上都能显示各种灰度甚至各种颜色的图片了，但很多时候我们仍然需要用到图像抖动技术。GIF 是一种网页上常用的图片文件格式，由于文件格式的限制，图片里只能容纳最多 256 种不同的颜色。有时候，为了优化网页载入的速度，我们会压缩 GIF 图片的尺寸，其中一种方法就是进一步减少图片中所用的颜色。此时，图像抖动算法就能再次派上用场了。在计算机中，每个像素的颜色本质上都是由色光的三原色——红、绿、蓝——按比例合成的，例如 90% 的红色、80% 的绿色和 10% 的蓝色就会合成一种土黄色，100% 的红色、100% 的绿色和 100% 的蓝色则会组成纯白色，我们可以把这两种颜色分别记作 (0.9, 0.8, 0.1) 和 (1, 1, 1)。"把每个像素都变为可以使用的颜色中最接近的那一个，并把由此产生的误差传递给周围的像素"，这种算法很容易推广到这里来。如果某个像素的颜色是 (0.9, 0.8, 0.1)，但能够使用的颜色中与之最接近的一个是 (0.7, 0.8, 0.2)，那我们就把 (+0.2, 0, −0.1) 扩散到周围的像素。这样，我们就能用有限的颜色模拟出一幅艳丽的画面。即使我们使用 24 位真彩色（每个像素的颜色都有 16777216 种不同的可能），也无法保证颜色渐变处能做到绝对的平滑，对色

　　　　　　　　　　　　　　　　　　　　　　　　　递归与分治

彩非常敏感的人能够看出一条一条的"色带"。此时,巧妙地使用图像抖动技术,能够让色彩过渡得更加连续,给人一种超越 24 位真彩色的错觉。

一堂特别的排序算法课

"如果计算仅仅指的是完成一连串加法、减法、乘法、除法等,那么排序似乎远在计算的世界之外。让一台机器同时具备计算和排序的能力,看起来或许就像让一个工具同时具备钢笔和开罐器的功能。"约翰·莫克利(John Mauchly)说。在电子计算机还没有普及的年代,或许此时在场的 28 个来自各个学校和机构的学生都不太理解,我们为什么需要让计算机具备排序的功能。于是,约翰·莫克利举了一个他自己非常熟悉的例子。

"比方说,我们有大量射表中的轨迹数据。"射表上通常记载有仰角、射程、弹道高、落速这些参数之间的关系,有些射表甚至包含弹重、气温、气压、风速、风向等更丰富的信息,以便射手们实施更加准确而有效的打击。"这些数据按照仰角的度数分组排列,每一组数据则按时间顺序记录了空间坐标。数据之所以如此排列,是因为它们就是这么生成出来的。为了评估计算结果的准确性,我们会检验这些空间坐标随着时间的增加是否会平滑地变化。然而,如果某个轨迹的初始条件出错,会系统地对整个轨迹造成影响,刚才的检验方法就查不出错了。所以,有时候我们需要换一个参数来考察数据的连贯性。比方说,我们会挑选某个固定的时间,然后考察横坐标随着仰角的变化会如何变化。这样就能查出一些之前查不出来的错误。"

约翰·莫克利说的,应该就是 ENIAC 的故事。1946 年 2 月 14 日,美国宾夕法尼亚大学的莫尔电子工程学院正式对外宣布,耗资 50 万美元的大型电子计算机 ENIAC 建造完成。这是人类历史上的第一台电子计算机,它最初的设计目的正是为美军的弹道研究实验室编制大炮射表。当然,作为第一台可以编程的计算机,它还能完成很多其他的计算任务。于是,工程学界诞生了一系列全新的课题。1946 年 7 月 8 日至 1946 年 8 月 31 日之间,诸多计算机先驱人物来到莫尔电子工程学院,带来了 48 场精彩的讲座,史称"莫尔学院讲座"(Moore School Lectures)。这毫无疑问地成为了历史上的第一个计算机类课程。作为 ENIAC 的主要设计者之一,约翰·莫克利贡献了其中 8 场讲座。他所带来的第 3 场讲座，也是整个系列课程的第 22 场讲座，就是围绕着"排序"这一话题展开的。这很可能也是第一次有人在公开场合谈论"计算机中的排序问题"这一话题。

"其中一种方法就是，不断把元素一个一个地插进已经有序的序列里"，约翰·莫克利继续说。约翰·莫克利说的，是后来被人们称为"插入排序"（insertion sort）的算法。整个算法的思路很简单，有点类似于绝大多数人摸完牌后理牌的方法：从第二个数开始，将每个数依次和前面的数逐一比较，直到找到这个数该在的位置为止。假如整个数据只有 3, 7, 6, 1, 4 五个数，我们想要对它们从小到大进行排序。首先，将第二个数和第一个数进行比较。你会发现，7 本来就比 3 大。因而，我们不用做任何调整，前两个数已经是有序的了。接下来，将第三个数依次和第二个数、第一个数比较，直到首次遇到比自己小的数为止。你会发现，7 比 6 更大，但是 3 比 6 更小。因而，我们应该把 6 插在 3 的后面。现在，这五个数的顺序如下所示，前三个数已经变得有序：

3, 6, 7, 1, 4

接下来，将第四个数依次和第三个数、第二个数、第一个数进行比较，直到首次遇到比自己小的数为止。你会发现，7 比 1 大，6 比 1 大，3 也比 1 大——最后比到了头，每个数都比自己大。因此，我们把 1 插入到最前面。现在，这五个数的顺序如下所示，前四个数已经变得有序：

1, 3, 6, 7, 4

最后，将第五个数依次和第四个数、第三个数、第二个数、第一个数进行比较，直到首次遇到比自己小的数为止。你会发现，比到数字 3 的时候就已经找到了比自己更小的数，因而我们应该把它插在 3 的后面。最后，整个序列就变得有序了：1, 3, 4, 6, 7。当然，如果这个序列后面还有别的数，我们还需要继续把后面的数一个一个地插入到前面的适当位置，直到处理完所有的数为止。我们有理由假设，把第 i 个数插入到前面 $i-1$ 个数的正确位置，平均需要 $i/2$ 次比较。"可以算出，把一个完全随机的序列变成一个有序的序列，需要 $(n(n+1)-2)/4$ 的比较次数，或者说 $n^2/4$ 级别的比较次数。"当然，这里的 n 指的是整个序列里的元素个数。如果不是考虑平均情况，而是考虑最坏情况，那么每个数都会和之前的所有数进行一次比较，最终的比较次数就是 $n^2/2$ 这个级别的。

约翰·莫克利已经意识到了，电子计算机动辄处理成千上万的数据，多那么一两次操作不会从根本上影响整个处理过程的开销。为了评估处理数据的效率，我们更应该关注总操作次数的"级别"。我们甚至可以把 $(n(n+1)-2)/4$ 次操作、$n^2/4$ 次操作、$n^2/2$ 次操作，以及 $2n^2+n+1$ 次操作、$10n^2-13n+500$ 次操作等，统统叫作"操作次数以 n^2 的级别增长"，它们都代表着同一个意思：当 n 很大时，如果 n 变成了原来的 10 倍，那么总的开销大致就会变成原来的 100 倍。

$n^3/10$、$(n^3+3n)/2$、$10n^3-6n^2+100$ 则属于一个更高的增长级别，我们不妨把它们叫作 n^3 级别的增长。当 n 足够大的时候，任何一个 n^2 级别的增长，哪怕是 $1000n^2$，最终也会败给任何一个 n^3 级别的增长，哪怕只是 $n^3/1000$。事实上，$(an^2)/(bn^3)=(a/b)/n$，当 n 超过 a/b 之后，这个分数会变得比 1 小，此时 an^2 就被 bn^3 赶超了。如果继续让 n 增加，直至无穷，则 $(an^2)/(bn^3)$ 必然会趋于 0。这足以说明，n^2 和 n^3 确实算得上是两种不同的增长级别。

各种关于 n 的四次多项式，则构成了一个更高的增长级别，即 n^4 级别。自然地，我们还有 n^5 级、n^6 级、n^7 级……所有这些增长级别都可以叫作"多项式级的增长"。而 2^n 级别的增长，则高于任何一个多项式级的增长。我们可以把它叫作"指数级的增长"。

1894 年，德国数学家保罗·巴赫曼（Paul Bachmann）提出了一种使用起来非常方便的"大 O 记号"（big O notation），用到这里真是再适合不过了。如果某个函数 $f(n)$ 的增长速度不超过 n^2 的级别，那么我们就可以记下 $f(n)=O(n^2)$。因而，随着 n 的增加，$(n(n+1)-2)/4$、$n^2/4$、$n^2/2$、$2n^2+n+1$、$10n^2-13n+500$ 的增长速度都可以用 $O(n^2)$ 来表示。类似地，$n^3/10$、$(n^3+3n)/2$、$10n^3-6n^2+100$ 都相当于 $O(n^3)$。

怎样的增长速度才能算作一个不同的级别呢？其中一种判断标准正如我们刚才所提：对于 $f(n)$ 和 $g(n)$ 两个关于 n 的函数，如果当 n 越来越大，直至趋于无穷时，$f(n)/g(n)$ 会无限接近于 0，我们就认为前者的增长级别比后者更低。例如，当 n 趋于无穷时，$n/(2(n+1))$ 会无限趋近于 $1/2$，这说明 n 和 $2(n+1)$ 并不是两种不同级别的增长速度；但是，当 n 趋于无穷时，$(2(n+1))/n^2$ 会无限趋近于 0，这就说明 $2(n+1)$ 和 n^2 属于两种不同级别的增长速度，前者比后者更低一些。这与我们的直觉是很相符的。把序列

1, 2, 3, 4, 5, 6, ...

里的每一项都加 1，整个序列就变成了

2, 3, 4, 5, 6, 7, ...

但是，序列的增长速度并没变。如果把上述序列里的每一项再扩大 1 倍，整个序列就变成了

4, 6, 8, 10, 12, 14, ...

这样一来，序列的增长速度确实变快了。但是，从一个更大的尺度来看，它仍然是同一级别的增长速度（如图 1 所示）。真正从增长级别的角度来讲有所超越的，则是下面这样的序列：

1, 4, 9, 16, 25, 36, ...

我们就用 $O(n)$ 和 $O(n^2)$ 来表示这两种不同的增长级别。我们可以再举一些更复杂的例子。当 n 趋于无穷时，$\sqrt{n}/n$ 趋于 0，因而 $O(\sqrt{n})$ 和 $O(n)$ 代表着两种不同的增长级别，前者比后者更低。当 n 趋于无穷时，$(\log_3 n)/(\log_2 n) = \log_3 2 \approx 0.63$，因而它们属于同一种增长级别，通常我们统一使用 $O(\log(n))$ 来表示。需要注意的是，严格地说，大 O 记号表示的是增长速度不超过某个级别，因而 $f(n) = 2(n+1) = O(n^2)$ 也是正确的写法。只是，当增长速度的具体级别比较明确时，我们往往不会故意夸大它的级别，而是采用更为精确的描述方式。

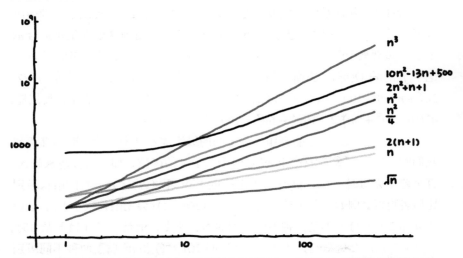

图 1　将若干函数的图像绘制在同一平面直角坐标系中，注意两个坐标轴的取值方式。在如此广阔的视野之下，我们可以清楚地看到，这些函数的增长速度的确分为了好几个级别

　　　　　　　　　　　　　　　　　　　　　　　　　　递归与分治

插入排序需要用到 $O(n^2)$ 次比较。有没有什么更高效的排序方法，需要用到的比较次数整整低一个级别呢？有。约翰·莫克利紧接着给出了一种只需要花费 $O(n \cdot \log(n))$ 次比较的排序方案，它本质上就是插入排序的一种优化。为了找到手中的元素应该插到哪里，我们不用拿它和前面的元素一个一个比。更巧妙的做法便是，先把手中的元素和前面那段已经规整的序列中正中间的那个元素相比。如果手中的元素更大，就说明它应该插入到这段序列的后半截；如果手中的元素更小，则说明它应该插入到这段序列的前半截。接下来，把手中的元素和胜出的那半截序列中正中间的那个元素相比，并继续把目标锁定在更小的半截序列当中……不断这样做下去，直到最终找出准确的插入位置为止。每次操作都能把嫌疑范围缩小一半，从而迅速找到目标，这种技巧就叫作"二分查找"（binary search）。假如我心里想了一个 1 到 1000 之间的整数让你猜是多少，每次我都只能告诉你是"猜大了"还是"猜小了"。你或许会先猜 500，如果我说"大了"你就接着猜 250，如果我说"小了"你就接着猜 750……这其实就是典型的二分查找。容易看出，用二分查找锁定每一个元素的插入位置，需要的比较次数都不会超过 $\log_2 n$ 次；那么，完成整个排序需要的比较次数也就不会超过 $n \cdot \log_2 n$ 次了。我们便成功地把比较次数降低到了 $O(n \cdot \log(n))$ 的级别。值得注意的是，$O(n \cdot \log(n))$ 确实是一个比 $O(n^2)$ 更低的级别，因为当 n 趋于无穷大时，$(n \cdot \log(n))/n^2$ 是趋于 0 的。

但是，虽然比较次数降低到了 $O(n \cdot \log(n))$，整个排序过程的效率仍然不会有显著的提高。约翰·莫克利说道："为了和前面这段序列的正中间那个元素进行比较，我们需要把这段序列的前半截过一遍。然而，下一个要比较的元素或许就在这段序列的前半截。由于这段序列的前半截已经走过了，因而这台机器要么需要具备倒着往回读取内容的能力，要么就得具有随时停止并从头再过一遍的机制。"显然，不管采取哪种方案，效率都会大打折扣。现在，我们已经有了随机存取存储器，可以随时在内存的任意位置做读写操作，因而约翰·莫克利提到的这些难处就不复存在了。但即使这样，带有二分查找的插入排序也没法真正地做到 $O(n \cdot \log(n))$ 的耗时。这是因为，即使找到了正确的插入位置，我们仍然需要把它插进去。我们只需要 10 次比较，就能知道第 1000 个元素应该插入到第 137 个元素的位置；但是，为了把它插进去，我们仍然需要把第 $999, 998, 997, \cdots, 137$ 个元

素分别挪到第 $1000, 999, 998, \cdots, 138$ 个元素的位置，每次挪动都是一次读取操作和一次写入操作。因而，总的比较次数虽然降低到了 $O(n \cdot \log(n))$，但是总的读写次数仍然是 $O(n^2)$ 的。为了评估计算机执行任务所需要的时间，我们要考虑的自然不只是比较次数，还要考虑包括加减、乘除、读写、跳转在内的各种其他操作。因此，完成一遍带有二分查找的插入排序，需要耗费的总时间仍然是 $O(n^2)$ 的级别。更专业的说法则是，整个算法的"时间复杂度"（time complexity）为 $O(n^2)$。

不管是没有优化的插入排序，还是优化过的插入排序，都只能达到 $O(n^2)$ 的时间复杂度，没法达到更低的时间复杂度，这件事背后是有原因的。如果在序列中，前面的某个数反而比后面的某个数大，我们就说它俩构成了一个"逆序对"（inversion）。比如说，序列 $3, 7, 6, 1, 4$ 中就有六个逆序对，它们分别是 $(3, 1)$、$(7, 6)$、$(7, 1)$、$(7, 4)$、$(6, 1)$ 和 $(6, 4)$。任何一个排序算法的最终目的，就是把序列中的逆序对个数减少到 0。在插入排序中，我们需要不断地把后面的元素往前面插。对于任意一个元素来说，每把它往前面移动一位，最多都只能消除一个逆序对。因此，初始序列中有多少个逆序对，所有元素累计就会往前移动多少位。在最糟糕的情况下，初始序列是一个完全逆序的序列，里面的逆序对一共有 $n(n-1)/2 = O(n^2)$ 个，因而所有元素要累计前移 $O(n^2)$ 位，所需的读写操作也就是 $O(n^2)$ 次，时间复杂度自然也就是 $O(n^2)$ 了。

当然，我们不会倒霉到每次都正好遇上这种最坏情况。不过，我们可以证明，即使是在平均情况下，一个序列里也有 $n(n-1)/4 = O(n^2)$ 个逆序对，即插入排序的时间复杂度仍然是 $O(n^2)$。注意到，如果把任意一个序列完全逆序（或者说从后往前倒过来写），原来所有的逆序对现在都变成顺序的了，而原来所有的非逆序对现在都变得逆序了。正反两个序列的逆序对个数加起来，正好就是序列里所有数对的个数，也就是 $n(n-1)/2$。n 个元素总共可以产生 $n! = 1 \times 2 \times \cdots \times n$ 种不同的序列，把每两个互逆的序列分成一组，那么每一组里的逆序对个数之和都等于 $n(n-1)/2$，$n!$ 个序列里总共就有 $(n(n-1)/2) \cdot (n!/2)$ 个逆序对，平均每个序列也就有 $n(n-1)/4$ 个逆序对。

可见，插入排序的薄弱之处就是，我们总是在相邻的元素之间进行读写操作。1959 年，唐纳德·希尔（Donald Shell）发表了《一种高速排序的程序》（*A High-Speed Sorting Procedure*）一文，提出了著名的"希尔排序"（Shellsort）。这是对插入排序的一次更大胆的、针对性更强的改进。希尔排序的基本思想就是：先给每第 $\lfloor n/2 \rfloor$ 个元素排好序，再给每第 $\lfloor n/4 \rfloor$ 个元素排好序，再给每第 $\lfloor n/8 \rfloor$ 个元素排好序，以此类推。我们不妨以 14 个元素为例，来说明希尔排序是如何工作的。假设我们的初始序列为

11, 14, 10, 16, 4, 12, 7, 8, 18, 6, 17, 2, 1, 20

首先，我们把这 14 个元素分成 $\lfloor 14/2 \rfloor = 7$ 组，第 1 个元素和第 8 个元素一组，第 2 个元素和第 9 个元素一组，以此类推，一直到第 7 个元素和第 14 个元素一组。接下来，在每一组的内部都做一次插入排序，于是序列变成了：

8, 14, 6, 16, 2, 1, 7, 11, 18, 10, 17, 4, 12, 20

刚才的 7 个子序列现在都变得有序了。然后，把这 14 个元素重新分成 $\lfloor 14/4 \rfloor = 3$ 组，即第 1, 4, 7, 10, 13 个元素为一组，第 2, 5, 8, 11, 14 个元素为一组，第 3, 6, 9, 12 个元素为一组。在每一组的内部都做一次插入排序，于是序列变成了：

7, 2, 1, 8, 11, 4, 10, 14, 6, 12, 17, 18, 16, 20

现在的情况就变成了这样：对于任何一个 i，单看第 $i, i+3, i+6, \cdots$ 个元素的话都是有序的。根据算法的流程，下面我们就该把 14 个元素重新分成 $\lfloor 14/8 \rfloor = 1$ 组，并在每一组的内部做一次插入排序。这其实就相当于对整个序列做一次完整的插入排序，因而这轮排序结束之后，整个排序工作也就完成了：

1, 2, 4, 6, 7, 8, 10, 11, 12, 14, 16, 17, 18, 20

在刚才的例子中，排序一共分成 3 轮进行。每一轮排序结束后，序列都会变得稍微有序一些，这会使得此后做插入排序的时候，元素不至于插入到太靠前的位置，比较和读写的总次数也就因此降下来了。实践表明，希尔的这种做法真的能提高排序工作的效率。希尔在论文中指出，如果有 5000 个元素，这种新的排序方法平均只需要花费 18.2 秒。在当时看来，这已经是非常不错的成绩了。

只可惜，在最坏情况下，希尔排序的时间复杂度仍然是 $O(n^2)$ 的。比方说，当 $n = 16$ 时，下面这个序列会依次经历"分 8 组排序"、"分 4 组排序"、"分 2 组排序"、"分 1 组排序"共 4 轮排序。

9, 1, 10, 2, 11, 3, 12, 4, 13, 5, 14, 6, 15, 7, 16, 8

前 3 轮排序中不会发生任何元素交换，完成排序任务的重担全部压在了第 4 轮排序上。因而，在这个序列上实施希尔排序，本质上无异于屁颠屁颠地做了一大堆无用功，然后老老实实地做了一遍插入排序。对于所有形如 2^k 的 n，我们都能构造出类似的序列。此时，任意一个奇数位置上的数和它后面的每个偶数位置上的数都将构成一个逆序对，因而逆序对的总数就是：

$$n/2 + (n/2 - 1) + \cdots + 3 + 2 + 1 = (n/2) \cdot (n/2 + 1)/2 = n^2/8 + n/4 = O(n^2)$$

即读写操作至少还是得要 $O(n^2)$ 次。

1971 年，事情有了转机：沃恩·普拉特（Vaughan Pratt）对希尔排序稍作修改，把排序算法的时间复杂度实实在在地降低了一个级别！修改方法非常简单：所有大的原理都不变，仅仅是把每次究竟是分多少组排序的原则变一下。把所有形如 $2^p \cdot 3^q$ 的数从小到大排成一排：

$$1, 2, 3, 4, 6, 8, 9, 12, 16, \cdots$$

然后在数列中找到最大的那个比 n 小的数，倒着往前查看前面有哪些数，并以此为依据进行分组排序。例如，当 $n = 14$ 时，我们就应该依次执行"分 12 组排序"、"分 9 组排序"、"分 8 组排序"等，直到最后执行"分 1 组排序"。接下来我们证明，新版的希尔排序能够达到 $O(n \cdot (\log(n))^2)$ 的时间复杂度。

不妨把序列里的左起第 i 个元素叫作 A_i。很显然，任何一个大于 1 的正整数都可以表示为 $2x + 3y$，其中 x 和 y 都是非负整数。于是，如果一个序列已经是分 2 组排序过的并且是分 3 组排序过的，那么对于此时序列中的每一个元素 A_i，它的左边比它大的只有可能是 A_{i-1}。A_2 绝对不可能比 A_{12} 大，因为 10 可以表示为两个 2 和两个 3 的和，则 $A_2 < A_4 < A_6 < A_9 < A_{12}$。那么，最后执行"分 1 组排序"时，每个元素只需要和它前面的那个元素比较一次，最多也只需要往前挪动一位。因此，单看"分 1 组排序"的话，它的时间复杂度是 $O(n)$ 的。事实上，单看"分 2 组排序"，时间复杂度也是 $O(n)$，因为在分 2 组排序之前，这个序列已经是分 4 组排序过的并且是分 6 组排序过的，只看序列的奇数项或者偶数项（即单看每一组）的话就又成了刚才的样子。普拉特提出的数列巧妙就巧妙在，如果我们要分 r 组排序，那么它一定分 $2r$ 组排过序并且分 $3r$ 组排过序，于是处理每个数 A_i

递归与分治

的插入时就只需要拿它和 A_{i-r} 进行比较和换位（如果需要换位的话）。这个结论对于最开始 r 值较大时的几次排序同样成立，因为当 $2r$、$3r$ 大于 n 时，按照定义，序列也已经是分 $2r$ 组排过序并且分 $3r$ 组排过序的了。我们已经证明，新版希尔排序中的每一趟排序都具有 $O(n)$ 的时间复杂度，只需要数一下最后一共跑了多少趟即可。也就是说，我们现在只需要知道小于 n 的数中有多少个数具有 $2^p \cdot 3^q$ 的形式。要想 $2^p \cdot 3^q$ 不超过 n，p 的取值最多 $O(\log(n))$ 个，q 的取值最多也是 $O(\log(n))$ 个，两两组合的话共有 $O(\log(n) \cdot \log(n))$ 种情况。于是，新版希尔排序需要跑 $O((\log(n))^2)$ 趟，每一趟的时间复杂度都是 $O(n)$，总的时间复杂度就是 $O(n \cdot (\log(n))^2)$。

最后注意到，当 n 趋于无穷时，$n \cdot (\log(n))^2$ 与 n^2 的比值确实是趋于 0 的（如图 2 所示）。这说明，$O(n \cdot (\log(n))^2)$ 确实是一种级别更低的时间复杂度。

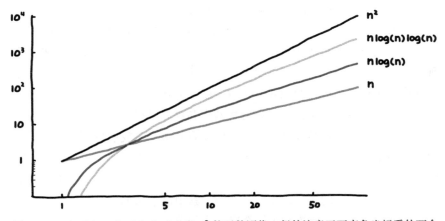

图 2　$n, n \cdot \log(n), n \cdot \log(n) \cdot \log(n)$ 和 n^2 的函数图像。仍然注意平面直角坐标系的两个坐标轴的取值方式

既然有了时间复杂度为 $O(n \cdot (\log(n))^2)$ 的排序算法，我们自然会想，排序算法的时间复杂度能不能再低一些呢？最低能低到多少呢？一个简单的推理可以告诉我们，任何依靠元素之间的大小比较来进行排序的算法，时间复杂度至少都有 $O(n \cdot \log(n))$。排序算法本质上在做的，就是每次取两个元素出来比一比，最终确定出谁排第 1，谁排第 2，等等。究竟各个元素都排第几，一共有 $n!$ 种不同的情况。每次比较的结果无非两种：这个比那个大，或者这个比那个小。不同的比较结果，会把我们带进不同的"分支剧情"。

如果我们做了 k 次比较，就会有 k 次产生分支的机会，总共就能产生 2^k 种不同的"结局"。换句话说，k 次比较最多只能区分出 2^k 种不同的情况。要想顺利完成排序，k 的大小必须满足 $2^k > n!$，即 $k > \log_2(n!) = O(\log(n!))$。然而，当 n 趋于无穷时，$\log(n!)$ 与 $n \cdot \log(n)$ 的比值无限接近于 1。这表明，$O(\log(n!))$ 和 $O(n \cdot \log(n))$ 是同一级别的增长速度。既然任意一种排序算法至少要用 $O(n \cdot \log(n))$ 次比较，它的时间复杂度至少也就是 $O(n \cdot \log(n))$ 了。

我们得到了一种时间复杂度为 $O(n \cdot (\log(n))^2)$ 的排序算法，又证明了排序算法的时间复杂度至少是 $O(n \cdot \log(n))$。同时，当 n 趋于无穷时，后者与前者之比是无限接近于 0 的。这说明，排序算法的最优时间复杂度是多少，在理论结果和实际结果之间还有一段距离。究竟是刚才的推理过程还可以进一步加强，还是之前那些排序算法还可以进一步优化呢？

其实，这个问题早就解决了。1945 年，也就是约翰·莫克利这场排序讲座的前一年，冯·诺伊曼（John von Neumann）就已经提出了一种时间复杂度为 $O(n \cdot \log(n))$ 的排序算法，我们把它叫作"归并排序"（mergesort）。事实上，这很可能是历史上出现的第一个排序算法。很难想象，历史上出现的第一个排序算法，竟然就是理论上最优的算法！这也正是约翰·莫克利在讲完带有二分查找的插入排序后，接下来介绍的一种排序算法。

首先考虑这样一个问题：如何将两个各自都已经有序的序列合并为一个有序的序列？这比从零开始进行排序要容易多了。我们只需要不断比较两个序列中各自最前面的那个元素，并且每次把较小的那个元素拎出来即可。具体地说，假如我们想把 1, 5, 13, 15 和 2, 3, 8, 9 合并起来。由于这两个序列都已经是有序的了，因而所有 8 个元素中最小的那一个，只可能在第一个序列中的第 1 个元素和第二个序列中的第 1 个元素之间产生。两者比较之后发现，1 更小一些。因而，我们把 1 单独拿出来，作为目标序列的队首。现在，我们需要找出所有 8 个元素中第二小的元素，它只可能从第一个序列中的第 2 个元素和第二个序列中的第 1 个元素之间产生。两者比较之后发现，2 更小一些。因而，我们把 2 拿出来，放到目标序列中 1 的后面。仿照刚才的做法，不断比较两个序列中的当前队首元素，并把更小的那个元素移到目标序列的末尾，直到某一个序列里的元素用光为止。把另一个序列里所剩的那些元素原封不动地接到目标序列最后面，整个合并就大功告成了（如图 3 所示）。

假如两个序列里一共有 m 个元素。由于每次比较就能确定一个元素的位置，因而合并的过程中最多发生 m 次比较；每个找到自己位置的元素，也可以立即被挪进目标位置，因而合并的过程最多发生 m 次移动。总之，这个过程的时间复杂度为 $O(m)$。

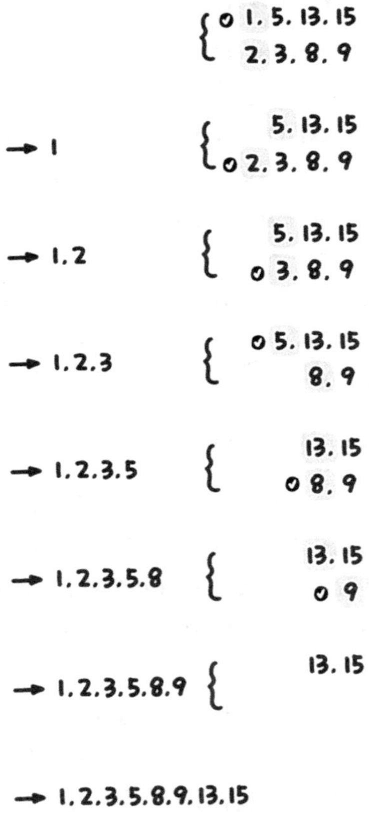

图 3　将有序序列 $1, 5, 13, 15$ 和有序序列 $2, 3, 8, 9$ 合并成一个大的有序序列

归并排序的基本思路就是，分别把前半截序列和后半截序列变得有序，然后用上面的办法，把它们合并成一个完整的有序序列。你或许会问，在给前半截序列和后半截序列排序的时候，我们又用什么排序算法呢？答案是，用归并排序！对于每一半的序列，我们也都采用前后两段分别排序再合并到一起的方法，把它们变得有序。至于每一半的每一半序列，则依然是以这种方式变得有序的⋯⋯

让我们以 $n = 16$ 为例，自底向上地说明归并排序的实际工作情况吧（如图4所示）。首先，把这16个元素两两分成一组，并把它们合并为8个小的有序序列。然后，再把这8个小的有序序列两两分成一组，并把它们合并为4个有序序列。接下来，再把这4个有序序列合并为2个有序序列。最后，把2个有序序列合并为1个有序序列，排序就完成了。

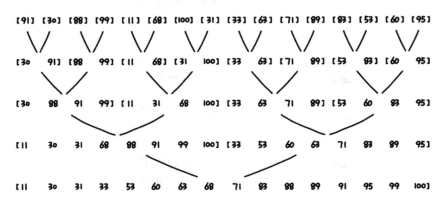

图4　对16个元素进行归并排序的过程

当然，这种方法并不局限于那些形如 2^k 的正整数 n，它可以适用于一切正整数 n，只是上面的图就不会那么对称好看，时常出现前后半截差几个元素的情况罢了。容易看出，如果我们有 n 个数，上图就需要占据 $O(\log(n))$ 行。每一行的合并操作复杂度总和都是 $O(n)$，那么 $\log(n)$ 行的总复杂度为 $O(n \cdot \log(n))$。

其实，归并排序也可以看作是对插入排序的一种改进。如果两个已经有序的序列中，前一个序列很长，但后一个序列里只有一个数，合并的过程本质上就相当于插入的过程；但若后一个序列里不止一个数，合并的过程就相当于是批量地把后面的元素往前插。归并排序本质上就是一系列"有组织有预谋"的批量插入罢了。

有趣的是，即使在没有随机存取存储器的年代，归并排序也能在 $O(n \cdot \log(n))$ 的时间里完成。假如初始时的 n 个元素是写在一盘磁带上的。读写磁带时只能顺序读写，不能想读哪儿就读哪儿，想写哪儿就写哪儿。为了完成归并排序，我们只需要准备3盘额外的空白磁带就行了。假设这4盘磁带的编号分别是 A、B、C、D，初始数据全在磁带 A 上。首先，顺序读取磁带 A 上数据，并把元素交替写在 C、D 两盘空的磁带上。磁带 A 里的

递归与分治

数据就没用了，因而我们把磁带 A 擦除掉，留待后续使用。然后，利用之前讲过的合并方法，把磁带 C 上的第 1 个元素和磁带 D 上的第 1 个元素合并到磁带 A 上去，把磁带 C 上的第 2 个元素和磁带 D 上的第 2 个元素合并到磁带 B 上去，把磁带 C 上的第 3 个元素和磁带 D 上的第 3 个元素合并到磁带 A 上去，以此类推。此时，A、B 两盘磁带上就交替储存了共计 $n/2$ 组元素，每组元素的长度都是 2。C、D 两盘磁带擦除备用。接下来，把 A、B 两盘磁带各自的第 1 组元素合并到 C 上，把 A、B 两盘磁带各自的第 2 组元素合并到 D 上，以此类推，然后擦除磁带 A、B。然后，再把 C、D 两盘磁带上的各组数据依次合并起来，并交替存储在磁带 A、B 上……不断像这样来回倒腾数据，数据组数将会越来越少，每组数据的长度将会越来越长，直至最终某盘磁带上存储着一组总长为 n 的数据，此时排序也就完成了。

不过，归并排序也有一个不好的地方：不管是在随机存取存储器上进行，还是在磁带上进行，都需要用到 $O(n)$ 的额外存取空间。相比之下，插入排序虽然运行速度慢一些，但却几乎不会使用什么额外的存取空间。更标准的说法则是，归并排序的时间复杂度虽然低于插入排序，但"空间复杂度"（space complexity）却比插入排序更高。因此，1959 年时由唐纳德·希尔提出的希尔排序其实是很有价值的，它在保证空间复杂度不变的前提下，提高了插入排序的实际运行速度。

1960 年，英国计算机科学家托尼·霍尔（Tony Hoare）提出了著名的快速排序（quicksort）。和归并排序一样，快速排序也用到了"分而治之"的思想，但它的程序代码更短，实际效率更高，并且不会增加额外的空间负担。这使它成为了目前最常用的排序算法之一。可以证明，快速排序的平均时间复杂度为 $O(n \cdot \log(n))$，但可惜的是，在最坏情况下，它的时间复杂度仍然是 $O(n^2)$。第一个保证时间复杂度在最坏情况下也是 $O(n \cdot \log(n))$ 的，并且不以提高空间复杂度为代价的排序算法，则是诞生于 1964 年的堆排序（heapsort）。这种算法利用了一种叫作"堆"（heap）的数据结构，使它在各方面都能与快速排序抗衡。因而，堆排序成为了快速排序最主要的竞争对手。在此之后，还涌现出了不计其数的排序算法，它们各有各的特点。排序算法无疑是算法领域最庞大的话题之一。高德纳在《计算机程序设计艺术》的第 3 卷里详细地讨论了排序算法，用去了整整 388 页。

"在这个话题即将结束的时候，我想再强调一下，在比较排序算法及其运行速度的时候，我们做出了很多适用于绝大多数情况的假设，但这些假设也并不完全是正确的。"讲完了归并算法后，约翰·莫克利简单地讨论了一下理论上的时间复杂度和实际上的运算耗时之间的异同。"或许应该有一个什么因子来表示理论用时与实际用时的比值，但这个因子究竟是多少，我们很难计算，今天我们就不再讨论了。"人类历史上的第一堂排序算法课也就此画上了句号。

跨越千年的 RSA 算法

4

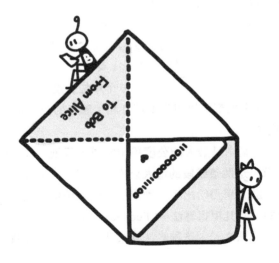

可公度线段与辗转相除法

古希腊数学家欧几里得（Euclid）用公理化系统的方法归纳整理了当时的几何理论，写成了伟大的数学著作《几何原本》（*Elements*），因而被后人称作"几何学之父"。有趣的是，《几何原本》一书里讲的并不全是几何。全书共有13卷，第7卷到第10卷所讨论的实际上是数论问题——只不过是以几何的方式来描述的。在《几何原本》中，数的大小用线段的长度来表示，越长的线段就表示越大的数。很多数字与数字之间的简单关系，在《几何原本》中都有对应的几何语言。例如，若数字 a 是数字 b 的整倍数，在《几何原本》中就表达为，长度为 a 的线段可以用长度为 b 的线段来度量。比方说，黑板的长度是2.7米，一支铅笔的长度是18厘米，你会发现黑板的长度正好等于15支铅笔的长度。我们就说，铅笔的长度可以用来度量黑板的长度。如果一张课桌的长度是117厘米，那么6支铅笔的长度不够课桌长，7支铅笔的长度又超过了课桌长，因而我们就无法用铅笔来度量课桌的长度了。哦，当然，实际上课桌长相当于6.5支铅笔长，但是铅笔上又没有刻度，我们用铅笔来度量课桌时，怎么知道最终结果是6.5支铅笔长呢？因而，只有 a 恰好是 b 的整数倍时，我们才说 b 可以度量 a。

给定两条长度不同的线段 a 和 b，如果能够找到第三条线段 c，它既可以度量 a，又可以度量 b，我们就说 a 和 b 是可公度的（commensurable，也叫作可通约的），c 就是 a 和 b 的一个公度单位。举个例子：1英寸和1厘米是可公度的吗？历史上，英寸和厘米的换算关系不断在变，但现在，英寸已经有了一个明确的定义：1英寸精确地等于2.54厘米。因此，我们可以把0.2毫米当作单位长度，它就可以同时用于度量1英寸和1厘米：1英寸将正好等于127个单位长度，1厘米将正好等于50个单位长度。实际上，0.1毫米、0.04毫米、0.2/3毫米也都可以用作1英寸和1厘米的公度单位，不过0.2毫米是最大的公度单位。

等等，我们怎么知道0.2毫米是最大的公度单位？更一般地，任意给定两条线段后，我们怎么求出这两条线段的最大公度单位呢？在《几何原本》第7卷的命题2当中，欧几里得给出了一种求最大公度单位的通用方法，这就是后来人们所说的"欧几里得算法"（Euclidean algorithm）。这可以说是人类历史上最古老的算法之一。这种算法其实非常直观。假如我们

要求线段 a 和线段 b 的最大公度单位，不妨假设 a 比 b 更长。如果 b 正好能度量 a，那么考虑到 b 当然也能度量它自身，因而 b 就是 a 和 b 的一个公度单位；如果 b 不能度量 a，这说明 a 的长度等于 b 的某个整倍数，再加上一个零头。我们不妨把这个零头的长度记作 c。如果有某条线段能够同时度量 b 和 c，那么它显然也就能度量 a。也就是说，为了找到 a 和 b 的公度单位，我们只需要去寻找 b 和 c 的公度单位即可。怎样找呢？我们故技重施，看看 c 是否能正好度量 b。如果 c 正好能度量 b，c 就是 b 和 c 的公度单位，从而也就是 a 和 b 的公度单位；如果 c 不能度量 b，那看一看 b 被 c 度量之后剩余的零头，把它记作 d，然后继续用 d 度量 c，并不断这样继续下去，直到某一步没有零头了为止（如图 1 所示）。

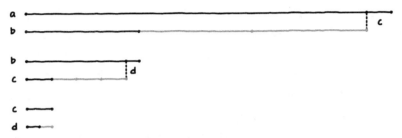

图 1　求出两条线段的最大公度单位

我们还是来看一个实际的例子吧。让我们试着找出 690 和 2202 的公度单位。显然，1 是它们的一个公度单位，2 也是它们的一个公度单位。我们希望用欧几里得的算法求出它们的最大公度单位。首先，用 690 去度量 2202，结果发现 3 个 690 等于 2070，度量 2202 时会有一个大小为 132 的零头。接下来，我们用 132 去度量 690，这会产生一个 $690 - 132 \times 5 = 30$ 的零头。用 30 去度量 132，仍然会有一个大小为 $132 - 30 \times 4 = 12$ 的零头。再用 12 去度量 30，零头为 $30 - 12 \times 2 = 6$。最后，我们用 6 去度量 12，你会发现这回终于没有零头了。因此，6 就是 6 和 12 的一个公度单位，从而是 12 和 30 的公度单位，从而是 30 和 132 的公度单位，从而是 132 和 690 的公度单位，从而是 690 和 2202 的公度单位。

我们不妨把欧几里得算法对 a 和 b 进行这番折腾后得到的结果记作 x。从上面的描述中我们看出，x 确实是 a 和 b 的公度单位。不过，它为什么一定是最大的公度单位呢？为了说明这一点，下面我们来证明，事实上，a 和 b 的任意一个公度单位一定能够度量 x，从而不会超过 x。如果某条长为

y 的线段能同时度量 a 和 b，那么注意到，它能度量 b 就意味着它能度量 b 的任意整倍数，要想让它也能度量 a，只须而且必须让它能够度量 c。于是，y 也就能够同时度量 b 和 c（如图 2 所示），根据同样的道理，这又可以推出 y 一定能度量 d……因此，最后你会发现，y 一定能度量 x。

图 2　求最大公度单位的其中一步

　　用现在的话来讲，求两条线段的最大公度单位，实际上就是求两个数的最大公约数——最大的能同时整除这两个数的数。用现在的话来描述欧几里得算法也会简明得多：假设刚开始的两个数是 a 和 b，其中 $a > b$，那么把 a 除以 b 的余数记作 c，把 b 除以 c 的余数记作 d，c 除以 d 余 e，d 除以 e 余 f，等等，不断拿上一步的除数去除以上一步的余数。直到某一次除法余数为 0 了，那么此时的除数就是最终结果。因此，欧几里得算法又有一个形象的名字，叫作"辗转相除法"。

　　辗转相除法的效率非常高。刚才大家已经看到了，计算 690 和 2202 的最大公约数时，我们得到的余数是依次 $132, 30, 12, 6$，做第 5 次除法时就除尽了。实际上，我们可以大致估计出辗转相除法的效率。第一次做除法时，我们是用 a 来除以 b，把余数记作 c。如果 b 的值不超过 a 的一半，那么 c 更不会超过 a 的一半（因为余数小于除数）；如果 b 的值超过了 a 的一半，那么显然 c 直接就等于 $a-b$，同样不超过 a 的一半。因此，不管怎样，c 都会小于 a 的一半。下一步轮到 b 除以 c，根据同样的道理，所得的余数 d 会小于 b 的一半。接下来，e 将小于 c 的一半，f 将小于 d 的一半，等等。按照这种速度递减下去，即使最开始的数是上百位的大数，不到 1000 次除法就会变成一位数（如果算法没有提前结束的话），交给计算机来执行的话保证秒杀。用专业的说法就是，辗转相除法的运算次数是 $O(\log(n))$ 级别的。

　　很长一段时间里，古希腊人都认为，任意两条线段都是可以公度的，我们只需要做一遍辗转相除便能把这个公度单位给找出来。事实真的如此吗？辗转相除法有可能失效吗？我们至少能想到一种可能：会不会有两条长度关系非常特殊的线段，让辗转相除永远达不到终止的条件，从而根本不能算出一个"最终结果"？注意，线段的长度不一定（也几乎不可能）恰好是整数或者有限小数，它们往往是一些根本不能用有限的方式精确表示出来的数。考虑到这一点，两条线段不可公度完全是有可能的。

为了让两条线段辗转相除永远除不尽，我们有一种绝妙的构造思路：让线段 a 和 b 的比值恰好等于线段 b 和 c 的比值。这样，辗转相除一次后，两数的关系又回到了起点。今后每一次辗转相除，余数总会占据除数的某个相同的比例，于是永远不会出现除尽的情况。不妨假设一种最简单的情况，即 a 最多只能包含一个 b 的长度，此时 c 等于 $a-b$。解方程 $a/b = b/(a-b)$ 可以得到 $a : b = 1 : (\sqrt{5}-1)/2$，约等于一个大家非常熟悉的比值 $1 : 0.618$。于是我们马上得出：成黄金比例的两条线段是不可公度的。

更典型的例子则是，正方形的边长和对角线是不可公度的。让我们画个图来说明这一点。如图 3 所示，我们试着用辗转相除法求出边长 AB 和对角线 AC 的最大公度单位。按照规则，第一步我们应该用 AB 去度量 AC，假设所得的零头是 EC。下一步，我们应该用 EC 去度量 AB，或者说用 EC 去度量 BC（反正正方形各边都相等）。让我们以 EC 为边作一个小正方形 $CEFG$，容易看出 F 点将正好落在 BC 上，并且 $\triangle AEF$ 和 $\triangle ABF$ 将会成为一对全等三角形。因此，$EC = EF = BF$。注意到 BC 上已经有一段 BF 和 EC 是相等的了，因而我们用 EC 去度量 BC 所剩的零头，也就相当于用 EC 去度量 FC 所剩的零头。结果又回到了最初的局面——寻找正方形的边长和对角线的公度单位。因而，辗转相除永远不会结束。线段 AB 的长度和线段 AC 的长度不能公度，它们处于两个不同的世界中。

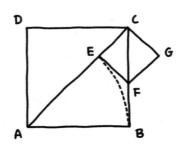

图 3 求出正方形的边长和对角线的最大公度单位

如果正方形 $ABCD$ 的边长为 1，正方形的面积也就是 1。从图 4 中可以看到，若以对角线 AC 为边作一个大正方形，它的面积就该是 2。因而，

AC 就应该是一个与自身相乘之后恰好等于 2 的数，我们通常把这个数记作 $\sqrt{2}$。《几何原本》的第 10 卷专门研究不可公度量，其中就有一段 1 和 $\sqrt{2}$ 不可公度的证明，但所用的方法不是我们上面讲的这种，而是更接近于课本上的证明：设 $\sqrt{2} = p/q$，其中 p/q 已是最简分数，但推着推着就发现，这将意味着 *p* 和 *q* 都是偶数，与最简分数的假设矛盾。

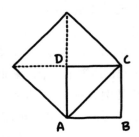

图 4　正方形的对角线长度为 $\sqrt{2}$

用今天的话来讲，1 和 $\sqrt{2}$ 不可公度，实际上相当于说 $\sqrt{2}$ 是无理数。因此，古希腊人发现了无理数，这确实当属不争的事实。奇怪的是，无理数的发现常常会几乎毫无根据地归功于一个史料记载严重不足的古希腊数学家希帕索斯（Hippasus）。根据各种不靠谱的描述，希帕索斯的发现触犯了毕达哥拉斯（Pythagoras）的教条，他最后被溺死在海里。

可公度线段和不可公度线段的概念与有理数和无理数的概念非常接近，我们甚至可以说明这两个概念是等价的——它们之间有一种很巧妙的等价关系。注意到，即使 *a* 和 *b* 本身都是无理数，*a* 和 *b* 还是有可能被公度的，例如 $a = \sqrt{2}$ 并且 $b = 2 \cdot \sqrt{2}$ 的时候。不过，有一件事我们可以肯定：*a* 和 *b* 的比值一定是一个有理数。事实上，可以证明，线段 *a* 和 *b* 是可公度的，当且仅当 *a/b* 是一个有理数。线段 *a* 和 *b* 是可公度的，说明存在一个 *c* 及两个整数 *m* 和 *n*，使得 $a = m \cdot c$，并且 $b = n \cdot c$。于是 $a/b = (m \cdot c)/(n \cdot c) = m/n$，这是一个有理数。反过来，如果 *a/b* 是一个有理数，说明存在整数 *m* 和 *n* 使得 $a/b = m/n$，等式变形后可得 $a/m = b/n$，令这个商为 *c*，那么 *c* 就可以作为 *a* 和 *b* 的公度单位。

有时候，"是否可以公度"的说法甚至比"是否有理"更好一些，因为这是一个相对的概念，不是一个绝对的概念。当我们遇到生活当中的某个物理量时，我们绝不能指着它就说"这是一个有理量"或者"这是一个无理量"，我们只能说，以某某某（比如 1 厘米、1 英寸、0.2 毫米或者一支铅笔的长度等）作为单位来衡量时，这是一个有理量或者无理量。考虑到所选用的单位长度本身也是由另一个物理量定义出来的（比如 1 米被定义为光在真空中 1 秒走过的路程的 1/299792458），因而在讨论一个物理量是否是有理数时，我们讨论的其实是两个物理量是否可以被公度。

中国剩余定理与贝祖定理

如果两个正整数的最大公约数为 1，我们就说这两个数是互质的（relatively prime，也叫作互素的）。这是一个非常重要的概念。如果 a 和 b 互质，就意味着分数 a/b 已经不能再约分了，意味着 $a \times b$ 的棋盘的对角线不会经过中间的任何交叉点（如图 1 所示），意味着循环长度分别为 a 和 b 的两个周期性事件一同上演，则新的循环长度最短为 $a \cdot b$。

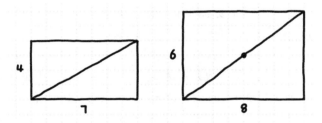

图 1　正方形网格中的两个矩形，后者的对角线经过了中间的一个交叉点

最后一点可能需要一些解释。让我们来举些例子。假如有 1 路和 2 路两种公交车，其中 1 路车每 6 分钟一班，2 路车每 8 分钟一班。如果你刚刚错过两路公交车同时出发的壮景，那么下一次再遇到这样的事情是多少分钟之后呢？当然，$6 \times 8 = 48$ 分钟，这是一个正确的答案，此时 1 路公交车正好是第 8 班，2 路公交车正好是第 6 班。不过，实际上，在第 24 分钟就已经出现了两车再次同发的情况了，此时 1 路车正好是第 4 班，2 路车正好是第 3 班。但是，如果把例子中的 6 分钟和 8 分钟分别改成 4 分钟和 7 分钟，那么要想等到两车再次同发，等到第 $4 \times 7 = 28$ 分钟是必需的。与之类似，假如某一首歌的长度正好是 6 分钟，另一首歌的长度正好是 8 分钟，让两首歌各自循环播放，$6 \times 8 = 48$ 分钟之后你听到的"合声"将会重复，但实

际上第24分钟就已经开始重复了。但若两首歌的长度分别是4分钟和7分钟，则必须到第4×7 = 28分钟之后才有重复，循环现象不会提前发生。

究其原因，其实就是，对于任意两个数，两个数的乘积一定是它们的一个公倍数，但若这两个数互质，则它们的乘积一定是它们的最小公倍数。事实上，我们还能证明一个更强的结论：a和b的最大公约数和最小公倍数的乘积，一定等于a和b的乘积。在下一篇文章中，我们会给出一个证明。

很多更复杂的数学现象也都跟互质有关。《孙子算经》卷下第二十六问："今有物，不知其数。三、三数之，剩二；五、五数之，剩三；七、七数之，剩二。问物几何？答曰：二十三。"翻译过来，就是有一堆东西，三个三个数余2，五个五个数余3，七个七个数余2，问这堆东西有多少个？《孙子算经》给出的答案是23个。当然，这个问题还有很多其他的解。由于105 = 3 × 5 × 7，因而105这个数被3除、被5除、被7除都能除尽。这表明，将物体的个数增加105以后，不管是三个三个数，还是五个五个数，还是七个七个数，所得的余数都会不变。因此，在23的基础上额外加上一个105，得到的128也是满足要求的解。当然，我们还可以在23的基础上加上2个105，加上3个105，等等，所得的数都满足要求。除了形如23 + 105n的数以外，还有别的解吗？没有了。事实上，不管物体总数除以3的余数、除以5的余数及除以7的余数分别是多少，在0到104当中总存在唯一解；在这个解的基础上再加上105的整数倍后，可以得到其他所有的正整数解。后人将其表述为"中国剩余定理"（Chinese remainder theorem）：给出m个两两互质的整数，它们的乘积为P；假设有一个未知数M，如果我们已知M分别除以这m个数所得的余数，那么在0到$P-1$的范围内，我们可以唯一地确定这个M。这可以看作是M的一个特解。其他所有满足要求的M，则正好是那些除以P之后余数等于这个特解的数。注意，除数互质的条件是必需的，否则结论就不成立了。比如说，在0到7的范围内，除以4余1并且除以2也余1的数有2个，除以4余1并且除以2余0的数则一个也没有。

从某种角度来说，中国剩余定理几乎是显然的。让我们以两个除数的情况为例，来说明中国剩余定理背后的直觉吧。假设两个除数分别是4和7。下表显示的就是各自然数除以4和除以7的余数情况，其中$x \bmod y$表示x除以y的余数，这个记号后面还会用到。

i	0	1	2	3	4	5	6	7	8	9	10	11	12	13	14	15	16	17	18	19
$i \bmod 4$	0	1	2	3	0	1	2	3	0	1	2	3	0	1	2	3	0	1	2	3
$i \bmod 7$	0	1	2	3	4	5	6	0	1	2	3	4	5	6	0	1	2	3	4	5

i	20	21	22	23	24	25	26	27	28	29	30	31	32	33	34	35	36	37	38	39
$i \bmod 4$	0	1	2	3	0	1	2	3	0	1	2	3	0	1	2	3	0	1	2	3
$i \bmod 7$	6	0	1	2	3	4	5	6	0	1	2	3	4	5	6	0	1	2	3	4

$i \bmod 4$ 的值显然是以 4 为周期在循环，$i \bmod 7$ 的值显然是以 7 为周期在循环。由于 4 和 7 是互质的，它们的最小公倍数是 $4 \times 7 = 28$，因而 $(i \bmod 4, i \bmod 7)$ 的循环周期是 28，不会更短。因此，当 i 从 0 增加到 27 时，$(i \bmod 4, i \bmod 7)$ 的值始终没有出现重复。但是，$(i \bmod 4, i \bmod 7)$ 也就只有 $4 \times 7 = 28$ 种不同的取值，因而它们正好既无重复又无遗漏地分给了 0 到 27 之间的数。这说明，每个特定的余数组合都在前 28 项中出现过，并且都只出现过一次。在此之后，余数组合将产生长度为 28 的循环，于是每个特定的余数组合都将会以 28 为周期重复出现。这正是中国剩余定理的内容。

中国剩余定理是一个很基本的定理。很多数学现象都可以用中国剩余定理来解释。背九九乘法口诀表时，你或许会发现，写下 $3 \times 1, 3 \times 2, \cdots, 3 \times 9$，它们的个位数正好遍历了 1 到 9 所有的情况。7 的倍数、9 的倍数也是如此，但 2、4、5、6、8 就不行。3、7、9 这三个数究竟有什么特别的地方呢？秘密就在于，3、7、9 都是和 10 互质的。比如说 3，由于 3 和 10 是互质的，那么根据中国剩余定理，在 0 到 29 之间一定有这样一个数，它除以 3 余 0，并且除以 10 余 1。它将会是 3 的某个整倍数，并且个位为 1。同样，在 0 到 29 之间也一定有一个 3 的整倍数，它的个位是 2；在 0 到 29 之间也一定有一个 3 的整倍数，它的个位是 3……而在 0 到 29 之间，除掉 0 以外，3 的整倍数正好有 9 个，于是它们的末位就正好既无重复又无遗漏地取遍了 1 到 9 所有的数字。

这表明，如果 a 和 n 互质，那么 $(a \cdot x) \bmod n = 1$、$(a \cdot x) \bmod n = 2$ 等所有关于 x 的方程都是有解的。18 世纪的法国数学家艾蒂安·贝祖（Étienne Bézout）曾经证明了一个基本上与此等价的定理，这里我们姑且把它叫作"贝祖定理"（Bézout's theorem）。事实上，我们不但知道上述方程是有解的，还能求出所有满足要求的解来。

我们不妨花点时间，把方程 $(a \cdot x) \bmod n = b$ 和中国剩余定理的关系再理一下。寻找方程 $(a \cdot x) \bmod n = b$ 的解，相当于寻找一个 a 的倍数使得它除以 n 余 b，或者说是寻找一个数 M 同时满足 $M \bmod a = 0$ 且 $M \bmod n = b$。如果 a 和 n 是互质的，那么根据中国剩余定理，这样的 M 一定存在，并且找到一个这样的 M 之后，在它的基础上加减 $a \cdot n$ 的整倍数，可以得到所有满足要求的 M。因此，为了解出方程 $(a \cdot x) \bmod n = b$ 的所有解，我们也只需要解出方程的某个特解就行了。假如我们找到了方程 $(a \cdot x) \bmod n = b$ 中 x 的一个解，在这个解的基础上加上或减去 n 的倍数（相当于在整个被除数 $M = a \cdot x$ 的基础上加上或者减去 $a \cdot n$ 的倍数），就能得到所有的解了。

更妙的是，我们其实只需要考虑形如 $(a \cdot x) \bmod n = 1$ 的方程。因为，如果能解出这样的方程，$(a \cdot x) \bmod n = 2$、$(a \cdot x) \bmod n = 3$ 也都自动地获解了。假如 $(a \cdot x) \bmod n = 1$ 有一个解 $x = 100$，由于 100 个 a 除以 n 余 1，自然 200 个 a 除以 n 就余 2，300 个 a 除以 n 就余 3，等等，等式右边余数不为 1 的方程也都解开了。

让我们尝试求解 $(115x) \bmod 367 = 1$。注意，由于 115 和 367 是互质的，因此方程确实有解。我们解方程的基本思路是，不断寻找 115 的某个倍数及 367 的某个倍数，使得它们之间的差越来越小，直到最终变为 1。由于 367 除以 115 得 3，余 22，因而 3 个 115 只比 367 少 22。于是，15 个 115 就要比 5 个 367 少 110，从而 16 个 115 就会比 5 个 367 多 5。好了，真正巧妙的就在这里：16 个 115 比 5 个 367 多 5，但 3 个 115 比 1 个 367 少 22，两者结合起来，我们便能找到 115 的某个倍数和 367 的某个倍数，它们只相差 2：16 个 115 比 5 个 367 多 5，说明 64 个 115 比 20 个 367 多 20，又考虑到 3 个 115 比 1 个 367 少 22，于是 67 个 115 只比 21 个 367 少 2。现在，结合"少 2"和"多 5"两个式子，我们就能把差距缩小到 1 了：67 个 115 比 21 个 367 少 2，说明 134 个 115 比 42 个 367 少 4，而 16 个 115 比 5 个 367 多 5，于是 150 个 115 比 47 个 367 多 1。这样，我们就解出了一个满足 $(115x) \bmod 367 = 1$ 的 x，即 $x = 150$。大家会发现，在求解过程中，我们相当于对 115 和 367 做了一遍辗转相除：我们不断给出 115 的某个倍数和 367 的某个倍数，通过辗转对比最近的两个结果，让它们的差距从"少 22"缩小到"多 5"，再到"少 2"、"多 1"，其中 22, 5, 2, 1 这几个数正是用辗转

　　　　　　　　　　　　跨越千年的 RSA 算法

相除法求 115 和 367 的最大公约数时将会经历的数。因而，算法的步骤数仍然是对数级的，即使面对上百位上千位的大数，计算机也毫无压力。这种求解方程 $(a \cdot x) \bmod n = b$ 的算法就叫作"扩展的辗转相除法"。

注意，整个算法有时也会以"少 1"的形式告终。例如，用此方法求解 $(128x) \bmod 367 = 1$ 时，最后会得出 43 个 128 比 15 个 367 少 1。这下怎么办呢？很简单，43 个 128 比 15 个 367 少 1，但是 367 个 128 显然等于 128 个 367，对比两个式子可知，324 个 128 就会比 113 个 367 多 1 了，于是得到 $x = 324$。

我们最终总能到达"多 1"或者"少 1"，这正是因为一开始的两个数是互质的。如果方程 $(a \cdot x) \bmod n = b$ 当中 a 和 n 不互质，它们的最大公约数是 $d > 1$，那么在 a 和 n 之间做辗转相除时，算到 d 就直接终止了。自然，扩展的辗转相除也将在到达"多 1"或者"少 1"之前提前结束。那么，这样的方程我们还能解吗？能！我们有一种巧妙的处理方法：以 d 为单位重新去度量 a 和 n（或者说让 a 和 n 都除以 d），问题就变成我们熟悉的情况了。让我们来举个例子吧。假如我们要解方程 $(24 \cdot x) \bmod 42 = 30$，为了方便后面的解释，我们来给这个方程编造一个背景：说一盒鸡蛋 24 个，那么买多少盒鸡蛋，才能让所有的鸡蛋 42 个 42 个地数最后正好能余 30 个？我们发现 24 和 42 不是互质的，扩展的辗转相除似乎就没有用了。不过没关系。我们找出 24 和 42 的最大公约数，发现它们的最大公约数是 6。现在，让 24 和 42 都来除以 6，分别得到 4 和 7。由于 6 已经是 24 和 42 的公约数中最大的了，因此把 24 和 42 当中的 6 除掉后，剩下的 4 和 7 就不再有大于 1 的公约数，从而就是互质的了。好了，现在我们把题目改编一下，把每 6 个鸡蛋视为一个新的单位量，比如说"1 把"。记住，1 把鸡蛋就是 6 个。于是，原问题就变成了，每个盒子能装 4 把鸡蛋，那么买多少盒鸡蛋，才能让所有的鸡蛋 7 把 7 把地数，最后正好会余 5 把？于是，方程就变成了 $(4 \cdot x) \bmod 7 = 5$。由于此时 4 和 7 是互质的，因而套用扩展的辗转相除法，此方程一定有解。可以解出特解 $x = 3$，在它的基础上加减 7 的整倍数，可以得到其他所有满足要求的 x。这就是改编之后的问题的解。但是，虽说我们对原题做了"改编"，题目内容本身却完全没变，连数值都没变，只不过换了一种说法。改编后的题目里需要买 3 盒鸡蛋，改编前的题目里当然也是要买 3 盒鸡蛋。$x = 3$，以及所有形如 $3 + 7n$ 的数，也都是原方程的解。

大家或许已经看到了，我们成功地找到了 $(24 \cdot x) \bmod 42 = 30$ 的解，依赖于一个巧合：24 和 42 的最大公约数 6，正好也是 30 的约数。因此，改用"把"作单位重新叙述问题，正好最后的"余 30 个"变成了"余 5 把"，依旧是一个整数。如果原方程是 $(24 \cdot x) \bmod 42 = 31$ 的话，我们就没有那么走运了，问题将变成"买多少盒才能让最后数完余 5 又 1/6 把"。这怎么可能呢？我们是整把整把地买，整把整把地数，当然余数也是整把整把的。因此，方程 $(24 \cdot x) \bmod 42 = 31$ 显然无解。

综上所述，如果关于 x 的方程 $(a \cdot x) \bmod n = b$ 当中的 a 和 n 不互质，那么求出 a 和 n 的最大公约数 d。如果 b 恰好是 d 的整倍数，那么把方程中的 a、n、b 全都除以 d，新的 a 和 n 就互质了，新的 b 也恰好为整数，用扩展的辗转相除求解新方程，得到的解也就是原方程的解。但若 b 不是 d 的整倍数，则方程无解。

扩展的辗转相除法有很多应用，其中一个有趣的应用就是大家小时候肯定见过的"倒水问题"。假如你有一个 3 升的容器和一个 5 升的容器（以及充足的水源），如何精确地取出 4 升的水来？为了叙述简便，我们不妨把 3 升的容器和 5 升的容器分别记作容器 A 和容器 B。一种解法如下：

1. 将 A 装满，此时 A 中的水为 3 升，B 中的水为 0 升；
2. 将 A 里的水全部倒入 B，此时 A 中的水为 0 升，B 中的水为 3 升；
3. 将 A 装满，此时 A 中的水为 3 升，B 中的水为 3 升；
4. 将 A 里的水倒入 B 直到把 B 装满，此时 A 中的水为 1 升，B 中的水为 5 升；
5. 将 B 里的水全部倒掉，此时 A 中的水为 1 升，B 中的水为 0 升；
6. 将 A 里剩余的水全部倒入 B，此时 A 中的水为 0 升，B 中的水为 1 升；
7. 将 A 装满，此时 A 中的水为 3 升，B 中的水为 1 升；
8. 将 A 里的水全部倒入 B，此时 A 中的水为 0 升，B 中的水为 4 升。

这样，我们就得到 4 升的水了。显然，这类问题可以编出无穷多个来，比如能否用 7 升的水杯和 13 升的水杯量出 5 升的水，能否用 9 升的水杯和 15 升的水杯量出 10 升的水，等等。这样的问题有什么万能解法吗？有！注意到，前面用 3 升的水杯和 5 升的水杯量出 4 升的水，看似复杂的步骤可以简单地概括为：不断将整杯整杯的 A 往 B 里倒，期间只要 B 被装满就把

B 倒空。由于 $(3 \times 3) \bmod 5 = 4$，因而把 3 杯的 A 全部倒进 B 里，并且每装满一个 B 就把水倒掉，B 里面正好会剩下 4 升的水。与之类似，用容积分别为 a 和 b 的水杯量出体积为 c 的水，实际上相当于解方程 $(a \cdot x) \bmod b = c$。如果 c 是 a 和 b 的最大公约数，或者能被它们的最大公约数整除，用扩展的辗转相除便能求出 x，得到对应的量水方案。特别地，如果两个水杯的容积互质，问题将保证有解。如果 c 不能被 a 和 b 的最大公约数整除，方程就没有解了，怎么办？不用着急，因为很显然，此时问题正好也没有解。比方说 9 和 15 都是 3 的倍数，那我们就把每 3 升的水视作一个单位，于是你会发现，在 9 升和 15 升之间加加减减，倒来倒去，得到的量永远只能在 3 的倍数当中转，绝不可能弄出 10 升的水来。这样一来，我们就给出了问题有解无解的判断方法，以及在有解时生成一种合法解的方法，从而完美地解决了倒水问题。

利用扩展的辗转相除法，我们甚至可以具体地解出《孙子算经》中的"今有物，不知其数"一题。已知有一堆东西，三个三个数余 2，五个五个数余 3，七个七个数余 2，那么这堆东西有多少个？根据中国剩余定理，由于除数 3、5、7 两两互质，因而在 0 到 104 之间，该问题有唯一的答案。我们求解的基本思路就是，依次找出满足每个条件，但是又不会破坏掉其他条件的数。我们首先要寻找一个数，它既是 5 的倍数，又是 7 的倍数，同时除以 3 正好余 2。这相当于是在问，35 的多少倍除以 3 将会余 2。于是，我们利用扩展的辗转相除法求解方程 $(35x) \bmod 3 = 2$。这个方程是一定有解的，因为 5 和 3、7 和 3 都是互质的，从而 5×7 和 3 也是互质的（到了下一篇文章，这一点会变得很显然）。解这个方程可得 $x = 1$。于是，35 就是我们要找到的数。第二步，是寻找这么一个数，它既是 3 的倍数，又是 7 的倍数，同时除以 5 余 3。这相当于求解方程 $(21x) \bmod 5 = 3$，根据和刚才相同的道理，这个方程一定有解。可以解得 $x = 3$，因此我们要找的数就是 63。最后，我们需要寻找一个数，它能同时被 3 和 5 整除，但被 7 除余 2。这相当于求解方程 $(15x) \bmod 7 = 2$，解得 $x = 2$。我们想要找的数就是 30。现在，如果我们把 35、63 和 30 这三个数加在一起会怎么样？它将会同时满足题目当中的三个条件！它满足"三个三个数余 2"，因为 35 除以 3 是余 2 的，而后面两个数都是 3 的整倍数，所以加在一起后除以 3 仍然余 2。类似地，它满足"五个五个数余 3"，因为 63 除以 5 余 3，另外两个数都是

5 的倍数。类似地，它也满足"七个七个数余 2"，因而它就是原问题的一个解。你可以验证一下，35 + 63 + 30 = 128，它确实满足题目的所有要求！为了得出一个 0 到 104 之间的解，我们在 128 的基础上减去一个 105，于是正好得到《孙子算经》当中给出的答案 23。

在计算机编程领域里，这有一个出人意料的应用：它可以把大数之间的运算转化为若干更小的数之间的运算，从而提高运算速度。32 位处理器可以直接算出 0 到 4294967295 之间的数加减乘除的结果。如果某个程序会涉及很大的数，超出处理器的处理范围，我们就得自己写代码教计算机怎么打竖式。这样一来，计算机虽然拥有了大数运算功能，但却比较耗时。因此，在能让处理器直接算的时候，我们尽可能让处理器直接算，不要调用自己编写的大数运算功能。其中一种方法就是使用中国剩余定理和扩展的辗转相除法。例如，假设我们想要计算 Q 的值：

$$Q = (55555 + 66666 \times 77777) \times (88888 + 99999)$$

显然，Q 的值已经超出了 32 位处理器的处理范围。接下来，我们取若干两两互质的数，比如 1000 之后的头 5 个质数：1009、1013、1019、1021、1031。如果我们知道一个数分别除以 1009、1013、1019、1021、1031 的余数是多少，就能在 0 到

$$1009 \times 1013 \times 1019 \times 1021 \times 1031 - 1 = 1096375199328172$$

的范围内唯一地确定这个数的值。这是一个相当大的范围。目测 Q 肯定在这个范围内。所以，要是我们能求出 Q 分别除以 1009、1013、1019、1021、1031 的余数是多少，Q 的值也就知道了。

依次算出 55555、66666、77777、88888、99999 除以 1009 的余数，得到 60、72、84、96、108。计算 $(60 + 72 \times 84) \times (96 + 108)$，得到 1246032。这是很小的数之间的运算，运算过程中的每一步都在处理器的处理范围内。再算出 1246032 除以 1009 的余数，得到 926。因此，Q 除以 1009 的余数就是 926。

仿照前面的方法，算出 Q 分别除以 1013、1019、1021、1031 的余数。利用扩展的辗转相除法，我们就能把 Q 解出来。可以看到，计算 Q 值的全过

程中，只有最后一步需要调用我们自己编写的大数运算功能，其他步骤都可以交给处理器立即完成。在计算任务繁重时，这么做能很好地提高效率。

我们有一件事情还没有解释：为什么 $(55555 + 66666 \times 77777) \times (88888 + 99999)$ 除以 1009 的余数，和 $(60 + 72 \times 84) \times (96 + 108)$ 除以 1009 的余数一定相等呢？这是因为下面这个非常重要的结论：在一个只有加法运算和乘法运算的算式中，如果你并不需要知道整个算式的得数，只想知道整个算式的得数除以 n 的余数，那么计算过程中将任意一个数简化成它除以 n 的余数，都不会产生任何影响。这也意味着，在计算 $(60 + 72 \times 84) \times (96 + 108)$ 的中间步骤中，如果产生了比 1009 更大的数，我们也可以安全地把它替换成它除以 1009 的余数，这能进一步保证运算过程中涉及的数都足够小，都在处理器的处理范围内。

$$(55555 + 66666 \times 77777) \times (88888 + 99999) \bmod 1009$$

$$= (60 + 72 \times 84) \times (96 + 108) \bmod 1009$$

$$= (60 + 6048) \times (96 + 108) \bmod 1009$$

$$= (60 + 1003) \times (96 + 108) \bmod 1009$$

$$= 1063 \times (96 + 108) \bmod 1009$$

$$= 54 \times (96 + 108) \bmod 1009$$

$$= 54 \times 204 \bmod 1009$$

$$= 11016 \bmod 1009$$

$$= 926$$

为什么这样简化不会产生影响呢？为此，我们只需要证明下面两个公式的正确性：

- $(a + b) \bmod n = (a \bmod n + b \bmod n) \bmod n$
- $(a \cdot b) \bmod n = ((a \bmod n) \cdot (b \bmod n)) \bmod n$

第一个公式的正确性很好解释。计算 17 加上 26 的结果除以 7 的余数，也就相当于是计算 17 个鸡蛋和 26 个鸡蛋合在一起后，7 个 7 个数会余多少，我们事先从 17 里面刨掉整数个 7，并且从 26 里面刨掉整数个 7，显然不会改变答案。所以，17 加上 26 的结果除以 7 的余数，完全相当于 3 加上 5 的结果除以 7 的余数。

第二个公式的正确性解释起来稍微麻烦一些。计算 17 乘以 26 的结果除以 7 的余数，相当于求解这样的问题：所有鸡蛋排成了一个 17 行 26 列的方阵，问这些鸡蛋 7 个 7 个数会余多少。为了让计算更加简便，我们可以先把每列里的鸡蛋 7 个 7 个地刨掉，于是鸡蛋的行数就从 17 变成 3 了；我们还可以继续把每行里的鸡蛋 7 个 7 个地刨掉，于是鸡蛋的列数就从 26 变成 5 了。最后剩下的就是一个 3 行 5 列的鸡蛋方阵。所以，17 乘以 26 的结果除以 7 的余数，完全相当于 3 乘以 5 的结果除以 7 的余数。

我们把上面两个公式叫作"同余运算的基本性质"。记住这个性质，后面我们还会多次用到。

从欧几里得定理到欧拉定理

很多自然数都可以被分解成一些更小的数的乘积，例如 12 可以被分成 4 乘以 3，其中 4 还可以继续被分成 2 乘以 2，因而我们可以把 12 写作 $2 \times 2 \times 3$。此时，2 和 3 都不能再继续分解了，它们是最基本、最纯净的数。我们就把这样的数叫作"质数"（prime number，也叫作"素数"）。同样，2、3、5、7、11、13 等都是不可分解的，它们也都是质数。它们是自然数的构件，是自然数世界的基本元素。12 是由两个 2 和一个 3 组成的，正如水分子是由两个氢原子和一个氧原子组成的一样。只不过，和化学世界不同的是，自然数世界里的基本元素是无限的——质数有无穷多个。

关于为什么质数有无穷多个，欧几里得在《几何原本》第 9 卷中给出了一个非常漂亮的证明。"质数有无穷多个"这一结论也就因此有了"欧几里得定理"（Euclid's theorem）的名称。让我们来看看欧几里得的证明方法。假设质数只有有限个，其中最大的那个质数为 p。现在，把所有的质数全部相乘，再加上 1，得到一个新的数 N。也就是说，$N = 2 \cdot 3 \cdot 5 \cdot 7 \cdot \cdots \cdot p + 1$。注意到，$N$ 除以每一个质数都会余 1，比如 N 除以 2 就商 $3 \cdot 5 \cdot 7 \cdot \cdots \cdot p$ 余 1，N 除以 3 就会商 $2 \cdot 5 \cdot 7 \cdot \cdots \cdot p$ 余 1，等等。这意味着，N 不能被任何一个质数整除，换句话说，N 是不能被分解的，它本身就是质数。然而这也不对，因为 p 已经是最大的质数了，于是产生了矛盾。这说明，我们刚开始的假设是错的，质数应该有无穷多个。需要额外说明的一点是，这个证明容易让人产生一个误解，即把头 n 个质数乘起来再加 1，总能产生一个新的质数。这是不对的，因为既然我们无法把全部质数都乘起来，那么所得的数就有可能是由那些我们没有乘进去的质数构成的，比如 $2 \cdot 3 \cdot 5 \cdot 7 \cdot 11 \cdot 13 + 1 = 30031$，它可以被分解成 59×509。

从古希腊时代开始，人们就近乎疯狂地想要认识自然数的本质规律。组成自然数的基本元素自然地就成为了一个绝佳的突破口，于是对质数的研究成为了探索自然数世界的一个永久的话题。这就是我们今天所说的"数论"（number theory）。

用质数理论来研究数，真的会非常方便。a 是 b 的倍数（或者说 a 能被 b 整除，b 是 a 的约数），意思就是 a 拥有 b 所含的每一种质数，而且个数不会更少。我们举个例子吧，比如说 $b = 12$，它可以被分解成 $2 \times 2 \times 3$，$a = 180$，可以被分解成 $2 \times 2 \times 3 \times 3 \times 5$。$b$ 里面有两个 2，这不稀罕，a 里面也有两个 2；b 里面有一个 3，这也没什么，a 里面有两个 3 呢。况且，a 里面还包含有 b 没有的质数 5。对于每一种质数，b 里面所含的个数都比不过 a，这其实就表明了 b 就是 a 的约数。

现在，假设 $a = 36 = 2 \times 2 \times 3 \times 3$，$b = 120 = 2 \times 2 \times 2 \times 3 \times 5$。那么，$a$ 和 b 的最大公约数是多少？我们可以依次考察，最大公约数里面可以包含哪些质数，每个质数都能有多少个。这个最大公约数最多可以包含多少个质数 2？显然最多只能包含两个，否则它就不能整除 a 了；这个最大公约数最多可以包含多少个质数 3？显然最多只能包含一个，否则它就不能整除 b 了；这个最大公约数最多可以包含多少个质数 5？显然一个都不能有，否则它就不能整除 a 了。因此，a 和 b 的最大公约数就是 $2 \times 2 \times 3 = 12$。

在构造 a 和 b 的最小公倍数时，我们希望每种质数在数量足够的前提下越少越好。为了让这个数既是 a 的倍数，又是 b 的倍数，三个 2 是必需的；为了让这个数既是 a 的倍数，又是 b 的倍数，两个 3 是必需的；为了让这个数既是 a 的倍数，又是 b 的倍数，那一个 5 也是必不可少的。因此，a 和 b 的最小公倍数就是 $2 \times 2 \times 2 \times 3 \times 3 \times 5 = 360$。

你会发现，$12 \times 360 = 36 \times 120$，最大公约数乘以最小公倍数正好等于原来两数的乘积。这其实并不奇怪。在最大公约数里面，每种质数各有多少个，取决于 a 和 b 当中谁所含的这种质数更少一些。在最小公倍数里面，每种质数各有多少个，取决于 a 和 b 当中谁所含的这种质数更多一些。因此，对于每一种质数而言，最大公约数和最小公倍数里面一共包含了多少个这种质数，a 和 b 里面也就一共包含了多少个这种质数。最大公约数和最小公倍数乘在一起，也就相当于是把 a 和 b 各自所包含的质数都乘了个遍，自然也就等于 a 与 b 的乘积了。这立即带来了我们熟悉的推论：如果两数互质，这两数的乘积就是它们的最小公倍数。

上一篇文章曾说到，"因为 5 和 3、7 和 3 都是互质的，从而 5×7 和 3 也是互质的"。利用质数的观点，这很容易解释。两个数互质，相当于是说这两个数不包含任何相同的质数。如果 a 与 c 互质，b 与 c 互质，显然 $a \cdot b$ 也与 c 互质。另外一个值得注意的结论是，如果 a 和 b 是两个不同的质数，则这两个数显然就直接互质了。事实上，只要知道了 a 是质数，并且 a 不能整除 b，那么不管 b 是不是质数，我们也都能确定 a 和 b 是互质的。我们后面会用到这些结论。

在很多场合中，质数都扮演着重要的角色。1640 年，法国图卢兹高等法院律师、著名的业余数学家皮埃尔·德·费马（Pierre de Fermat）发现，如果 n 是一个质数，那么对于任意一个数 a，a 的 n 次方减去 a 之后都将是 n 的倍数。例如，7 是一个质数，于是 $2^7 - 2$、$3^7 - 3$、$4^7 - 4$，甚至 $100^7 - 100$，都能被 7 整除。但 15 不是质数（它可以被分解为 3×5），于是 $a^{15} - a$ 除以 15 之后就可能出现五花八门的余数了。这个规律在数论研究中是如此基本如此重要，以至于它有一个专门的名字——费马小定理（Fermat's little theorem）。

费马小定理的证明方法很多，其中最巧妙的一种证明方法，恐怕要数下面这个由美国数学家所罗门·哥隆（Solomon Golomb）在 1956 年给出的证明。我们不妨以"$3^7 - 3$ 能被 7 整除"为例进行说明，稍后你会发现，对于其他的情况，道理是一样的。首先，让我来解释一下"循环移位"的意思。想象一个由若干字符所组成的字符串，在一块大小刚好合适的 LED 屏幕上滚动显示。比方说，HELLOWORLD 就是一个 10 位的字符串，而我们的 LED 屏幕不多不少正好容纳 10 个字符。刚开始，屏幕上显示 HELLOWORLD。下一刻，屏幕上的字母 H 将会移出屏幕，但又会从屏幕右边移进来，于是屏幕变成了 ELLOWORLDH。下一刻，屏幕变成了 LLOWORLDHE，再下一刻又变成了 LOWORLDHEL。移动到第 10 次，屏幕又会回到 HELLOWORLD。在此过程中，屏幕上曾经显示过的 ELLOWORLDH, LLOWORLDHE, LOWORLDHEL, …，都是由初始的字符串 HELLOWORLD 通过"循环移位"得来的。现在，考虑所有仅由 A、B、C 这 3 个字符组成的长度为 7 的字符串，它们一共有 3^7 个。如果某个字符串循环移位后可以得到另一个字符串，我们就认为这两个字符串属于同一组字符串。比如说，ABBCCCC 和 CCCABBC 就属于同一组字符串，并且该组内还有其他 5 个字符串。于是，在所有 3^7 个字符串当中，除了 AAAAAAA、BBBBBBB、CCCCCCC 这 3 个特殊的字符串外，其他所有的字符串正好都是每 7 个一组。这说明，$3^7 - 3$ 能被 7 整除。

在这个证明过程中，"7 是质数"这个条件用到哪里去了？仔细想想你会发现，正因为 7 是质数，所以每一组里才恰好有 7 个字符串。如果字符串的长度不是 7 而是 15 的话，有些组里将会只含 3 个或者 5 个字符串。比方说，ABCABCABCABCABC 所在的组里就只有 3 个字符串，循环移动 3 个字符后，字符串将会和原来重合。

作为一名业余数学家，费马本人其实并没有给出这个定理的证明过程。（费马的这种只谈结论不给证明的一贯作风，还给数学界留下过更大的"悬案"，这里不再赘述。）历史上第一个严格证明了费马小定理的人，则是我们在第 1 章提过的瑞士大数学家莱昂哈德·欧拉。在 1736 年的一篇题为《一个关于质数的定理及其证明》的文章里，欧拉利用数学归纳法首次证明了费马小定理。考虑到"数学归纳法"这个提法已经是 19 世纪的事情了，因而当时想出这种证明方法是非常不容易的。

1761 年，在一篇更重要的论文里，欧拉发现，费马小定理有一个等价的表述：如果 n 是一个质数，那么对于任意一个数 a，随着 i 的增加，a 的 i 次方除以 n 的余数将会呈现出长度为 $n-1$ 的周期性（下表所示的是 $a = 3$、$n = 7$ 的情况）。这是因为，根据前面的结论，a^n 与 a 的差能够被 n 整除，这说明 a^n 和 a 分别除以 n 之后将会拥有相同的余数。这表明，依次计算 a 的 1 次方、2 次方、3 次方除以 n 的余数，算到 a 的 n 次方时，余数将会变得和最开始相同。另一方面，a^i 除以 n 的余数，完全由 a^{i-1} 除以 n 的余数决定。它背后的道理如下：计算 a^i 除以 n 的余数，也就相当于是计算 $a^{i-1} \cdot a$ 除以 n 的余数；根据同余运算的基本性质，在计算之前，我们可以先把 a^{i-1} 和 a 都替换成它们各自除以 n 的余数，这不会有什么影响；其中，a 除以 n 的余数是固定不变的，因此 a^{i-1} 除以 n 的余数就起到了决定性的作用。好了，既然第 n 个余数和第 1 个余数相同，而余数序列的每一项都由上一项决定，那么第 $n+1$ 个、第 $n+2$ 个余数也都会跟着和第 2 个、第 3 个余数相同，余数序列从此处开始重复，形成长为 $n-1$ 的周期。

i	1	2	3	4	5	6	7	8	9	10	11	12	13	14	15
3^i	3	9	27	81	243	729	2187	6561	19683	59049	177147	531441	1594323	4782969	14348907
$3^i \bmod 7$	3	2	6	4	5	1	3	2	6	4	5	1	3	2	6

需要注意的是，$n-1$ 并不见得是最小的周期。下表所示的是 2^i 除以 7 的余数情况，余数序列确实存在长度为 6 的周期现象，但实际上它有一个更小的周期 3。

i	1	2	3	4	5	6	7	8	9	10	11	12	13	14	15
2^i	2	4	8	16	32	64	128	256	512	1024	2048	4096	8192	16384	32768
$2^i \bmod 7$	2	4	1	2	4	1	2	4	1	2	4	1	2	4	1

那么，如果除数 n 不是质数，而是两个质数的乘积（比如 35），周期的长度又会怎样呢? 让我们试着看看，3^i 除以 35 的余数有什么规律吧。注意到 5 和 7 是两个不同的质数，因而它们是互质的。根据中国剩余定理，一个数除以 35 的余数就可以唯一地由它除以 5 的余数和除以 7 的余数确定出来。因而，为了研究 3^i 除以 35 的余数，我们只需要观察 $(3^i \bmod 5, 3^i \bmod 7)$ 即可。由费马小定理可知，数列 $3^i \bmod 5$ 有一个长为 4 的周期，数列 $3^i \bmod 7$ 有一个长为 6 的周期。4 和 6 的最小公倍数是 12，因此 $(3^i \bmod 5, 3^i \bmod 7)$ 存在一个长为 12 的周期。到了 $i=13$ 时，$(3^i \bmod 5, 3^i \bmod 7)$ 将会和最开始重复，于是 3^i 除以 35 的余数将从此处开始发生循环。

i	1	2	3	4	5	6	7	8	9	10	11	12	13	14	15	16	17	18	19	20	21	22
$3^i \bmod 5$	3	4	2	1	3	4	2	1	3	4	2	1	3	4	2	1	3	4	2	1	3	4
$3^i \bmod 7$	3	2	6	4	5	1	3	2	6	4	5	1	3	2	6	4	5	1	3	2	6	4
$3^i \bmod 35$	3	9	27	11	33	29	17	16	13	4	12	1	3	9	27	11	33	29	17	16	13	4

i	23	24	25	26	27	28	29	30	31	32	33	34	35	36	37	38	39	40	41	42	43	44
$3^i \bmod 5$	2	1	3	4	2	1	3	4	2	1	3	4	2	1	3	4	2	1	3	4	2	1
$3^i \bmod 7$	5	1	3	2	6	4	5	1	3	2	6	4	5	1	3	2	6	4	5	1	3	2
$3^i \bmod 35$	12	1	3	9	27	11	33	29	17	16	13	4	12	1	3	9	27	11	33	29	17	16

类似地，假如某个整数 n 等于两个质数 p、q 的乘积，那么对于任意一个整数 a，写出 a^i 依次除以 n 所得的余数序列，$p-1$ 和 $q-1$ 的最小公倍数将成为该序列的一个周期。事实上，$p-1$ 和 $q-1$ 的任意一个公倍数，

比如表达起来最方便的 $(p-1) \times (q-1)$，也将成为该序列的一个周期。这个规律可以用来解释很多数学现象。例如，大家可能早就注意过，任何一个数的乘方，其个位数都会呈现长度为 4 的周期（这包括了周期为 1 和周期为 2 的情况）。其实这就是因为，10 等于 2 和 5 这两个质数的乘积，而 $(2-1) \times (5-1) = 4$，因此任意一个数的乘方除以 10 的余数序列都将会产生长为 4 的周期。

i	1	2	3	4	5	6	7	8	9	10
3^i	3	9	27	81	243	729	2187	6561	19683	59049
3^i的个位	3	9	7	1	3	9	7	1	3	9
4^i	4	16	64	256	1024	4196	16384	65536	262144	1048576
4^i的个位	4	6	4	6	4	6	4	6	4	6
5^i	5	25	125	625	3125	15625	78125	390625	1953125	9765625
5^i的个位	5	5	5	5	5	5	5	5	5	5

在 1763 年的一篇论文中，欧拉讨论了当 n 是更复杂的数时推导余数序列循环周期的方法，得到了一个非常漂亮的结果：在 1 到 n 的范围内有多少个数和 n 互质（包括 1 在内），a 的 i 次方除以 n 的余数序列就会有一个多长的周期。这个经典的结论就叫作"欧拉定理"（Euler's theorem）。作为历史上最高产的数学家之一，欧拉的一生当中发现的定理实在是太多了。为了把上述定理和其他的"欧拉定理"区别开来，有时也称它为"费马–欧拉定理"（Fermat-Euler theorem）。这是一个非常深刻的定理，它有一些非常具有启发性的证明方法。考虑到在后文的讲解中这个定理不是必需的，这里不再赘述。

这些东西有什么用呢？没有什么用。几千年来，数论一直没有任何实际应用，数学家们研究数论的动力完全来源于数字本身的魅力。不过，到了 1970 年左右，情况有了戏剧性的变化。

公钥加密与 RSA 算法

计算机网络的出现无疑降低了交流的成本，但却给信息安全带来了难题。在计算机网络中，一切都是数据，一切都是数字，一切都是透明的。假如你的朋友要给你发送一份绝密文件，你如何阻止第三者在你们的通信线路的中间节点上窃走信息？其中一种方法就是，让他对发送的数据进行加密，密码只有你们两人知道。但是，这个密码又是怎么商定出来的呢？直接叫对方编好密码发给你的话，密码本身会有泄露的风险；如果让对方给密码加个密再发过来呢，给密码加密的方式仍然不知道该怎么确定。如果是朋友之间的通信，把两人已知的小秘密用作密码（例如约定密码为 A 的生日加上 B 的手机号）或许能让人放心许多；但对于很多更常见的情形，比方说用户在邮件服务提供商首次申请邮箱时，会话双方完全没有任何可以利用的公共秘密。此时，我们需要一个绝对邪的办法……如果说我不告诉任何人解密的算法呢？这样的话，我就可以公开加密的方法，任何人都能够按照这种方法对信息进行加密，但是只有我自己才知道怎样给由此得到的密文解密。然后，让对方用这种方法把今后要用的密码加密传过来，问题不就解决了吗？这听上去似乎不太可能，因为直觉上，知道加密的方法也就知道了解密的方法，只需要把过程反过来做就行了。加密算法和解密算法有可能是不对称的吗？

有可能。小时候我经常在朋友之间表演这么一个数学小魔术：让对方任意想一个三位数，把这个三位数乘以 91 的乘积的末三位告诉我，我便能猜出对方原来想的数是多少。如果对方心里想的数是 123，那么对方就计算出 123 × 91 等于 11193，并把结果的末三位 193 告诉我。看起来，这么做似乎损失了不少信息，让我没法反推出原来的数。不过，我仍然有办法：只需要把对方告诉我的结果再乘以 11，乘积的末三位就是对方刚开始想的数了。你可以验证一下，193 × 11 = 2123，末三位正是对方所想的秘密数字！其实道理很简单，91 乘以 11 等于 1001，而任何一个三位数乘以 1001 后，末三位显然都不变（例如 123 乘以 1001 就等于 123123）。先让对方在他所想的数上乘以 91，假设乘积为 X；我再在 X 的基础上乘以 11，其结果相当于我俩合作把原数乘以了 1001，自然末三位又变了回去。然而，X 乘以 11 后的末三位是什么，只与 X 的末三位有关。因此，对方只需要告诉我 X 的末三位就行了，这并不会丢掉信息。站在数论的角度来看，上面这句话有一个更好的解释：由同余运算的基本性质可知，反正最后都要取除以 1000 的余数，在中途取一次余数不会有影响。知道原理后，我们可以构造一个定义域和值域更大的加密解密系统。比方说，任意一个数乘以 500000001 后，末 8 位都不变，而 500000001 = 42269 × 11829，于是你来乘以 42269，我来

跨越千年的 RSA 算法

乘以 11829，又一个加密解密不对称的系统就构造好了。这是一件很酷的事情：任何人都可以知道加密用的钥匙 42269，都可以按照我的方法加密一个数；但是只有我才拥有解密用的钥匙 11829，只有我才知道怎么把所得的密文变回去。在现代密码学中，数论渐渐地开始有了自己的地位。

不过，加密钥匙和解密钥匙不一样，并不妨碍我们根据加密方法推出解密方法来，虽然这可能得费些功夫。比方说，刚才的加密算法就能被破解：猜出对方心里想的数相当于求解形如 $(91x) \bmod 1000 = 193$ 的方程，这可以利用扩展的辗转相除法很快求解出来，根本不需要其他的雕虫小技（注意到 91 和 1000 是互质的，根据贝祖定理，方程确实保证有解）。为了得到一个可以公开加密钥匙的算法，我们还需要从理论上说服自己，在只知道加密钥匙的情况下构造出解密方法是非常非常困难的。

1970 年左右，科学家们开始认真地思考"公钥加密系统"（public-key cryptography）的可能性，这里面最有名的可能要数惠特菲尔德·迪菲（Whitfield Diffie）和马丁·赫尔曼（Martin Hellman）于 1976 年发表的论文《密码学的新方向》（*New Directions in Cryptography*）。这显然引起了罗纳德·李维斯特（Ronald Rivest）的注意。

李维斯特毕业于耶鲁大学数学系，随后跑到斯坦福大学计算机科学系研究人工智能，后来接受了在 MIT 任教的工作机会。也许是因为多年积累的科研氛围，他对新技术非常兴奋，大量阅读前沿文献。《密码学的新方向》提到了公钥加密的可能性，显然让李维斯特兴奋不已。李维斯特决心把迪菲和赫尔曼的构想变成现实。他很快找到了一个同盟，也就是隔壁办公室的阿迪·萨莫尔（Adi Shamir）。

萨莫尔是以色列人。他和李维斯特一样，学数学后转计算机科学进一步深造，毕业后以访问学者的身份来到 MIT。他很聪明，学习能力超强。虽然他在数学上的造诣颇深，但起初他在算法方面的知识十分匮乏。当他接到李维斯特关于算法高级课程讲授的邀请信时连连叫苦，教算法已经够呛了，还什么高级课程？虽然如此，他还是硬着头皮前往 MIT，之后很快投入到学习中，整天泡在图书馆，读了一书架关于算法的书籍，仅用两周便掌握了所需的知识。

萨莫尔一听说这篇论文就立刻意识到它的价值，两人一拍即合。他们很快意识到，要想把迪菲和赫尔曼的构想变成现实，关键就是找到一种真正不对称、真正不可逆的单向操作。两人头脑都很灵活，很快就想到了一些方案。伦纳德·阿德曼（Leonard Adleman）离他俩的办公室不远，在串门时知道了他俩的计划。阿德曼专攻理论计算机科学，显然对他俩的计划不感兴趣。但是，他俩还是会把找到的方案拿给阿德曼看，阿德曼的角色就是逐个击破这些方案，找出各种漏洞，给那两个头脑发热的人泼点冷水，免得他们走弯路。

起初，李维斯特和萨莫尔构造出来的算法很快就能被阿德曼破解，两人受到强烈的打击，以至于有一阶段他们走向了另一个极端，试图证明迪菲和赫尔曼的想法根本就是不可行的。但慢慢地，破解变得没那么容易，特别是他们的第32号方案，阿德曼用了一晚上才找出漏洞，这让他们感觉胜利就在眼前。

就这样，李维斯特和萨莫尔先后抛出了42个方案，虽然这42个方案全部被阿德曼击破，不过他们的努力并不算白费，至少指出了42条错误的路线。

1977年4月，李维斯特、萨莫尔和阿德曼参加了犹太逾越节的晚会，喝了不少的马尼舍维茨。李维斯特到家后睡不着觉，躺在沙发上随手翻了翻数学书，随后一个灵感逐渐清晰起来。他大气不敢出一口，冷静下来连夜整理自己的思路，一气呵成写就了一篇论文。次日，李维斯特把论文拿给阿德曼，做好再一次徒劳的心理准备，但这一次阿德曼认输了，认为这个方案应该是可行的。于是，这种方案以三人名字的首字母命名，即RSA算法。（其实，李维斯特原本打算按照字母顺序列出三个人的名字，因而RSA算法原本应该叫作ARS算法。但是，阿德曼认为自己的贡献微乎其微，坚持要把自己的名字去掉。大家研究了一番，最终把阿德曼的名字挪到了最后。作为一个理论计算机科学家，阿德曼觉得这篇论文或许是他所参与过的最没意思的论文。不过，李维斯特和萨莫尔显然不这么认为。后来，阿德曼继续在理论领域做研究，并于1994年搞出了DNA计算。李维斯特和萨莫尔则继续奋战在密码学领域的最前线，这两个名字也还会继续出现在本书的下一章中。）

RSA算法为什么能成呢？RSA算法之所以能成，关键就在于，它用到了一种非常犀利的不对称性——大数分解难题。

为了判断一个数是不是质数，最笨的方法就是试除法——看它能不能被 2 整除，如果不能再看它能不能被 3 整除，这样不断试除上去。直到除遍了所有比它小的数，都还不能把它分解开来，它就是质数了。但是，试除法的速度太慢了，我们需要一些高效的方法。费马素性测试（Fermat primality test）就是一种比较常用的高效方法，它基于如下原理：费马小定理对一切质数都成立。回想费马小定理的内容：如果 n 是一个质数，那么对于任意一个数 a，a 的 n 次方减去 a 之后都将是 n 的倍数。为了判断 209 是不是质数，我们随便选取一个 a，比如 38。结果发现，$38^{209} - 38$ 除以 209 余 114（稍后我们会看到，即使把 209 换成上百位的大数，利用计算机也能很快算出这个余数来），不能被 209 整除。于是，209 肯定不是质数。我们再举一个例子。为了判断 221 是不是质数，我们随机选择 a，比如说还是 38 吧。你会发现 $38^{221} - 38$ 除以 221 正好除尽。那么，221 是否就一定是质数了呢？麻烦就麻烦在这里：这并不能告诉我们 221 是质数，因为费马小定理毕竟只说了对一切质数都成立，但没说对其他的数成不成立。万一 221 根本就不是质数，但 $a = 38$ 时碰巧也符合费马小定理呢？为了保险起见，我们不妨再选一个不同的 a 值。比方说，令 $a = 26$，可以算出 $26^{221} - 26$ 除以 221 余 169，因而 221 果然并不是质数。这个例子告诉了我们，如果运气不好，所选的 a 值会让不是质数的数也能骗过检测，虽然这个概率其实并不大。因此，我们通常的做法便是，多选几个不同的 a，只要有一次没通过测试，被检测的数一定不是质数，如果都通过测试了，则被检测的数很可能是质数。没错，费马素性测试的效率非常高，但它是基于一定概率的，有误报的可能。如果发现某个数 n 不满足费马小定理，它一定不是质数；但如果发现某个数 n 总能通过费马小定理的检验，只能说明它有很大的几率是质数。

费马素性测试真正麻烦的地方就是，居然有这么一种极其特殊的数，它不是质数，但对于任意的 a 值，它都能通过测试。这样的数叫作"卡迈克尔数"（Carmichael number），它是以美国数学家罗伯特·卡迈克尔（Robert Carmichael）的名字命名的。最小的卡迈克尔数是 561，接下来的几个则是 1105, 1729, 2465, 2821, 6601, 8911, … 这样的数虽然不多，但很致命。因此，在实际应用时，我们通常会选用米勒–拉宾素性测试（Miller-Rabin primality test）。这个算法以美国计算机科学家加里·米勒（Gary Miller）的研究成果为基础，由以色列计算机科学家迈克尔·拉宾（Michael Rabin）提出，时间大约是 1975 年。它可以看作是对费马素性测试的改良。如果选用了 k 个不同的 a 值，那么米勒–拉宾素性测试算法出现误判的概率不会超过 $1/4^k$，足以应付很多现实需要了。

有没有什么高效率的、确定性的质数判定算法呢？有，不过这已经是很久以后的事情了。2002 年，来自印度理工学院坎普尔分校的阿格拉瓦尔（M. Agrawal）、卡亚勒（N. Kayal）和萨克斯泰纳（N. Saxena）发表了一篇重要的论文 PRIMES is in P，给出了第一个确定性的、时间复杂度为多项式级的质数判定算法。这个算法以三人名字的首字母命名，叫作 AKS 素性测试。不过，已有的质数判断算法已经做得很好了，因此对于 AKS 来说，更重要的是它的理论意义。

有了判断质数的算法，要想生成一个很大的质数也并不困难了。一种常见的做法是，先选定一串连续的大数，然后去掉其中所有能被 2 整除的数，再去掉所有能被 3 整除的数，再去掉所有能被 5 整除的数……直到把某个范围内（比如说 65000 以内）的所有质数的倍数都去掉。剩下的数就不多了，利用判断质数的算法对其一一测试，不久便能找出一个质数来。

怪就怪在，我们可以高效地判断一个数是不是质数，可以高效地生成一个很大的质数，但却始终找不到高效的大数分解方法。任意选两个比较大的质数，比如 19394489 和 27687937。我们能够很容易计算出 19394489 乘以 27687937 的结果，它等于 536993389579193；但是，除了试除法，目前还没有什么本质上更有效的方法（也很难找到更有效的方法）能够把 536993389579193 迅速分解成 19394489 乘以 27687937。这种不对称性很快便成了现代密码学的重要基础。让我们通过一个有趣的例子来看看，大数分解的困难性是如何派上用场的吧。

假如你和朋友用短信吵架，最后决定抛掷硬币来分胜负，正面表示你获胜，反面表示对方获胜。问题来了——两个人如何通过短信公平地抛掷一枚硬币？你可以让对方真的抛掷一枚硬币，然后将结果告诉你，不过前提是，你必须充分信任对方才行。在双方互不信任的情况下，还有办法模拟一枚虚拟硬币吗？在我们的生活中，有一个常见的解决方法：考你一道题，比如"明天是否会下雨"、"地球的半径是多少"或者《新华字典》第 307 页的第一个字是什么"，猜对了就算你赢，猜错了就算你输。不过，上面提到的几个问题显然都不是完全公平的。我们需要一类能快速生成的、很难出现重复的、解答不具技巧性的、猜对猜错几率均等的、具有一个确凿的答案并且知道答案后很容易验证答案正确性的问题。大数分解为我们构造难题提供了一个模板。比方说，让对方选择两个 90 位的大质数，或者三个 60 位的大质数，然后把乘积告诉你。无论是哪种情况，你都会得到一个大约有 180 位的数。你需要猜测这个数究竟是两个质数乘在一起得来的，还是三个质数乘在一起得来的。猜对了就算正面，你赢；猜错了就算反面，对方赢。宣布你的猜测后，让对方公开他原先想的那两个数或者三个数，由你来检查它们是否确实都是质数，乘起来是否等于之前给你的数。

大数分解难题成为了 RSA 算法的理论基础。

所有工作都准备就绪，下面我们可以开始描述 RSA 算法了。

首先，找两个质数，比如说 13 和 17。实际使用时，我们会选取大得多的质数。把它们乘在一起，得 221。再计算出 $(13-1) \times (17-1) = 192$。根据上一节里的结论，任选一个数 a，它的 i 次方除以 221 的余数将会呈现长度为 192 的周期（虽然可能存在更短的周期）。换句话说，对于任意的一个 a，$a, a^{193}, a^{385}, a^{577}, \cdots$ 除以 221 都拥有相同的余数。注意到，385 可以写成 11×35……嘿嘿，这下我们就又能变数学小魔术了。叫一个人随便想一个不超过 221 的数，比如 123。算出 123 的 11 次方除以 221 的余数，把结果告诉你。如果他的计算是正确的，你将会得到 115 这个数。看上去，我们似乎很难把 115 还原回去，但实际上，你只需要计算 115 的 35 次方，它除以 221 的余数就会变回 123。这是因为，对方把他所想的数 123 连乘了 11 次，得到了一个数 X；你再把这个 X 乘以自身 35 次，这相当于你们合作把 123 连乘了 385 次，根据周期性现象，它除以 221 的余数仍然是 123。然而，计算 35 个 X 连乘时，反正我们要取乘积除以 221 的余数，因此我们不必完整地获知 X 的值，只需要知道 X 除以 221 的余数就够了。因而，让对方只告诉你 X 取余后的结果，不会造成信息的丢失。

不过这一次，只知道加密方法后，构造解密方法就难了。容易看出，35 之所以能作为解密的钥匙，是因为 11 乘以 35 的结果在数列 193, 385, 577, … 当中，它除以 192 的余数正好是 1。因此，攻击者可以求解 $(11x) \bmod 192 = 1$，找出满足要求的密钥 x。但关键是，他怎么知道 192 这个数？要想得到 192 这个数，我们需要把 221 分解成 13 和 17 的乘积。当最初所选的质数非常非常大时，这一点是很难办到的。

根据这个原理，我们可以选择两个充分大的质数 p 和 q，并算出 $n = p \cdot q$。接下来，算出 $m = (p-1)(q-1)$。最后，找出两个数 e 和 d，使得 e 乘以 d 的结果除以 m 余 1。怎么找到这样的一对 e 和 d 呢？很简单。首先，随便找一个和 m 互质的数（这是可以做到的，比方说，可以不断生成小于 m 的质数，直到找到一个不能整除 m 的为止），把它用作我们的 e。然后，求解关于 d 的方程 $(e \cdot d) \bmod m = 1$（就像刚才攻击者想要做的那样，只不过我们有 m 的值而他没有）。贝祖定理将保证这样的 d 一定存在。

　　好了，现在，e 和 n 就可以作为加密钥匙公之于众，d 和 n 则是只有自己知道的解密钥匙。因而，加密钥匙有时也被称作公钥，解密钥匙有时也被称作私钥。任何知道公钥的人都可以利用公式 $c = a^e \bmod n$ 把原始数据 a 加密成一个新的数 c；私钥的持有者则可以计算 $c^d \bmod n$，恢复出原始数据 a 来。不过这里还有个大问题：e 和 d 都是上百位的大数，怎么才能算出一个数的 e 次方或者一个数的 d 次方呢？显然不能老老实实地算那么多次乘法，不然效率实在太低了。好在，"反复平方"可以帮我们快速计算出一个数的乘方。比方说，计算 a^{35} 相当于计算 $a^{34} \cdot a$，也即 $(a^{17})^2 \cdot a$，也即 $(a^{16} \cdot a)^2 \cdot a$，也即

$$\left(\left(a^8\right)^2 \cdot a\right)^2 \cdot a$$

最终简化为

$$\left(\left(\left(\left(a^2\right)^2\right)^2\right)^2 \cdot a\right)^2 \cdot a$$

因而 7 次乘法操作就够了。在简化的过程中，a 的指数以成半的速度递减，因而在最后的式子当中，所需的乘法次数也是对数级的，计算机完全能够承受。不过，减少了运算的次数，并没有减小数的大小。a 已经是一个数十位上百位的大数了，再拿 a 和它自己多乘几次，很快就会变成一个计算机内存无法容纳的超级大数。怎么办呢？不用担心，考虑到我们只需要知道最终结果除以 n 的余数，因而我们可以在运算过程中边算边取余，每做一次乘法都只取乘积除以 n 的余数。这用到了同余运算的基本性质。这样一来，我们的每次乘法都是两个 n 以内的数相乘了。利用这些小窍门，计算机才能在足够短的时间里完成 RSA 加密解密的过程。

　　RSA 算法实施起来速度较慢，因此在运算速度上的任何一点优化都是有益的。利用中国剩余定理，我们还能进一步加快运算速度。我们想要求

的是 a^{35} 除以 n 的余数，而 n 是两个质数 p 和 q 的乘积。由于 p 和 q 都是质数，它们显然也就互质了。因而，如果我们知道 a^{35} 分别除以 p 和 q 的余数，也就能够反推出它除以 n 的余数了。因此，在反复平方的过程中，我们只需要保留所得的结果除以 p 的余数和除以 q 的余数即可，运算时的数字规模进一步降低到了 p 和 q 所在的数量级上。到最后，我们再借助"今有物，不知其数"的求解思路，把这两条余数信息恢复成一个 n 以内的数。更神的是，别忘了，a^i 除以 p 的余数是以 $p-1$ 为周期的，因此为了计算 $a^{35} \bmod p$，我们只需要计算 $a^{35 \bmod (p-1)} \bmod p$ 就可以了。类似地，由于余数的周期性现象，计算 $a^{35} \bmod q$ 就相当于计算 $a^{35 \bmod (q-1)} \bmod q$。这样一来，连指数的数量级也减小到了和 p、q 相同的水平，RSA 运算的速度会有明显的提升。

需要注意的是，RSA 算法的安全性并不完全等价于大数分解的困难性（至少目前我们还没有证明这一点）。已知 n 和 e 之后，不分解 n 确实很难求出原始数据 a 来。但我们并不能排除，有某种非常巧妙的方法可以绕过大数分解，不去求 p 和 q 的值，甚至不去求 m 的值，甚至不去求 d 的值，而直接求出原始数据 a。不过，即使考虑到这一点，目前人们也没有破解原始数据 a 的好办法。RSA 算法经受住了实践的考验，并逐渐成为了行业标准。如果 A、B 两个人想要建立会话，那么我们可以让 A 先向 B 索要公钥，然后想一个两人今后通话用的密码，用 B 的公钥加密后传给 B，这将只能由 B 解开。因此，即使窃听者完全掌握了双方约定密码时传递的信息，也无法推出这个密码是多少来。

上述方案让双方在不安全的通信线路上神奇地约定好了密码，一切看上去似乎都很完美了。然而，在这个漂亮的解决方案背后，有一个让人意想不到的、颇有些喜剧色彩的漏洞——中间人攻击（man-in-the-middle attack）。在 A、B 两人建立会话的过程中，攻击者很容易在线路中间操纵信息，让 A、B 两人误以为他们是在直接对话。让我们来看看这具体是如何操作的吧。建立会话时，A 首先呼叫 B 并索要 B 的公钥，此时攻击者注意到了这个消息。当 B 将公钥回传给 A 时，攻击者截获 B 的公钥，然后把他自己的公钥传给 A。接下来，A 随便想一个密码，比如说 314159，然后用他所收到的公钥进行加密，并将加密后的结果传给 B。A 以为自己加密时用的是 B 的公钥，但他其实用的是攻击者的公钥。攻击者截获 A 传出来的信息，用自己的私钥解出 314159，再把 314159 用 B 的公钥加密后传给 B。B 收到信息后不会发现什么异样，因为这段信息确实能用 B 的私钥解开，而且确实能解出正确的信息 314159。今后，A、B 将会用 314159 作为密码进行通话，而完全不知道有攻击者已经掌握了密码。

怎么封住这个漏洞呢？我们得想办法建立一个获取对方公钥的可信渠道。一个简单而有效的办法就是，建立一个所有人都信任的权威机构，由该权威机构来储存并分发大家的公钥。这就是我们通常所说的"数字证书认证机构"（Certificate Authority，通常简称 CA）。任何人都可以申请把自己的公钥放到 CA 上去，不过 CA 必须亲自检查申请者是否符合资格。如果 A 想要和 B 建立会话，那么 A 就直接从 CA 处获取 B 的公钥，这样就不用担心得到的是假的公钥了。

新的问题又出来了：那么，怎么防止攻击者冒充 CA 呢？CA 不但需要向 A 保证"这个公钥确实是 B 的"，还要向 A 证明"我确实就是 CA"。

把加密钥匙和解密钥匙称作"公钥"和"私钥"是有原因的——有时候，私钥也可以用来加密，公钥也可以用来解密。容易看出，既然 a 的 e 次方的 d 次方除以 n 的余数就回到了 a，那么当然，a 的 d 次方的 e 次方除以 n 的余数也会变回 a。于是，我们可以让私钥的持有者计算 a 的 d 次方除以 n 的余数，对原文 a 进行加密；然后公钥的持有者取加密结果的 e 次方除以 n 的余数，这也能恢复出原文 a。但是，用我自己的私钥加密，然后大家都可以解密，这有什么用处呢？不妨来看看这样"加密"后的效果吧：第一，貌似是最荒谬的，大家都可以用我的公钥解出它所对应的原始文件；第二，很关键的，大家只能查看它背后的原文件，不能隔着它去修改它背后的原文件；第三，这样的东西是别人做不出来的，只有我能做出来。

这些性质正好完美地描述出了"数字签名"（digital signature）的实质，刚才的 CA 难题迎刃而解。CA 首先生成一个自己的公钥私钥对，然后把公钥公之于众。之后，CA 对每条发出去的消息都用自己的私钥加个密作为签名，以证明此消息的来源是真实的。收到 CA 的消息后，用 CA 的公钥进行解密，如果能恢复出 CA 的原文，则说明对方一定是正宗的 CA。因为，这样的消息只有私钥的持有者才能做出来，它上面的签名是别人无法伪造的。至此，建立安全的通信线路终于算是有了一个比较完美的方案。

实际应用中，建立完善的安全机制更加复杂。并且，这还不足以解决很多其他形式的网络安全问题。随便哪个简单的社交活动，都包含着非常丰富的协议内涵，在互联网上实现起来并不容易。比方说，如何建立一个网络投票机制？这里面的含义太多了：我们需要保证每张选票确实都来自符合资格的投票人，我们需要保证每个投票人只投了一票，我们需要保证投票人的选票内容不会被泄露，我们需要保证投票人的选票内容不会被篡改，我们还需要让唱票环节足够透明，让每个投票人都确信自己的票被算了进去。作为密码学与协议领域的基本模块，RSA 算法随时准备上阵。古希腊数学家对数字执着的研究，直到今天也仍然绽放着光彩。

5

密码学与协议

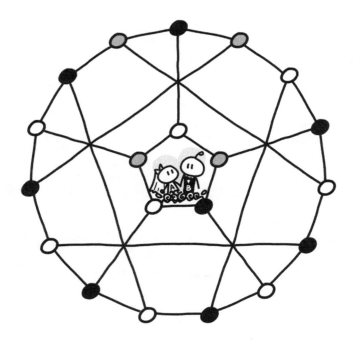

散列函数与承诺方案

2011 年 6 月 12 日贵州卫视的《亮剑》节目中，神秘嘉宾杜先生宣称自己能与外星人交流，并因此获得了很多来自未来的信息。杜先生宣称自己不但成功预言了近期发生的多次地震，而且掌握了未来诸多地震的时间和地点信息。同台的一位"打假剑客"显然认为这是天方夜谭，他颇有些激动地说："你能不能把下一次发生地震的时间给我？"然而，杜先生的回答却是"现在不能公布"，"有些东西是保密的"。

好一个预言者，虽然能预知未来，却由于种种限制，没法说出来！那么，如果你遇上了这样的人，你打算怎样去验证对方是否真的有预知未来的能力呢？

其中一种最容易想到的方法便是，叫对方把他的预言写在一张纸条上，并且锁在一个不透明的箱子里，然后由你来保管箱子，但由他来保管钥匙。这样的话，对方无法修改自己之前做出的预言，你也无法偷看到这个预言的内容。对方只需要在预言兑现之后主动交出钥匙，你便能打开箱子查看当年他写的东西，核实他的预言能力了。

但是，这种方法无法在网络上实施。如果你在网上遇到了一个自称能预言未来却不能公布预言内容的人，你又该如何验证他的超能力呢？你或许会说，为何不像刚才那样，让他把预言装进"箱子"，给它上一把"锁"，然后"箱子"归你，"钥匙"归他呢？具体地说，你可以让他给预言信息加密，然后把加密结果给你；加密的方法则由他自己保管，留待以后公布。这个方案看上去似乎不错。于是，你和他之间或许会有这样的一番对话。

你：如果你能预知未来，那你就证明给我看啊！

对方：不行，这些信息是保密的，现在不能公布。

你：那你看这样行不行，你写出某个两年之内必然会发生的事情，以及这件事发生的准确日期。然后，你用一种保证我无法破解的加密方法对它进行加密，并且把加密后的结果告诉我。两年之后，你预言的事件就应该已经发生过了，届时你再公布此刻的加密方法，我看看你是否成功做出了正确的预言。

对方：好……那你记住了，加密后的结果是 202573091246。

（两年后）

你：可以公布你当年的预言内容及加密方法吗？

对方：可以。我的预言内容是202205164128，意即2022年5月16日A股大盘收盘于4128点。我的加密方法是，在这个数字串上面加上367926518，从而得到密文。你可以把当年我给你的那个数减去367926518，看看是不是202205164128。

很容易看出这里面的问题：对方可以谎报自己的加密方法，让你手中的密文解开以后变成任何他想让你看到的结果。那么，为了阻止他赖皮，能否由你们二人共同商定加密所用的方法呢？这似乎也不行——由于你的手里掌握了加密的方法，因而对方的预言内容将毫无秘密可言，这对他又不公平了。

等等，那么是否有可能让你们共同商定加密所用的方法，但即使这样，你也无法解密呢？这样的话，对方就能放心地把密文交给你，毕竟你无法通过加密后的结果，反推出加密前的原始信息。另外，虽然你无法解开密文，但也不会担心对方赖皮。到时候，你只需要向对方索要此刻的原始信息，并自己拿它走一遍加密流程，与你收到的结果进行对比，就知道对方是否赖皮了。

这总会让我想起德国大数学家卡尔·弗里德里希·高斯（Carl Friedrich Gauss）小时候的故事。据说，高斯读小学的时候非常调皮，老师便让他计算 $1 + 2 + \cdots + 100$ 的值，然而高斯却在数秒内算出了正确的结果。其实，这位老师实在有些失策。要想出一道难题来镇住学生，是非常容易的。他只需要编写一个稍微复杂一点的代数式，比如 $x^2 - 3x - 1/x$；然后随便令 x 等于某个数，比如3.2，并算出此时代数式的值。他就可以对学生说："如果你觉得你厉害，那我问你，当 x 等于什么数时，$x^2 - 3x - 1/x$ 正好等于0.3275？"要想解出这个方程，自然需要用到很多怪异的技巧，学生自然是束手无策，只好让老师公布答案。老师便说，答案是 $x = 3.2$。学生把 $x = 3.2$ 代入原式，发现它果然是一个正确的解，于是便输得心服口服了。

不过，已知 $x^2 - 3x - 1/x = 0.3275$，要想反解出 x 的值，多少还是有希望的。我们完全可以再狠一点：令 $f(x)$ 等于把 x 的算术平方根的3倍的正弦值的小数点后8位和 x 的自然对数的 π 倍的余弦值的小数点后8位加在一起后的结果。当 x 分别为 $1, 2, 3, 4, 5$ 时，$f(x)$ 的值分别为 $24112000, 146191549, 183764543, 62908357, 74941368$，可见函数 f 的结果多么飘忽不定。

你们可以共同约定，把这个函数 f 用作加密函数。如果对方的原始信息可以编码为数字串 t，那么他可以毫无顾忌地把 $f(t)$ 的值发送给你。当你收到 116111569 以后，你无论如何都不会料到，他心里想的原始数据是 $t = 256257282931$。当对方公布了原始数据 $t = 256257282931$ 之后，你只需要算出 $f(t)$ 的值，发现所得的结果确实是 116111569，便能基本确认原始数据的真实性了。值得注意的是，函数 $f(x)$ 能把任何数字串都变成一个 0 到 199999998 之间的整数，因此必然会出现不同的原始数据加密成同一结果的情况。这就意味着，这种加密方法是会丢掉原始信息的（其实，正因为这样，"无法反推出原始信息"的要求才又多了一重保障）。我们不妨把这种不可逆的加密方法叫作"单向加密"（one-way encryption），加密所用的函数则通常被称为"散列函数"（hash function，又译作"哈希函数"）。

密码学家们构造出了很多更标准、更可靠的散列函数。MD5 就是一种非常常用的散列函数，它是由罗纳德·李维斯特在 1991 年设计的。（等等，李维斯特这个名字怎么那么熟悉？没错，他就是 RSA 中的那个 R。）这个散列函数可以对任意长度的原始数据进行一番更猛烈的折腾，最后将其转换为一个 32 位的十六进制数。为了能够处理任意长度的数据，并产生足够混乱的输出结果，MD5 算法利用了很多散列函数都在使用的墨克–达姆高构造（Merkle-Damgård construction）：把数据每 512 个 bit 分成一组，然后对第一组数据进行 MD5 指定的变换，将结果加入第二组数据参与同样的运算，所得结果再加进第三组数据，以此类推，不断迭代直到得出最终结果。若剩下的一组不足 512 个 bit，则在整个数据末尾添加一个"1"，然后添"0"补足。为了进一步加强算法，当添"0"添到还剩 64 个 bit 时，必须在此填进一个 64 位整数，代表原始数据的总长（如果原始数据的总长超过了 2^{64}，则只记录它除以 2^{64} 的余数）。这样一来，数据任何地方的任何微不足道的差异，都会影响到整个输出结果。例如，本文第一段的 MD5 值（从"2011"到最后的句号）是 58c329f158c934433ad5749450374cf7，如果在其最后多加一个空格，MD5 值就变成了 f1e7d51bd3f94ecfc0475ff5183b08d6。

由于其单向性，这些散列函数不能用于普通的信息加密传输，但它们有很多其他的应用，比如刚才我们看到的例子——设计一种让对方今后无法抵赖的承诺方案（commitment scheme）。

不过，上述承诺方案有一个局限性：如果他宣称自己能预测决赛中的哪支球队会获胜，或者某只特定的股票会涨还是会跌，上述方法就有漏洞了。固然，你们可以约定，数字 1 表示股票会涨，数字 2 表示股票会跌，然后让对方用约定好的散列函数把他的预测结果加密发过来。这种做法对他又不公平了——如果他告诉你的结果是 c4ca4238a0b923820dcc509a6f75849b，那你只需要分别试一下 1 和 2 加密后得多少，就知道原始数据是 1 还是 2 了。原始数据的取值太有限，让穷举式的"暴力破解"变得易如反掌。怎么办呢？其中一种思路就是，想办法扩大原始数据的取值范围。比如，约定以 1 结尾的数都表示股票会涨，以 2 结尾的都表示股票会跌。假如对方预测股票会涨，那么他可以在数字 1 的前面添加一串毫无意义的随机串，再对其进行加密，这下你便无法暴力破解了。不过，这样一来，对方又有赖皮的机会了：他可以精心构造出"两可解"的情况。刚才我们说了，散列函数可能把不同的原始信息加密成同一个结果，因此完全有可能出现这样两个数，它们一个以 1 结尾，一个以 2 结尾，但加密后的结果相同。对方可以给出这个加密结果，并在协议后期宣布对自己有利的那个原始数。

虽然找到这样的例子可能会很难。

不过，人才总是有的，再不可能的事也有人办到。1996 年 11 月 5 日，美国总统大选日，竞争主要发生在民主党人克林顿与共和党人鲍勃·多尔之间。这天早晨，《纽约时报》像往常一样刊登了一个纵横字谜，奇怪的是，正中间那一行是两个长度均为 7 的单词，根据提示这两个单词连在一块儿就是"明天报纸的头条新闻"。可以推出，后一个单词是 ELECTED（赢选），但是前一个单词是什么？当日晚上，大选结果出炉，克林顿以 379 对 159 的优势击败对手获得连任。第二天早晨，《纽约时报》也公布了昨日谜题的答案，中间一行正是 CLINTON ELECTED（克林顿赢选）。

纽约时报是怎么预测到大选结果的？其实秘密很简单——这个纵横字谜有两个解，在 CLINTON 的位置填写 BOBDOLE（鲍勃·多尔）也是完全满足要求的。这看上去很不可思议，因为每一个字母的改变都会连带着影响到该列的单词，甚至产生连锁反应，推翻整个局面。然而，天才的纵横字谜作者杰里迈亚·法雷尔（Jeremiah Farrell）就做到了——他在相关的地方巧妙地设计了一系列非常漂亮的单词提示。例如，总统名字的第一个字母所在列的单词提示是"黑色的万圣节动物"，答案既可以是 CAT（猫），

　　　　　　　　　　　　　　　　　　　　密码学与协议

又可以是 BAT（蝙蝠），填 C 和 B 都是可以的。

这个故事的程序员版在 2007 年 11 月 30 日重新上演。几个密码学家在一个网站上宣布，他们利用一台 PlayStation 3 游戏机成功地预测了 2008 年美国大选结果，并给出了一个带有防欺骗的承诺：他们已经写好了一个说明预测结果的文档，文档的 MD5 值为 3d515dead7aa16560aba3e9df05cbc80。其实，这些人已经编好了 12 份 PDF 文档，分别描述了 12 种不同的预测，但它们的 MD5 值都是刚才那串十六进制数！你可以在 *http://res.broadview.com.cn/41422/0/2* 下载到这 12 份奇特的文档。

找到这样的"散列冲突"显然更加困难，尤其是考虑到这里使用的是更庞大更专业的散列函数。MD5 的输出结果是一个 32 位的十六进制数，这大概有 340 万亿亿亿亿亿种可能性；并且，MD5 的函数运算过程足够混乱，原始数据的任何一处细微变化都会被放大。因此，精心构造出 MD5 函数值的冲突似乎是极其不可能的事。然而，2005 年，我国的王小云等人演示了一种实用的 MD5 冲突构造法，MD5 从此变得不再安全。随后，不断有人提出了构造 MD5 冲突的算法，使得在普通笔记本电脑上构造 MD5 冲突的时间从数小时减少到了数秒。不过，如此找到的冲突数据，往往都是一些看上去毫无意义的随机串。更具实用价值的是，2007 年马克·史蒂文斯（Marc Stevens）、阿尔延·伦斯特拉（Arjen Lenstra）和本内·德韦赫尔（Benne de Weger）发现的一种可以任意指定前缀的冲突构造方法。也就是说，任意给定两段数据 P_1 和 P_2，利用他们的方法可以在一到两天的时间内找到两个后缀 S_1 和 S_2，使得 $P_1 + S_1$ 和 $P_2 + S_2$ 的 MD5 值是相同的（这里"+"表示字符串连接）。于是，就是这些人，他们准备了 12 份内容不同的 PDF 文件作为指定前缀，并在每个文件的末尾都预留了一个隐藏的 bitmap 图片元素，然后两两构造冲突，所得后缀正好填进隐藏的 bitmap 元素里。这样一来，他们便得到了 6 对 MD5 值相同的文件，$P_1 + S_1$ 和 $P_2 + S_2$，$P_3 + S_3$ 和 $P_4 + S_4$，一直到 $P_{11} + S_{11}$ 和 $P_{12} + S_{12}$。他们构造冲突时有意加了一条限制：所有的 $P_i + S_i$ 长度都必须相同，并且都是 512 个 bit 的整数倍。

MD5 算法有一个非常隐蔽的缺陷：假如有两段 MD5 值相同的数据，如果这两段数据的长度相等，并且都是 512 个 bit 的整数倍（即数据正好成组），那么加上任意一串相同的后缀后，两段数据的 MD5 值仍然相同。这都得怪墨克–达姆高的按组依次迭代结构：若某次迭代后的结果相同，正好此后的数据也完全一致，那么后面的一切都唯一确定了。于是我们便可以继续套用冲突构造算法寻找 S_{13} 和 S_{14}，使得 $P_1 + S_1 + S_{13}$、$P_3 + S_3 + S_{14}$ 的 MD5 值相同，这样 $P_2 + S_2 + S_{13}$ 和 $P_4 + S_4 + S_{14}$ 也都自动地拥有了同样的 MD5 值。同时，构造这轮冲突时需要保证所得数据的长度仍然相同并都等于 512 的整倍数，从而让 MD5 值已经相同的数据今后不会被破坏掉，以便让这个小伎俩可以继续使用下去。12 重冲突全部构造完毕后，再在每个文档末尾添加相同的文件尾，最后便能得到 12 份合法的 PDF 文档。它们的 MD5 值全都相同，但所含内容截然不同。

因此，作为散列函数，MD5 已经不再安全了。一个安全的散列函数必须是"抗冲突"的（collision resistant）。从这个角度来讲，由美国国家安全局设计的 SHA-1 更加安全一些。因此，如果下次再遇到网上有人宣称能够预言某只特定股票的走势，你就可以让他编写一个数字串，并约定末尾是数字 1 表示股票会涨，末尾是数字 2 表示股票会跌，然后让他把整个数字串用 SHA-1 加密发送过来。股票发生明显波动后，再让对方把加密前的数字串发过来供你检验。这样的话，对方就没有理由担心秘密提早泄露，你也不用担心"两可解赖皮法"的问题了。如果还不放心，你还可以在每次实施协议时，都要求对方编写的数字串必须满足某个古怪而苛刻的要求（比如以 4815162342 打头），让对方手中即使有一套两可解也没法派上用场。这样一来，整个承诺方案就完美了。

其实，承诺方案并不只在揭穿超能力者的时候才有用，在生活当中的很多其他地方也是有用的。在上一章里，我们提出过这样一个问题：两个人如何通过短信公平地抛掷一枚硬币？当时，我们利用大数分解难题巧妙地解决了这个问题，不过这个问题还有很多其他的解法。比方说，你可以让对方从 A 和 B 中随机选择一个字母，然后利用上述承诺方案，把选好的字母以加密的方式发送给你。然后，由你猜测对方选择的字母究竟是哪个，猜对了就视硬币抛掷结果为正，猜错了就视硬币抛掷结果为反。最后，让对方公布自己加密前的原始数据，以验证结果的真实性。

一类被称为"零知识证明"（zero-knowledge proof）的问题也会大量地用到承诺方案。设想你和某个好友在网上看见了这么一道有奖智力题：用红、绿、蓝三种不同的颜色为图 1 中的每一个点染色，使得任意两个用线条直接相连的点拥有不同的颜色。晚上回到家后，你终于做出了这道题，并得意地给你的好友发送消息："我已经做出来了！"你的好友自然不愿相信，让你把答案发过去，证明你确实做出来了。你虽然很想炫耀你的成果，却担心答案被泄露。你能否设计一种方法，使得对方能够相信你确实做出了这道题，而又不告诉他答案是什么呢？

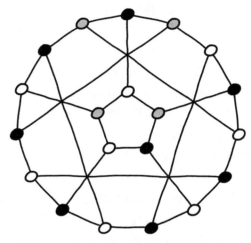

图 1　一个包含有 20 个顶点的图，以及它的一种顶点三染色方案

我们刚才的承诺方案就派上用场了。图 1 里一共有 20 个点，不妨把它们分别编号为 1, 2, …, 20（究竟哪个点编哪个号，这可以由你们事先商定好）。注意，如果你真的有了一个答案，把红、绿、蓝三种颜色置换一下，你会立即得到另外 5 种染色方案。从 6 种（本质相同的）染色方案中随机选一种染色方案，然后把每个顶点对应什么颜色列举出来，得到 20 条不同的信息，比如：

$$1–R, 2–G, 3–B, …, 19–R, 20–R$$

接下来，利用前面的承诺方案，分别对这 20 条信息进行加密，然后把这 20 份密文一同发给对方。对方任意选取两个有线条相连的点，报出它们的编号，并要求查看它们的颜色。你便把他所选的两个点所对应的原始信息发给他，让他验证其颜色确实是不同的，并且与事先的承诺相符。反复执行上面的全过程，对方就会越来越相信你的确已经获得了答案，否则你不可能每次都能骗到他。你也能确信答案不会被泄露，因为你发给对方的染色方案在不断变换，而且对方每次只能看到其中两个相邻点的颜色。对方看到的结果将会等可能地属于 (R, G)、(G, R)、(R, B)、(B, R)、(G, B)、(B, G) 之一，除了得知这两个点的颜色确实不同以外，他无法得知任何其他的信息。

在网络中，散列函数还有很多其他的用途。首先，散列函数可以当作校验和（checksum）使用。如果有人传给了你一段数据，你怎么才能知道你收到的是否和原始文件一模一样呢？万一有个别字节传错了怎么办？一个简单的方法是再传一遍比较一下，然而这种方法耗费成本太大。更聪明的方法则是，用某种公开的、标准的、确定性的算法生成文档的"摘要"或者"指纹"，文档中任何细微的差异都会让"摘要值"或者"指纹值"改头换面。双方只需要算出各自手中的文件所对应的值，比一比这个值便能确定是否是同一份文件了。大多数散列函数都能承担这样的作用。在网上发布一个应用程序时，作者往往会公布文件的 MD5 值或者 SHA-1 值，方便大家下载后检验文件的完整性和正确性，避免有攻击者别有用心地替换掉原始文件。

在服务器上储存用户密码时，我们往往会避免直接储存密码明文，而是储存密码的散列值。用户登录时提供的密码只要散列之后与服务器所存的相符，即可通过身份验证。这样做的好处就是，即使攻击者获得了数据库上储存的散列值，也无法反推出满足要求的密码。不过，对于常用的密码，网络上有很多预先算出的"常见密码 MD5 值表"可供反查，这种庞大的表格俗称"彩虹表"（rainbow table）。另外一个小缺陷则是，如果两个密码的散列值相同，我们可以得出这两个账户的密码也是相同的，虽然不知道具体密码是什么，但这一信息也足以产生危害。所有这些缺陷都可以用一种俗称"加盐"（salt）的方法来解决，即在用户设定密码时，服务器自动为用户密码添加一个随机前缀，然后把"前缀 + 密码"的散列结果与前缀本身都储存起来。如果用户登录时提供的密码加上他的随机前缀后，散列值正好能对上，即通过身份验证。这种方法将会有效地防御字典式的攻击。

有限域上的多项式插值与秘密共享协议

2014 年浙江省宁波市数学中考解答题第 23 题第 1 小问的题目如下：

已知二次函数 $y = ax^2 + bx + c$ 的图像过 $A(2,0)$、$B(0,-1)$ 和 $C(4,5)$ 三点。求这个二次函数的解析式。

二次函数是初三数学学习中最重要的知识点之一，"已知三点求解析式"则是一种非常经典的题型，它有一种非常固定的解法。将 A、B、C 三个点的坐标分别代入二次函数，可以得到关于 a、b、c 的三个等量关系：

$$0 = a \cdot 2^2 + b \cdot 2 + c$$
$$-1 = a \cdot 0^2 + b \cdot 0 + c$$
$$5 = a \cdot 4^2 + b \cdot 4 + c$$

整理可得：

$$4a + 2b + c = 0$$
$$c = -1$$
$$16a + 4b + c = 5$$

解得 $a = 1/2, b = -1/2, c = -1$。因而，这个二次函数的解析式便是 $y = (1/2)x^2 + (-1/2)x + (-1)$。

求出经过若干个给定点的多项式函数，这类问题有一个专门的名字，叫作"多项式插值"（polynomial interpolation）。读中学的时候，我一直以为，上述解答过程就是这类问题的标准解法；上了大学之后，我才知道，这类问题居然有一个万能的公式，它就是伟大的拉格朗日多项式（Lagrange polynomial）。

如果一个二次函数经过 (x_1, y_1)、(x_2, y_2)、(x_3, y_3) 这三个横坐标不同的点，那么同时经过这三个点的二次函数是唯一的，它的解析式就是：

$$y = \frac{(x-x_2)(x-x_3)}{(x_1-x_2)(x_1-x_3)} y_1 + \frac{(x-x_1)(x-x_3)}{(x_2-x_1)(x_2-x_3)} y_2 + \frac{(x-x_1)(x-x_2)}{(x_3-x_1)(x_3-x_2)} y_3$$

下面我们就来说明，这个解析式显然满足要求。如果把 $x = x_1$ 代进去，你会发现整个式子的后面两项都是 0，第一项则变成了 $\frac{(x_1-x_2)(x_1-x_3)}{(x_1-x_2)(x_1-x_3)} y_1 = y_1$，因而整个函数值也就正好是 y_1。同样，把 $x = x_2$ 和 $x = x_3$ 代进去，函数值也分别等于 y_2 和 y_3。另外，很容易验证，这个函数展开之后确实是一个二次函数。这就说明，这个函数确实是一个同时经过 (x_1, y_1)、(x_2, y_2)、

(x_3, y_3) 的二次函数。与之类似，给定 $r + 1$ 个横坐标不同的点，同时经过它们的 r 次函数是唯一的，其解析式一共有 r 项，第 i 项为：

$$\frac{(x - x_1)(x - x_2) \cdots (x - x_{i-1})(x - x_{i+1}) \cdots (x - x_{r+1})}{(x_i - x_1)(x_i - x_2) \cdots (x_i - x_{i-1})(x_i - x_{i+1}) \cdots (x_i - x_{r+1})} y_i$$

1795 年，意大利数学家约瑟夫·拉格朗日（Joseph Lagrange）发表了这个结论，故有"拉格朗日多项式"之称。

利用拉格朗日多项式公式，刚才的中考题几乎成了送分题，同时经过 $(2, 0)$、$(0, -1)$ 和 $(4, 5)$ 的二次函数可以直接写出：

$$\begin{aligned}
y &= \frac{(x - 0)(x - 4)}{(2 - 0)(2 - 4)} \cdot 0 + \frac{(x - 2)(x - 4)}{(0 - 2)(0 - 4)} \cdot (-1) + \frac{(x - 2)(x - 0)}{(4 - 2)(4 - 0)} \cdot 5 \\
&= \frac{(x - 0)(x - 4)}{-4} \cdot 0 + \frac{(x - 2)(x - 4)}{8} \cdot (-1) + \frac{(x - 2)(x - 0)}{8} \cdot 5 \\
&= 0 + \left((-\frac{1}{8})x^2 + (\frac{3}{4})x + (-1) \right) + \left((\frac{5}{8})x^2 + (-\frac{5}{4})x \right) \\
&= \frac{1}{2}x^2 + (-\frac{1}{2})x + (-1)
\end{aligned}$$

这正是我们刚才得到的答案。

大家或许已经发现，在书写多项式时，我们总是写成 $(1/2)x^2 + (-1/2)x + (-1)$，而不是 $(1/2)x^2 - (1/2)x - 1$。其中一个原因就是，我们想尽可能保持多项式固有的格式。在数学中，一个关于 x 的 r 次多项式，其实就是一个形如

$$a_r x^r + a_{r-1} x^{r-1} + \cdots + a_2 x^2 + a_1 x + a_0$$

的式子。其中 x^i 前面的 a_i 就叫作 i 次项系数，它有可能是正的，有可能是负的，也有可能为 0（但 a_r 绝不能为 0，否则就不算 r 次多项式了）。由于 x 本质上就是 x^1，因而 a_1 也就被我们称作一次项系数。理论上，a_0 本应该被我们称作零次项系数，但它有一个更常用的名字——常数项。举例来说，$-x^2 + x + 3$ 就是一个二次多项式，它的二次项系数、一次项系数和常数项分别是 -1、1 和 3。单独一个 x 也能构成一个多项式，它是一个一次多项式，其一次项系数和常数项分别是 1 和 0。单独一个数字 7 也算一个多项式，它是一个零次多项式，里面只含一个常数项 7。

另外，还有一种最特殊的多项式——单独一个数字 0 构成的多项式。你可以说，它里面只含一个常数项 0；但更严格地说，它里面其实不含任何项。因而，我们通常不认为它的次数是 0，而是规定它的次数没有意义；我们通常也不说它是一个零次多项式，而是给它专门起了一个名字——"零多项式"。

为了保持多项式固有的格式不变，稍后我们甚至会把 $-x^2 + x + 3$ 书写成 $(-1)x^2 + 1x + 3$。这一点很重要，因为我们接下来会探讨一些更深入的话题，随时都会触及多项式的本质结构。比如，我们已经通过检验发现，给定 $r+1$ 个横坐标不同的点之后，用拉格朗日多项式公式生成的函数一定是一个同时经过它们的 r 次函数，但为什么用拉格朗日多项式公式生成的函数一定是唯一的一个同时经过它们的 r 次函数？在多项式理论中，这个结论的背后有一个非常深刻的解释方法。

假如 $p(x) = a_r x^r + \cdots + a_2 x^2 + a_1 x + a_0$ 和 $q(x) = b_r x^r + \cdots + b_2 x^2 + b_1 x + b_0$ 是两个不同的 r 次多项式函数，它们都经过了 $(x_1, y_1), (x_2, y_2), \cdots, (x_{r+1}, y_{r+1})$ 这 $r+1$ 个点。这两个多项式相减之后，会得到一个新的非零多项式。

$$p(x) - q(x) = (a_r x^r + \cdots + a_2 x^2 + a_1 x + a_0) - (b_r x^r + \cdots + b_2 x^2 + b_1 x + b_0)$$
$$= (a_r - b_r)x^r + \cdots + (a_2 - b_2)x^2 + (a_1 - b_1)x + (a_0 - b_0)$$

容易看出，这个新的多项式不会超过 r 次。另外，对于任意一个 x_i，都有 $p(x_i) - q(x_i) = y_i - y_i = 0$。这说明，$x_1, x_2, \cdots, x_{r+1}$ 都是方程

$$(a_r - b_r)x^r + \cdots + (a_2 - b_2)x^2 + (a_1 - b_1)x + (a_0 - b_0) = 0$$

的解。这当然是不可能的，因为一个多项式方程的解的个数，不可能超过这个多项式方程的次数。这就说明，如果某个 r 次多项式函数同时经过 $r+1$ 个横坐标不同的已知点，那么这个 r 次多项式函数一定是唯一存在的。

呃……那为什么一个多项式方程是几次的，最多就只能有几个不同的解呢？这背后也是有原因的。为了解释这件事情，我们要先说说多项式的除法。

19 除以 5，商 3 余 4，这句话究竟是什么意思？它的大致意思就是，把 19 近似地写成 5 乘以几，才能让余下的部分比 5 更小。$19 - 5 \times 1 = 14$，这

个差值比 5 大；$19 - 5 \times 2 = 9$，这个差值还是比 5 大；$19 - 5 \times 3 = 4$，这个差值终于比 5 小了。我们就说，19 除以 5 的结果为商 3 余 4。我们通常把 19 这个位置上的数叫作"被除数"，把 5 这个位置上的数叫作"除数"，那么做除法的意思就是，找出一个合适的整数 Q，使得被除数减去除数与 Q 之积，所得的差 R 是一个比除数更小的正数，或者干脆就是 0。这样的 Q 就叫作"商数"，此时的 R 则叫作"余数"。

与之类似，两个多项式也是可以相除的。例如，$2x^4 + (-3)x^3 + (-2)x^2 + 1x + (-2)$ 除以 $(-1)x^2 + 1x + 3$，商 $(-2)x^2 + 1x + (-3)$，余 $1x + 7$。它表示的大致意义就是，把 $2x^4 + (-3)x^3 + (-2)x^2 + 1x + (-2)$ 近似地写成 $(-1)x^2 + 1x + 3$ 乘以什么，才能让余下的式子的次数比除式更低，或者干脆就是一个零多项式。如果我们把 $2x^4 + (-3)x^3 + (-2)x^2 + 1x + (-2)$ 这个位置上的式子叫作"被除式"，把 $(-1)x^2 + 1x + 3$ 这个位置上的式子叫作"除式"，那么做多项式除法的意思就是，找出一个多项式 $Q(x)$，使得被除式减去除式与 $Q(x)$ 之积，所得的差 $R(x)$ 是一个比除式次数更低的多项式（或者零多项式），这样的 $Q(x)$ 就叫作"商式"，此时的 $R(x)$ 则叫作"余式"。你可以验证一下，$(2x^4 + (-3)x^3 + (-2)x^2 + 1x + (-2)) - ((-1)x^2 + 1x + 3)((-2)x^2 + 1x + (-3))$ 确实等于 $1x + 7$，并且 $1x + 7$ 的次数确实比 $(-1)x^2 + 1x + 3$ 更低。

不管什么多项式除以什么多项式，满足要求的商式和余式总是能找到的，寻找方法有点类似于竖式除法。如图 1 所示，要想把被除式里的 4 次项 $2x^4$ 消掉，商式的最高项必然是 $(-2)x^2$。把它与 $(-1)x^2 + 1x + 3$ 相乘得 $2x^4 + (-2)x^3 + (-6)x^2$，与被除式相比还差 $(2x^4 + (-3)x^3 + (-2)x^2 + 1x + (-2)) - (2x^4 + (-2)x^3 + (-6)x^2) = (-1)x^3 + 4x^2 + 1x + (-2)$。

为了把 $(-1)x^3$ 也消除掉，商式的下一项必须得是 $1x$。把它与 $(-1)x^2 + 1x + 3$ 相乘得 $(-1)x^3 + 1x^2 + 3x$，现在整个被除式就只剩下 $((-1)x^3 + 4x^2 + 1x + (-2)) - ((-1)x^3 + 1x^2 + 3x) = 3x^2 + (-2)x + (-2)$。

最后，为了消掉 $3x^2$，商式的下一项必须是 -3。把它与 $(-1)x^2 + 1x + 3$ 相乘得 $3x^2 + (-3)x + (-9)$，现在整个被除式就只剩下 $(3x^2 + (-2)x + (-2)) - (3x^2 + (-3)x + (-9)) = 1x + 7$。

此时，被除式剩余部分的次数已经比除式更低了，同时商式也没有继续调节的空间了。最后的结果就是，$2x^4 + (-3)x^3 + (-2)x^2 + 1x + (-2)$ 除以 $(-1)x^2 + 1x + 3$，商 $(-2)x^2 + 1x + (-3)$，余 $1x + 7$。

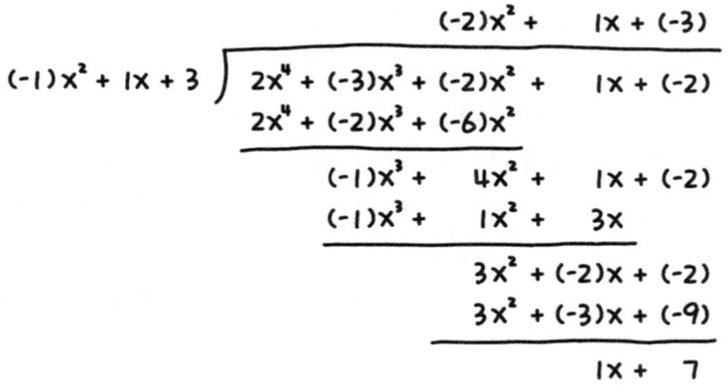

$$
\begin{array}{r}
(-2)x^2 + \quad 1x + (-3) \\
(-1)x^2 + 1x + 3 \,\big)\overline{\,2x^4 + (-3)x^3 + (-2)x^2 + \quad 1x + (-2)} \\
2x^4 + (-2)x^3 + (-6)x^2 \\
\hline
(-1)x^3 + \quad 4x^2 + \quad 1x + (-2) \\
(-1)x^3 + \quad 1x^2 + \quad 3x \\
\hline
3x^2 + (-2)x + (-2) \\
3x^2 + (-3)x + (-9) \\
\hline
1x + \quad 7
\end{array}
$$

图 1　用竖式计算 $2x^4 + (-3)x^3 + (-2)x^2 + 1x + (-2)$ 除以 $(-1)x^2 + 1x + 3$ 的结果

　　好了。经试验可知，$x = 2$ 是方程 $2x^4 + (-3)x^3 + (-2)x^2 + 1x + (-2) = 0$ 的一个解。那么，用多项式 $2x^4 + (-3)x^3 + (-2)x^2 + 1x + (-2)$ 除以多项式 $1x + (-2)$，结果会是怎样呢？你将会找到一个商式 $Q(x)$，使得 $(2x^4 + (-3)x^3 + (-2)x^2 + 1x + (-2)) - (1x + (-2)) \cdot Q(x) = R(x)$。

　　考虑到除式是一次多项式，那么 $R(x)$ 显然只能含有一个常数项，不妨设为 r。代入 $x = 2$，我们可以立即得到 $0 - 0 \cdot Q(2) = r$，即 $r = 0$。这说明，$R(x)$ 就是一个零多项式！于是，$(2x^4 + (-3)x^3 + (-2)x^2 + 1x + (-2)) - (1x + (-2)) \cdot Q(x) = 0$，即 $(2x^4 + (-3)x^3 + (-2)x^2 + 1x + (-2)) = (1x + (-2)) \cdot Q(x)$。或者说，$2x^4 + (-3)x^3 + (-2)x^2 + 1x + (-2)$ 和 $(1x + (-2)) \cdot Q(x)$ 是两个完全相同的多项式。

　　其实，$x = -1$ 也是方程 $2x^4 + (-3)x^3 + (-2)x^2 + 1x + (-2) = 0$ 的一个解。也就是说，$x = -1$ 是方程 $(1x + (-2)) \cdot Q(x) = 0$ 的一个解。这说明，当 $x = -1$ 时，$(1x + (-2)) \cdot Q(x)$ 的乘积为 0，因而要么 $1x + (-2)$ 为 0，要么 $Q(x)$ 为 0。实际上，当 $x = -1$ 的时候，$1x + (-2)$ 是不为 0 的，因此只能是 $Q(x)$ 为 0 了。刚才的推理过程便能完整地重复一次：用 $Q(x)$ 来除以多项式 $1x + 1$，结果会是怎样呢？结果是，你会找到一个商式 $Q_2(x)$，使得 $Q(x) - (1x + 1) \cdot Q_2(x)$ 的结果只含常数项。和刚才一样，代入 $x = -1$ 可知，这个常数项一定是 0。这说明，$Q(x)$ 可以被写成 $(1x + 1) \cdot Q_2(x)$，原多项式也就可以被写成 $(1x + (-2)) \cdot (1x + 1) \cdot Q_2(x)$。

　　如果原方程 $2x^4 + (-3)x^3 + (-2)x^2 + 1x + (-2) = 0$ 还有不同的解，就说明还有某个既不等于 2 又不等于 1 的 x，把它代入 $(1x + (-2)) \cdot (1x + 1) \cdot Q_2(x)$

后结果也为 0。由于这样的 x 不会让前面几个括号为 0，因而只有可能是让 $Q_2(x)$ 为 0，进而说明 $Q_2(x)$ 还能继续被分解。

别忘记我们提起多项式除法的最初动机：我们要证明，为什么多项式方程的解的个数不可能超过它的次数。现在，答案就很明显了。如果 $x = x_1, x = x_2, \cdots, x = x_{r+1}$ 是方程 $D(x) = 0$ 的 $r+1$ 个不同的解，我们便能像刚才那样，把 $D(x)$ 写成 $(1x + (-x_1))(1x + (-x_2)) \cdots (1x + (-x_{r+1})) \cdot Q_{r+1}(x)$。把这个多项式完全展开之后，它至少也是 $r+1$ 次，除非 $Q_{r+1}(x)$ 是一个零多项式。然而，如果 $Q_{r+1}(x)$ 真的是一个零多项式，那么整个多项式 $D(x)$ 也是一个零多项式，根据定义，它没有所谓的次数。不管怎么样，$D(x)$ 的次数都不会只有 r 次，更不会低于 r 次。

互联网给人们的日常生活带来了便捷，同时也引发了一些意想不到的安全隐患。很多生活中常见的安全需求，用物理手段很容易解决；一旦到了纯信息交互的网络世界中，事情就变得棘手了许多。为了解决这些问题，人们想出了各种机智巧妙的协议。在上一节里，我们已经看到了一个精彩的例子。现在，让我们再来欣赏一个更加有趣的例子。

假设某国的国防部建立了一个核弹发射基地，基地里的工作人员只需在核弹发射装置上输入一段密码，便能让核弹发射。国防部打算把这段密码交给五名军官来保管。为了防止有军官被策反发生叛变的情况，国防部希望实现这样一个安全系统：要想获得这段密码，必须要有至少三个人的许可才行。在物理世界中，这并不是一个难题。比方说，国防部可以把密码写在一张纸条上，锁进一个坚固的金属盒里，盒子上安装三个一模一样的钥匙孔，并配备五把完全相同且不可复制的钥匙。只有把其中任意三把钥匙同时插进钥匙孔并一起转动，才能打开这个盒子。把五把钥匙分发给五名军官，目的就直接达到了。

问题在于，这个方法不能用于网络世界中。如果五名军官住在不同的地方，国防部想要通过网络方式将密码发给他们，该怎么办呢？看来，要想在纯信息交换的层面上实现这一点，我们还需要想点别的招。

1979 年，阿迪·萨莫尔提出了一个绝妙的办法。（等等，萨莫尔这个名字怎么那么熟悉？没错，他就是 RSA 中的那个 S。）知道 r 次多项式函数上的任意 $r+1$ 个点就能唯一地确定出整个多项式。因此，国防部可以把核弹发射密码写进一个二次多项式 $P(x)$，然后把 $P(1)$、$P(2)$、$P(3)$、$P(4)$ 和 $P(5)$

的值发送给对应的军官。任意三名军官在网上碰头之后，只需要解出这个多项式即可恢复出核弹发射的密码来。具体地说，假如核弹发射的密码是6174，那么国防部可以编写一个二次多项式 $P(x) = 37x^2 + (-231)x + 6174$，其中二次项系数 37 和一次项系数 231 是两个随机选取的数，常数项则是核弹发射的密码。接下来，算出 $P(1)$、$P(2)$、$P(3)$、$P(4)$ 和 $P(5)$ 的值，它们分别是 5980, 5860, 5814, 5842, 5944。最后，把"$P(1) = 5980$"、"$P(2) = 5860$"、"$P(3) = 5814$"、"$P(4) = 5842$"、"$P(5) = 5944$"这五条信息分别交给五名军官，并告诉他们，发射密码就是二次多项式 $P(x)$ 的常数项。只要有任意三名军官决定发射核弹，他们便可以在网上碰头并交换手头的数据，借助拉格朗日多项式公式，得出 $P(x) = 37x^2 - 231x + 6174$，也就知道了密码 6174。他们便能电话通知核弹发射基地的工作人员："快去发射核弹，密码是 6174。"但若决定发射核弹的只有两名军官，这两名军官在网上碰头后，会因为条件不足而无法确定出 $P(x)$。事实上，在他们看来，$P(x)$ 的常数项有可能是任何数。比方说，如果军官 3 和军官 5 合伙，他们只能知道二次多项式 $P(x)$ 满足 $P(3) = 5814$ 和 $P(5) = 5944$，那么根据拉格朗日多项式，不管 $P(0)$ 是多少，满足要求的二次多项式 $P(x)$ 都能被构造出来。而 $P(0)$ 的值其实就是二次多项式 $P(x)$ 的常数项。

有人或许会立即注意到，这里面有一个小小的问题。如果两名军官真的打算用刚才的方法暴力枚举各种可能的 $P(x)$，很多 $P(x)$ 会因为根本不是整系数多项式而被排除掉。在刚才的例子中，如果已知 $P(3) = 5814$ 和 $P(5) = 5944$，代入各种各样的 $P(0)$ 进行试验，所得多项式的系数包含分数的可能性高达 93.3%。因而，两名军官在网上碰头后，能够推出的信息比我们想象的要多。解决这个问题的办法就是，在最开始选取二次多项式时，我们就允许二次项系数和一次项系数都可能是分数（或者更准确地说，有理数），甚至允许常数项，也就是核弹发射密码本身，也有可能是分数。事实上，在我们介绍多项式除法的过程中，我们用到的所有多项式都是整系数多项式，这一点也是不合理的。若要计算 x^2 除以 $2x + 1$，商的第一项就必须是 $(1/2)x$。实际上，x^2 除以 $2x + 1$ 的商式为 $(1/2)x + (-1/4)$，余式为 1/4，它们都包含分数。

如果纵观刚才的一切，你会发现，从拉格朗日多项式公式，到多项式除法的概念和演算，再到多项式插值方案唯一性的证明，每个环节都充满了除法，每一步都可能有分数产生。我们之前的所有操作对象，都应该是全体有理数。这一下子就加大了我们编程的难度。而且，我们还需要谨慎地制订国防部编写多项式的规范，避免有理数的分子分母的大小超出计算机的处理能力。当我们庆幸这一切幸亏只是涉及有理数集而不是实数集的时候，我们不妨继续想一想：能否进一步缩小我们的"工作场所"，使得刚才的一切仍然完全有效？考虑到计算机最擅长处理离散的数据，要是能把我们的工作场所限定在一个有限的集合里，那就再好不过了。

为此，我们必须先系统地回顾一下，刚才的一切之所以能行，究竟依赖于有理数集的哪些性质。我们的目标就是分析出，新的工作场所究竟要具备哪些条件，才能实施刚才的秘密共享方案。

首先，不妨让我们用最严谨的方式来看看，多项式 $2x+3$ 与多项式 $4x$ 相加，到底是怎样得到 $6x+3$ 的：

$$
\begin{aligned}
(2x+3)+4x &= 4x+(2x+3) \\
&= (4x+2x)+3 \\
&= (4+2)\cdot x+3 \\
&= 6x+3
\end{aligned}
$$

这里面依次用到了加法交换律、加法结合律、乘法对加法的分配律。至于最后那个 $4+2$ 究竟等于多少，则不是我们关心的事情。在新的工作场所中，谁加谁等于谁其实并不重要。$1,2,3,4,\cdots$ 无非是无穷多个不同的符号而已，你完全可以把它们换成 $\triangle,\bigcirc,\times,\square,\cdots$。关键是，这些符号之间的运算必须满足刚才提到的那些要求。如果 $4+2$ 等于 1，那么 $2+4$ 必须也等于 1；如果 $(2+3)+4$ 等于 4，那么 $2+(3+4)$ 必须也等于 4。

多项式相加的时候，还会出现一种非常特殊的现象有待刻画。下面是计算多项式 $2x+3$ 与多项式 $(-2)x$ 相加的过程：

$$
\begin{aligned}
(2x+3)+(-2)x &= (-2)x+(2x+3) \\
&= ((-2)x+2x)+3 \\
&= ((-2)+2)\cdot x+3 \\
&= 0\cdot x+3
\end{aligned}
$$

$$= 0 + 3$$
$$= 3$$

一次项系数消失掉了，整个结果变成了零次多项式。这说明，某些数加起来之后会得到一种特殊的数，一种被我们写作 0 的数，它乘以任何数都还得 0，它加上任何数都还得后者自身。

多项式相乘则更复杂一些。为了计算出多项式 $2x+3$ 乘以多项式 $4x+5$，我们需要反复利用乘法对加法的分配律：

$$(2x + 3) \cdot (4x + 5) = (2x) \cdot (4x + 5) + 3 \cdot (4x + 5)$$
$$= (2x) \cdot (4x) + (2x) \cdot 5 + 3 \cdot (4x) + 3 \cdot 5$$

其中，第 2 项 $(2x) \cdot 5$ 本质上就是 $10x$，它背后的逻辑是这样的：
$(2x) \cdot 5 = 5 \cdot (2x) = (5 \cdot 2)x = 10x$

这用到了乘法交换律和乘法结合律。同样，5 乘以 2 究竟等于多少，这件事并不重要，重要的是它是否遵循我们的运算规律。与之类似，$(2x) \cdot (4x)$ 可以变成 $8x^2$，$3 \cdot (4x)$ 和 $3 \cdot 5$ 则分别等于 $12x$ 和 15。最后，我们还需要使用加法结合律及乘法对加法的分配律，把 $10x$ 和 $12x$ 先加起来，才能得到最终的结果：$8x^2 + 22x + 15$。

更复杂的多项式乘法还会涉及一些新的细节问题。将 $(2x^3 + 3x^2 + 4x + 5) \cdot (6x^3 + 7x^2 + 8x + 9)$ 完全展开后会得到 16 项。其中，第 3 项是 $(2x^3) \cdot (8x)$，也就是 $16(x^3 \cdot x)$；第 6 项是 $(3x^2) \cdot (7x^2)$，也就是 $21(x^2 \cdot x^2)$；第 9 项是 $(4x) \cdot (6x^3)$，也就是 $24(x \cdot x^3)$。$x^3 \cdot x$、$x^2 \cdot x^2$、$x \cdot x^3$ 都可以记作 x^4，这也依赖于 x 与自身连乘时的乘法结合律；为了把它们合并在一起，仍然需要事先使用加法交换律才行。

和加法的世界一样，在乘法的世界里，我们也有一个特殊的数需要介绍。某些数乘起来之后可能会得到一种被我们写作 1 的数，任何数乘以它都仍然保持自己的值不变。这一点现在并不重要，但很快便会起到关键的作用。

本文最开始的问题就是，已知 $(x_1, y_1), (x_2, y_2), \cdots, (x_{r+1}, y_{r+1})$，如何构造一个 r 次多项式，使得把 $x_1, x_2, \cdots, x_{r+1}$ 代入其中，所得的结果正好是 $y_1, y_2, \cdots, y_{r+1}$ 呢？拉格朗日多项式神奇地做到了这一点。拉格朗日多项式里出现了减法和除法，但我们接下来要做的，并不是着手构建减法和除法的世界，而是想办法让它融入加法和乘法的世界里。为了保持一个数学系统的简洁性，我们往往希望避免引入全新的运算，而是把它们归结为更基本的运算。比方说，我们会把"减去一个数"看作是"加上一个负数"，减法的一切就自动地被刻画好了。这样一来，我们就不用真的引入"减法"的概念，也不用重新去寻找减法的性质，也不用担心减法的出现是否会带来矛盾和冲突。既然我们已经有了加法和乘法的世界，接下来我们就尝试着只用加法和乘法，来描述拉格朗日多项式公式的本质。

1. 对于每一个 x_i，都找一个和它相加等于 0 的数，不妨记作 $-x_i$；
2. 对于每一个 i，令 $a_i(x) = (x+(-x_1))(x+(-x_2))\cdots(x+(-x_{i-1}))(x+(-x_{i+1}))\cdots(x+(-x_{r+1}))$，这是一个关于 x 的多项式；
3. 对于每一个 i，令 $b_i = ((x_i+(-x_1))(x_i+(-x_2))\cdots(x_i+(-x_{i-1}))(x_i+(-x_{i+1}))\cdots(x_i+(-x_{r+1}))$，这是一个可以算出来的数；
4. 对于每一个 i，找出一个与 b_i 相乘等于 1 的数 c_i，最后令 $l_i(x) = a_i(x) \cdot c_i \cdot y_i$；
5. 令 $L(x) = l_1(x) + l_2(x) + \cdots + l_{r+1}(x)$，则 $L(x)$ 即为所求。

让我们来看看，对于任意一个特定的 i，把 $x = x_i$ 代入 $L(x)$ 之后会得到什么。

首先，代入 $x = x_i$ 后，$a_i(x)$ 的运算结果会等于 b_i。根据 c_i 的定义可知，$a_i(x) \cdot c_i$ 也就等于 1 了。然而，我们之前已经规定，1 是一个特殊的元素，任何数乘以它都仍然保持自己的值不变。因而，$l_i(x) = a_i(x) \cdot c_i \cdot y_i$ 也就等于 y_i 了。

其次，对于那些不等于 i 的所有 j，$a_j(x)$ 里都有一个 $x + (-x_i)$。代入 $x = x_i$ 后，根据 $(-x_i)$ 的定义可知，$x + (-x_i)$ 等于 0。然而，我们之前已经规定，0 是一个特殊的元素，它满足 0 乘以任何数都得 0。因而，整个 $a_j(x)$ 都成了 0，$l_j(x) = a_j(x) \cdot c_j \cdot y_j$ 也就变成了 0。

最后，由于之前规定，0 还满足任何数加上 0 都得这个数本身。因此，把 $x = x_i$ 代入 $L(x)$ 以后，就有：

$$L(x) = l_1(x) + l_2(x) + \cdots + l_i(x) + \cdots + l_r(x)$$
$$= 0 + 0 + \cdots + y_i + \cdots + 0$$
$$= y_i$$

所以 $L(x)$ 确实是符合要求的答案。

我们一直在刻画，要想让萨莫尔的密码分发方案能够正常工作，工作的场所必须具备哪些条件。让我们来列举一下目前的成果。在我们的工作场所里会有很多元素，这些元素之间有一种叫作"加法"的运算，和一种叫作"乘法"的运算，它们必须满足：

1. 加法交换律，即对于任意的 x 和 y，$x + y = y + x$；

2. 加法结合律，即对于任意的 x、y 和 z，$(x + y) + z = x + (y + z)$；

3. 乘法交换律，即对于任意的 x 和 y，$x \cdot y = y \cdot x$；

4. 乘法结合律，即对于任意的 x、y 和 z，$(x \cdot y) \cdot z = x \cdot (y \cdot z)$；

5. 乘法对加法的分配律，即对于任意的 x、y 和 z，$x \cdot (y + z) = x \cdot y + x \cdot z$；

6. 存在加法单位，即存在某一个特殊的元素，通常记作 0，使得对于任意的 x，都有 $x + 0 = x$；

7. 存在乘法单位，即存在某一个特殊的元素，通常记作 1，使得对于任意的 x，都有 $x \cdot 1 = x$；

8. 存在加法逆元，即对于任意的 x，总能找到某一个特殊的元素，通常记作 $-x$，使得 $x + (-x) = 0$；

9. 存在乘法逆元，即对于任意的 $x \neq 0$，总能找到某一个特殊的元素，通常记作 x^{-1}，使得 $x \cdot (x^{-1}) = 1$；

10. 0 乘以任何元素都得 0，即对于任意的 x，都有 $0 \cdot x = 0$。

由于加法满足交换律和结合律，因此 $(x + y) + (z + w)$、$((x + y) + z) + w$、$z + ((w + x) + y)$ 的结果其实都是相同的。所以说，前文及后文中偶然出现形如 $x + y + z + w$ 的连加式，实际上是不会有歧义的。与之类似，乘法满足交换律和结合律，这使得那些形如 $x \cdot y \cdot z \cdot w$ 的连乘式也是有意义的。

第 8 条中出现了"加法逆元"一词，不过"相反数"一词或许会更亲切一些。第 9 条中出现了"乘法逆元"一词，不过"倒数"一词或许也会更亲切一些。第 8 条和第 9 条实际上定义了减法和除法。减去 x，就相当于加上它的加法逆元 $-x$；除以 x，就相当于乘以它的乘法逆元 x^{-1}。这两条性质保证了，我们可以自由地做减法，可以自由地做除法，得到的数也仍然是这个工作场所中的合法元素，不会出现不够减、不允许减、不够除、不允许除的现象（除了除数为 0 的情况）。因为，每一个元素都有加法逆元，每一个元素（除了 0 以外）都有乘法逆元。

第 9 条值得特别说明一下。显然，0 是不可能有乘法逆元的，因为 0 乘以任何数都等于 0，不可能等于 1。所以，我们必须要强调，对于任意一个"不为 0 的元素"，都存在乘法逆元。那么，在使用拉格朗日多项式公式时，会不会因为某一步需要找出 0 的乘法逆元，而导致多项式构造失败呢？不会。我们可以利用上述 10 个条件证明出，如果 x 和 y 满足 $x \cdot y = 0$，那么 x 和 y 至少有一个为 0。为了证明这一点，我们只需要说明，如果 y 不等于 0，那么 x 必然为 0。好了，如果 y 真的不等于 0，那么 y 就有一个乘法逆元 y^{-1}。等式两边同时乘以 y^{-1}，就有：

$$(x \cdot y) \cdot (y^{-1}) = 0 \cdot (y^{-1})$$
$$x \cdot (y \cdot (y^{-1})) = 0 \cdot (y^{-1})$$
$$x \cdot 1 = 0$$
$$x = 0$$

同理，如果 $x \cdot y \cdot z = 0$，我们就可以推导出 $x \cdot y$ 和 z 当中至少有一个为 0，进而推导出 x、y、z 当中至少有一个数为 0。与之类似，任意多个数相乘为 0，则至少有一个数是等于 0 的。反过来，如果有一堆数相乘，但所有数都不为 0，那它们的乘积自然也就不可能是 0 了。

在拉格朗日多项式的产生步骤中，只有第 4 步中的 $b_1, b_2, \cdots, b_r$ 需要乘法逆元，其中 b_i 的值为：

$$b_i = (x_i + (-x_1))(x_i + (-x_2)) \cdots (x_i + (-x_{i-1}))(x_i + (-x_{i+1})) \cdots (x_i + (-x_{r+1}))$$

然而，$x_1, x_2, \cdots, x_{r+1}$ 是 $r + 1$ 个两两不同的数，因而对于任意一个不等于 i 的 j 都有 $x_i \neq x_j$，也就是说 $x_i + (-x_j) \neq 0$。因此，上式中的 r 个乘数都是不为 0 的，b_i 也就不可能是 0 了。

等等，为什么 $x_i \neq x_j$ 就表明 $x_i + (-x_j) \neq 0$？你或许会说，两个不相等的数相减，当然不可能等于 0。且慢！这件事在我们看来是不言而喻的，但它在新的工作场所中却不见得成立。目前我们只知道，这个工作场所里的所有元素必须满足上面的 10 个条件，但它作为一个全新的工作场所，可能会出现其他非常诡异的事情。因而，我们不能把那些从我们的算术世界里获得的直觉用到新的算术世界里。事实上，在新的算术世界里，$x_i \neq x_j$ 确实可以推导出 $x_i + (-x_j) \neq 0$，但我们需要从那 10 个条件出发，完全忽略它们的直观意义，严格地进行证明。假设 $x_i + (-x_j) = 0$，其中 $-x_j$ 是 x_j 的加法逆元。等式两边同时加上 x_j，就得到

$$\left(x_i + (-x_j)\right) + x_j = x_j$$
$$x_i + \left((-x_j) + x_j\right) = x_j$$
$$x_i + 0 = x_j$$
$$x_i = x_j$$

这说明 x_i 必然等于 x_j。因而反过来，如果 x_i 不等于 x_j，那么 $x_i + (-x_j)$ 也就不可能等于 0 了。

这 10 个条件还蕴含了很多其他的必然结论。我们再证明两个接下来会用到的。一个是 $(-x) + (-y) = -(x + y)$，即 x 的加法逆元加上 y 的加法逆元就是 $x + y$ 的加法逆元。根据加法逆元的定义，为了证明一个东西是另一个东西的加法逆元，只需要说明两者相加等于 0。因此，为了证明刚才的结论，我们只需要说明 $(-x) + (-y)$ 加上 $x + y$ 等于 0 即可。这很容易看出来：

$$\left((-x) + (-y)\right) + (x + y) = \left((-x) + (-y)\right) + (y + x)$$
$$= (-x) + \left((-y) + y\right) + x$$
$$= (-x) + 0 + x$$
$$= (-x) + x$$
$$= 0$$

另一个重要的结论则是 $(-x) \cdot y = -(x \cdot y)$，即 x 的加法逆元乘以 y，一定等于 $x \cdot y$ 的加法逆元。同样，我们只需要说明 $(-x) \cdot y + x \cdot y = 0$ 即可，

而这也很容易看出来：

$$(-x) \cdot y + x \cdot y = ((-x) + x) \cdot y = 0 \cdot y = 0$$

只要是满足这 10 个条件的数学系统，不管实际上是什么样，都一定满足上面两个结论。

有趣的是，上面的 10 个条件中，第 10 个条件其实是没有必要列出的，因为它是前面 9 个条件的必然结果。也就是说，我们可以仅仅使用前面 9 个条件，抽象地证明出 0 乘以任何数都得 0。只需要注意到：

$$0 \cdot x = (0 + 0) \cdot x = 0 \cdot x + 0 \cdot x$$

两边同时加上 $0 \cdot x$ 的加法逆元，就能得到

$$0 \cdot x + (-0 \cdot x) = (0 \cdot x + 0 \cdot x) + (-0 \cdot x)$$
$$0 \cdot x + (-0 \cdot x) = 0 \cdot x + (0 \cdot x + (-0 \cdot x))$$
$$0 = 0 \cdot x + 0$$
$$0 = 0 \cdot x$$

在抽象代数中，如果某个集合内的元素配备了一种叫作"加法"的二元运算和一种叫作"乘法"的二元运算，使得任何两个元素相加后的结果仍然是这个集合里的元素，任何两个元素相乘后的结果也仍然是这个集合里的元素，并且它们满足上面列出的前 9 个条件，那么这一切就构成了一种叫作"域"（field）的代数结构。实数集及其传统意义上的加法和乘法构成了一个域，有理数集是一个更小域，复数集则是一个更大的域。一个域中的元素不见得是数，有可能是毫无意义的元素；域里的运算也不见得是传统意义上的算术运算，有可能是毫无意义的运算。图 2 展示了一个只含 4 个元素的域，以及它们之间的加法和乘法的运算结果。4 个元素分别用 I、O、A、B 来表示，其中 O 就是域里的加法单位，I 就是域里的乘法单位。可以验证，这个代数结构确实满足域的所有条件。

+	O	I	A	B
O	O	I	A	B
I	I	O	B	A
A	A	B	O	I
B	B	A	I	O

·	O	I	A	B
O	O	O	O	O
I	O	I	A	B
A	O	A	B	I
B	O	B	I	A

图 2　一个只含 4 个元素的域

多项式的加减乘除不但可以在实数集、有理数集、复数集当中进行，还可以在任何一个域里进行。利用拉格朗日公式构造出经过已知点的多项式函数，在任何一个域里也都是可行的。更绝的是，经过 $r+1$ 个已知点的 r 次多项式函数是唯一的，这个结论也能扩展到一切域里。之前讲过这个结论的证明，现在我们用新的代数语言来回顾一下。

1. 假设 $p(x)=a_rx^r+\cdots+a_2x^2+a_1x+a_0$ 和 $q(x)=b_rx^r+\cdots+b_2x^2+b_1x+b_0$ 是两个 r 次多项式函数，并且它们都经过了 $(x_1,y_1),(x_2,y_2),\cdots,(x_{r+1},y_{r+1})$ 这 $r+1$ 个给定点。
2. 令 $D(x)=\big(a_r+(-b_r)\big)x^r+\cdots+\big(a_2+(-b_2)\big)x^2+\big(a_1+(-b_1)\big)x+\big(a_0+(-b_0)\big)$，则 $D(x)$ 是一个次数不超过 r 的多项式。
3. 对于任意一个 x_i，把 $x=x_i$ 代入 $D(x)$，都有 $D(x_i)=p(x_i)+\big(-q(x_i)\big)=y_i+(-y_i)=0$。
4. 把 $x=x_i$ 代入 $D(x)$ 的时候，$D(x)$ 应该已经被分解成了 $\big(x+(-x_1)\big)\big(x+(-x_2)\big)\cdots\big(x+(-x_{i-1})\big)\cdot Q_{i-1}(x)$ 了，其中 $Q_{i-1}(x)$ 是某个多项式。
5. 当 $x=x_i$ 时，$D(x)=0$，也就是说 $\big(x_i+(-x_1)\big)\big(x_i+(-x_2)\big)\cdots\big(x_i+(-x_{i-1})\big)\cdot Q_{i-1}(x_i)=0$。那么，这里面至少有一个乘数是等于 0 的。
6. 注意到 x_i 与 $x_1,x_2,\cdots,x_{i-1}$ 都不相等，即 $x_i+(-x_1),x_i+(-x_2),\cdots,x_i+(-x_{i-1})$ 都不为 0，因而只有可能是 $Q_{i-1}(x)$ 为 0。
7. 利用多项式的除法可得 $Q_{i-1}(x)=\big(x+(-x_i)\big)\cdot Q_i(x)+R_i(x)$，其中 $R_i(x)$ 只含一个常数项。
8. 代入 $x=x_i$ 可得，这个常数项为 0，即 $R_i(x)$ 是一个零多项式。
9. 因此，$Q_{i-1}(x)$ 可以被写作 $\big(x+(-x_i)\big)\cdot Q_i(x)$，其中 $Q_i(x)$ 是某个多项式。
10. 因此，$D(x)$ 可以被写作 $\big(x+(-x_1)\big)\big(x+(-x_2)\big)\cdots\big(x+(-x_{i-1})\big)\big(x+$

$(-x_i)) \cdot Q_i(x)$，其中 $Q_i(x)$ 是某个多项式。

11. 最终，$D(x) = (x + (-x_1))(x + (-x_2)) \cdots (x + (-x_{r+1})) \cdot Q_{r+1}(x)$，其中 $Q_{r+1}(x)$ 是某个多项式。

12. 如果 $Q_{r+1}(x)$ 是一个非零多项式，那么 $D(x)$ 展开后的次数至少是 $r+1$，这与第 2 点矛盾。

13. 如果 $Q_{r+1}(x)$ 是一个零多项式，那么 $D(x)$ 也就是一个零多项式，这说明 $D(x)$ 的每一项系数都为 0，说明 $p(x)$ 和 $q(x)$ 正是同一个多项式函数。

可以验证，这里面的每一步用到的都是前面提到过的域的固有性质。第 3 步的正确性可能并不容易看出来，它的推导过程需要用到后来补充的 $(-x) + (-y) = -(x+y)$ 和 $(-x) \cdot y = -(x \cdot y)$ 这两条结论。

$$
\begin{aligned}
D(x_i) &= \big(a_r + (-b_r)\big)x_i^r + \cdots + \big(a_1 + (-b_1)\big)x_i + \big(a_0 + (-b_0)\big) \\
&= a_r x_i^r + (-b_r)x_i^r + \cdots + a_1 x_i + (-b_1)x_i + a_0 + (-b_0) \\
&= a_r x_i^r + \cdots + a_1 x_i + a_0 + (-b_r)x_i^r + \cdots + (-b_1)x_i + (-b_0) \\
&= a_r x_i^r + \cdots + a_1 x_i + a_0 + \big(-(b_r x_i^r)\big) + \cdots + \big(-(b_1 x_i)\big) + (-b_0) \\
&= \big(a_r x_i^r + \cdots + a_1 x_i + a_0\big) + \big(-(b_r x_1^r + \cdots + b_1 x_i + b_0)\big) \\
&= p(x_i) + \big(-q(x_i)\big) \\
&= y_i + (-y_i) \\
&= 0
\end{aligned}
$$

所以，从拉格朗日多项式公式，到多项式除法的概念和演算，再到多项式插值方案唯一性的证明，每个环节都可以在任何一种域上进行。我们之前的密码分发方案是在有理数集上工作的，如果把工作场所换成任何一种域，一切依旧能照常工作！

所以说，如果有什么域中只含有限个元素就好了。这不是不可能，我们之前就见过一个只含 4 个元素的有限域，只不过其中的元素太少了，传递信息的效率并不高。有没有什么再稍微大一些的有限域呢？有！对于任何一个质数 p，我们都能系统地生成一种含有 p 个元素的有限域。为了避免符号混乱，接下来在表示传统意义上自然数之间的加法、减法和乘法时总是使用 "$+$"、"$-$"、"$\cdot$"，在表示我们定义出来的有限域上的加法和乘法时则使用"⊕"和"⊗"这两个特殊的符号。不妨借助自然数的符号,把这 p 个元素分别记作 $0, 1, 2, \cdots, p-1$。定义 $x \oplus y = (x + y) \bmod p$,定义 $x \otimes y = (x \cdot y) \bmod p$(这里"$\bmod p$"表示"除以 p 的余数",其中"除以"和"余数"指的都是传统意义上的"除以"和"余数")。当 $p = 7$ 时,这 7 个元素之间的加法运算 ⊕ 和乘法运算 ⊗ 的结果如图 3 所示。

⊕	0	1	2	3	4	5	6
0	0	1	2	3	4	5	6
1	1	2	3	4	5	6	0
2	2	3	4	5	6	0	1
3	3	4	5	6	0	1	2
4	4	5	6	0	1	2	3
5	5	6	0	1	2	3	4
6	6	0	1	2	3	4	5

⊗	0	1	2	3	4	5	6
0	0	0	0	0	0	0	0
1	0	1	2	3	4	5	6
2	0	2	4	6	1	3	5
3	0	3	6	2	5	1	4
4	0	4	1	5	2	6	3
5	0	5	3	1	6	4	2
6	0	6	5	4	3	2	1

图 3　一个含有 7 个元素的有限域

在我们的算术世界中,显然有 $(x+y) \bmod p = (y+x) \bmod p$, $(x \cdot y) \bmod p = (y \cdot x) \bmod p$,因而在新的算术世界中,加法运算 ⊕ 和乘法运算 ⊗ 都满足交换律和结合律。另外,由同余运算的基本性质可知,$(x \oplus y) \oplus z$ 和 $x \oplus (y \oplus z)$ 本质上都是 $(x + y + z) \bmod p$,$(x \otimes y) \otimes z$ 和 $x \otimes (y \otimes z)$ 本质上都是 $(x \cdot y \cdot z) \bmod p$,因而在新的算术世界中,加法运算 ⊕ 和乘法运算 ⊗ 都满足交换律和结合律。

由同余运算的基本性质可知,$x \otimes (y \oplus z)$ 相当于 $(x \cdot (y+z)) \bmod p$,而 $(x \otimes y) \oplus (x \otimes z)$ 相当于 $(x \cdot y + x \cdot z) \bmod p$。在我们的世界中,$(x \cdot (y+z)) \bmod p$ 和 $(x \cdot y + x \cdot z) \bmod p$ 是相等的,这说明在新的算术世界中,乘法运算 ⊗ 满足对加法运算 ⊕ 的分配律。

在新的算术世界中,元素 0 是加法单位,元素 1 则是乘法单位。另外,从上面的加法运算表中可以看出,每个元素都有一个加法逆元(每一行每一列里都有元素 0 出现)。这一点并不奇怪:由于 $(x + (p-x)) \bmod p = 0$,因而根据加法运算的定义,$x \oplus (p-x) = 0$,即元素 x 的加法逆元就是元素 $p-x$。从上面的乘法运算表中可以看出,每个非 0 元素都有一个乘法逆元(除了 0 所在的行和列以外,每一行每一列里都有元素 1 出现)。

这是为什么呢？"p 是质数"这个要求就派上用场了。根据上一章讲过的贝祖定理，如果 a 和 n 是互质的，那么我们一定能够找到一个 x，使得 $(a \cdot x) \bmod n = 1$。如果 p 是一个质数，那么 $1, 2, \cdots, p-1$ 都是与 p 互质的，因而 $(1 \cdot x) \bmod p = 1, (2 \cdot x) \bmod p = 1, \cdots, ((p-1) \cdot x) \bmod p = 1$ 都是有解的。这说明，$1, 2, \cdots, p-1$ 都有乘法逆元。

综上所述，新的算术世界形成了一个有限域，把密码分发方案改在这样一个有限域上进行，来来回回都是这么几个数，实施起来就稳定多了。

萨莫尔本人就是这么想的。在 1979 年的《怎样分享秘密》（*How to Share a Secret*）一文中，他这样写道："更具体地说，我们会用同余算术来代替真正的算术。全体整数除以某个质数 p 的余数构成了一个域，多项式插值可以在里面顺利进行。"为了把某个整数型的秘密数据 M 分发给 s 个人，使得恢复这个数据至少需要 k 个人在场，我们可以挑选一个比 M 和 s 都要大的质数 p，并编造一个 $k-1$ 次多项式 $P(x)$，其中常数项为 M，其他系数都从 0 到 $p-1$ 的范围里随机挑选。算出 $P(1), P(2), \cdots, P(s)$ 的值，把它们除以 p 的余数告诉给这 s 个人。由于以 p 为除数的余数世界构成了一个域，因而在这个世界中，知道任意一个 $k-1$ 次多项式函数所经过的 k 个点，都能唯一地恢复出这个多项式来。因此，任意 k 个人在场都能解开这个秘密，但只要少了一个人，都没法解开这个秘密了。

不过，秘密共享这个应用场景太古怪，实际生活中的用途似乎并不大。其实不然。很多基本的安全需求都可以归结为秘密共享问题。例如，在数据储存和数据传输中，我们经常需要面对有部分字节丢失的情况，此时我们会想要设计一种数据编码方案，使得即使丢失了一部分字节的信息，凭借剩余的字节也能把整个数据恢复出来。

1960 年，欧文·里德（Irving S. Reed）和古斯塔夫·所罗门（Gustave Solomon）提出了里德–所罗门编码（Reed-Solomon code），其基本原理正是有限域上的多项式插值。利用更加复杂的有限域生成方法，我们可以构造出大小为 256 的有限域，而单个字节正好有 256 种取值，这样我们便能把每个字节的值视为有限域中的一个元素。假如某段数据有 k 个字节，那么我们首先把这 k 个字节看作该有限域上的一个 $k-1$ 次多项式的 k 个系数，从而确定出 $k-1$ 次多项式 $P(x)$；然后计算出 255 个非 0 元素依次代入多项式 $P(x)$ 所得到的函数值，作为最终的编码发送出去。由于我们总是在有限域内进行运算，因此多项式的值仍然在这个域里面，仍然可以用一个字节来表达。所以，最终编码就是一段包含 255 个字节的数据。在实际应用中，我们通常取 $k = 223$，再按此大小分割原数据，这样的话每 223 个字节的原始信息都可以被重新编码为 255 个字节，使得其中任意 32 个字节丢失后，我们仍然能够复原出全部 223 个字节的原始信息。更厉害的是，里德–所罗门编码不但可以解决数据丢失的问题，还能解决数据错误的问题。如果给定的 255 个函数值当中可能存在某些错误的函数值，但绝大多数函数值都能取得一致，我们仍然能恢复出原始信息。根据这个原理，如果 255 个字节当中的错误字节数不超过 16 个，则仍然不会对原始信息造成实质性的损害。

与其他纠错编码相比，里德–所罗门编码有一个颇有些意外的优势：它承受成片数据丢失的能力更强。这是因为，里德–所罗门编码是以字节为单位的，对于里德–所罗门编码来说，丢失 1 个 bit 的数据和丢失连续 8 个 bit 的数据没什么区别。因而，里德–所罗门编码广泛用于 CD、DVD 等存储媒介。数据备份小程序 rsbep（缩写自 Reed-Solomon and Burst Error Protection）则把最终得到的每 255 个字节为一组的数据

$$a_1, a_2, \cdots, a_{255}, b_1, b_2, \cdots, b_{255}, c_1, c_2, \cdots, c_{255}, \cdots$$

按照

$$a_1, b_1, c_1, \cdots, a_2, b_2, c_2, \cdots, a_{255}, b_{255}, c_{255}, \cdots$$

的方式重新排列后存储起来，故意把成组的 255 个字节分散到各个地方储存，从而能够承受更严重的大块数据丢失。QR 二维码也采用了里德–所罗门编码技术，因而即使二维码缺失了一个角，或者在二维码中央覆盖一个装饰性的 logo，整个二维码的内容仍然能被百分之百地识别出来。我们甚至能故意改动二维码数据，在二维码的某个角落创作出一幅像素画，这样的二维码仍然能被正确识别出来（如图 4 所示）。

当然，反过来，如果数据缺失的位置往往会零散地分布在各处，这里丢 1 个 bit，那里丢个 1bit，此时再用里德–所罗门编码就有些亏了，采用以 bit 为单位的纠错编码则会更好一些。我们会在第 7 章看到一个这样的编码。

图 4　在这个二维码中，右下角的装饰性元素已经动了二维码的数据，但整个二维码仍
　　　然能被正确地识别出来

基于 RSA 算法的数字现金协议

　　前面我们已经看到了，互联网的产生给我们带来了很多意想不到的安全问题。聊天、签约、投票等各种各样的社会活动，虽然可以简单地利用物理手段来实现，一旦放在纯信息的环境中，不少原先很难观察到的安全问题便暴露了出来。为了更深切地体会这一点，我们不妨试着把最常见的社会活动之一——经济活动——搬到网络上去。

　　把经济活动搬到网络上去，这似乎并不复杂：服务器上储存一个大列表，记录每个人的账户上有多少钱；每次交易时，我只需要告诉服务器，把多少多少钱打入谁谁的账户里即可。然而，这种协议丢失了很多实际生活中现金交易所具有的性质，比方说交易的匿名性：虽然钞票上带有唯一标识，但在现金交易时人们通常并不关心它，人们眼中钞票几乎是无差异的。因此，中央机构很难追查你手里的钱都是从哪里来，又到哪里去了。然而，在网络上，每次交易都会经过服务器，因此服务器将知道每笔钱的来源和去向。我怎么保证，这些隐私信息不会被其他人看见呢？可见，货币的数字化将会对个人隐私构成极大的威胁。事实上，这正是很多人拒绝使用信用卡的原因。

如何解决这个问题呢？让我们想一想，在实际生活中，现金交易是如何保护人们的隐私的。为了把我存折里的一块钱"打"到你的存折里，我可以先到银行里取出一元钞票，然后将这张一元钞票交给你，你再把这张一元钞票存进你的存折里。这样，我的存折里就少了一元钱，你的存折里就多了一元钱，而任何第三方都无法证明这两者之间是有联系的。那么，为何不把这个过程照搬到网络上呢？我先让服务器从我的账户上扣掉一元钱，同时让它发给我某种形式的字符串作为"电子虚拟钞票"；然后，我私下把这个字符串传给你，你再把字符串传给服务器；服务器检查这个字符串确实代表一张合法的钞票，并且给你账户上的金额数目加一，这不就行了吗？

这么做显然不行。信息世界和物理世界的最大区别就是，信息世界中的东西可以随意地修改和复制，不是说销毁就能销毁的。如果服务器颁发的钞票是无差异的，那么我就可以把钞票多复制几份，把它们打给好几个不同的人，服务器根本发现不了。这就是数字现金协议的重复消费问题（double-spending problem）：如何保证数字钞票不会被重复使用？其中一种办法是，服务器给每张钞票添加一个唯一标识。今后，如果有人收到了别人支付的钞票，就必须立即给服务器发送钞票的唯一标识，询问这张钞票是否已用过，从而及时发现并制止支付者一票多用的行为。然而，如果真的添加了唯一标识，服务器就会知道每一块钱的来源和去向，匿名性又得不到满足了。

大家能否自己编写自己的钞票标识，让服务器也不知道每个钞票标识都是谁的呢？显然不行，因为这就相当于用户可以自己印钞票了。其实，自己印钞票也不是不可以，不过需要经过服务器认证才行。那么，我能否把自己印的钞票交给服务器，让服务器方面在钞票的标识上盖个章呢？也不行，因为这样的话，服务器就会知道钞票上的那个标识是我的，匿名问题还是没有解决。那么，我能否让服务器方面在钞票的标识上盖个章，但却不让它看到这个标识究竟是什么？这是一个非常有趣的想法。

戴维·乔姆（David Chaum），这位著名的密码学家，多种数字现金协议的发明者，在1983年的一篇论文中首次提出了"盲签名"（blind signature）的概念。用他的话说，盲签名就好比是用复写纸签字一样。把文件放进衬有复写纸的信封里，然后把信封封好，交给签名者，让签名者直接在信封上签字。这样，我们便能让签名者在文件上留下字迹，而又不用担心签名者看到文件的内容。

不过，在网络上，怎样实现盲签名呢？此时，就该轮到 RSA 算法再次登场了。我们已经知道了一种非常实用的数字签名算法——RSA 算法。对其稍加改造，便能得到一个符合要求的盲签名算法。

回顾一下用 RSA 算法进行签名的本质。服务器选取两个大质数 p、q，把它们相乘后得到 n；再利用扩展的辗转相除法找出两个数 d 和 e，使得 $d \cdot e$ 除以 $(p-1)(q-1)$ 余 1。利用欧拉定理可以证明，这样的 d、e 将会满足，对于任意一个小于 n 的正整数 x 都有，$(x^d)^e \bmod n = x$（其中 $\bmod n$ 表示除以 n 的余数）。函数 $s(x) = x^d \bmod n$ 就是"签名函数"，只有服务器才能知道；函数 $s'(x) = x^e \bmod n$ 就是"查看函数"，可以公之于众。根据前面的结论，d、e 的取值可以保证，对于任意一个小于 n 的正整数 x，$s'(s(x)) = x$ 始终成立。但是，如果只知道函数 s'（换句话说，只知道 e 和 n 的具体值），要想构造出函数 s（即找出合适的 d 值），除了把 n 分解成 p 和 q 的乘积以外，目前没有本质上更好的方法。然而，大整数的分解是非常困难的。因此，除了服务器以外，其他人都无法伪造签名。这就实现了数字签名的作用。

那么，什么是盲签名呢？假设待签名的文本为 t，则我们实质上希望服务器返回 $s(t) = t^d \bmod n$，但又不希望服务器知道 t 是什么。其中一个想法就是，对文本 t 进行干扰（例如在 t 上面加上一个随机数，或者乘上一个随机数等），再传给服务器，让服务器不知道 t 是什么；但服务器给这个干扰过的 t 签了名之后，我们还能除去刚才的干扰因子，把服务器返回的结果还原为 $t^d \bmod n$。

一个非常聪明的办法就是，利用扩展的辗转相除法，找出两个数 k 和 l，使得 $(k \cdot l) \bmod n = 1$，然后给文本 t 乘上 k 的 e 次方，把 $(t \cdot k^e) \bmod n$ 传给服务器。满足 $(k \cdot l) \bmod n = 1$ 的 k 和 l 有很多，我们只需要随便选取一对就行。这样一来，服务器当然不可能知道 t 是什么，因为它不知道我选的 k 是多少。它对 $(t \cdot k^e) \bmod n$ 进行签名，传回来的结果即为 $(t^d \cdot (k^e)^d) \bmod n$，或者等价地写成 $(t^d \cdot (k^d)^e) \bmod n$。但是，$d$、$e$ 的取值使得 $(k^d)^e \bmod n$ 就等于 k，于是这个签名结果实际上就是 $(t^d \cdot k) \bmod n$。现在，把这个签名的结果乘以 l（当然还得再取除以 n 的余数），就得到了 $(t^d \cdot k \cdot l) \bmod n$，也就是我需要的签名文件 $(t^d) \bmod n$。

有了盲签名算法，第一个满足匿名要求的数字现金协议就出炉了。如

　　　　　　　　　　　　　　　　　　　　　　密码学与协议

果我要给你一块钱，那么我就首先编写一个形如"banknote#196e3d6276f"的字符串，其中 196e3d6276f 是我自己瞎编的一个随机串，它还可以更长一些，目的是要保证不和别人编写的相重。然后，利用盲签名算法，让服务器给这个字符串签名。接下来，我把签名后的字符串给你，你再立即联系服务器，由服务器来验证字符串是否合法，以及编号 196e3d6276f 是否被用过。服务器完成验证后，就给你账户上的金额数目加一，同时把编号 196e3d6276f 记下来，表明这个编号已用过。

事实上，你自己就能验证字符串的合法性，因为查看函数 s' 是公开的。服务器的签名实际上起到了一个"防伪标识"的作用：如果用函数 s' 查看之后发现，这张钞票根本就不是以"banknote"打头的，那这张钞票必然就是一张假钞。但即使考虑到这一点，整个数字现金协议还是少了实际生活中现金交易所具有的一个重要性质：在刚才的数字现金协议中，交易过程必须是在线的；而在实际生活中，现金交易则是离线的。也就是说，在网络上，我把钞票给你的时候，服务器方面必须同时在场，以防止我使诈；但在实际生活中，我直接把钞票给你就行了，你可以在未来的任意时刻把钞票存进存折里。等等，服务器的签名不是已经起到防伪的作用了吗？为什么离线交易还是不行呢？这是因为，你可以代替服务器验证钞票的真实性，却不能代替服务器验证钞票有没有被用过。重复消费啊！最终还是重复消费的问题！

显然，如果有人试图进行重复消费，不到最后联系服务器的时候都是发现不了的。那么，如何才能实现离线交易呢？我们不妨换个角度想一想：为什么人们不敢进行离线交易？关键原因就是，如果交易是离线的，那么我把钞票给你之后，我就直接跑掉了，等到你去存钱时，已经没法追查到我了。如果把个人信息附在钞票上，问题似乎就解决了，但是，好不容易实现的匿名性就又泡汤了。有一个大胆的想法：有没有可能利用某种加密方式，把个人信息附加在钞票上，使得正常使用钞票时个人信息可以保持秘密状态，一旦试图进行重复消费，个人信息就会被暴露出来呢？1990 年，又是戴维·乔姆这个人，提出了一个绝妙的方法。

首先，我用 100 种不同的方法，把我的账户号分成两个数之和（更专业的做法则是，用 100 种不同的方法，把我的账户号写成两个数的异或结果），从而得到 200 个成对的数。然后，选取一个不可逆的、抗冲突的散列函数（比如目前还算安全的 SHA-1），把这 200 个数的散列值全部写在钞票上。因此，一张钞票上必须包含三样信息：一个合法的信息头，一个随机的编号，以及 200 个成对的散列值。如果任意一对散列值所对应的两个数都被人知道了，我的账户号也就被暴露了。接下来，将这张钞票递交给服务器。服务器在钞票上进行盲签名，把签名后的钞票回传给我，同时从我的账户上扣掉一块钱。

把钞票给你之后，你可以查看到这 200 个成对的散列值。接下来，你需要从每对散列值中随机选出一个来，向我索要它的原文。考虑到散列函数的抗冲突性，我基本上不可能抵赖，只能老老实实地交出原文来。等我诚实地回答完你的所有询问之后，你便可以放心大胆地接受我的钞票。未来的某个时候，如果你想要把钞票存进自己的账户，就把钞票发送给服务器，同时告诉服务器，你挑选了每对散列值里的哪一个散列值，我给出的回答又分别是什么。服务器记录下这些信息之后，便会更新你账户上的金额。

我不用担心服务器会追查到我，因为我只透露了每一对数的其中一个，仅仅根据这些信息是无法还原出我的账户号的。但是，如果想要进行重复消费，我就得面对另一个人的询问，并给出相应的回答。只要这个人问到了任何一个之前没有问过的数，我就完蛋了：要么谎报一个数，对方发现我的回答与散列值不符，从而当场拒绝我的钞票；要么如实答复，成功花掉钞票，但等到对方联系服务器之后，服务器便可推出我的身份来。如果我的运气极好，重复消费还是有可能成功的，但它的概率只有可怜的 $1/2^{100}$。

一个完美的协议，是吗？且慢，这里面还有一个巨大的漏洞：大家凭什么相信，钞票上的这些散列值所对应的原文真的能恢复出我的账户信息来？万一那 200 个数是我瞎编的怎么办？造成这个漏洞的关键原因是，服务器在给我的钞票签名的时候，使用的是盲签名协议。因而，服务器也不知道，我所递交的钞票上是否真的包含了我的账户信息。

怎么办呢？生活中最常见的做法就是，服务器对递交上来的钞票进行抽查，并加重对作弊者的惩罚。密码学中更常用的做法，则把"抽查思想"用得更加有范儿。我先制作 1000 张不一样的钞票，每张钞票上都是不一样的编号，以及不一样的散列值列表。对每张钞票都进行干扰之后，依次递交给服务器。然后，服务器从中随机选择 999 张钞票，要求我给出这 999 张钞票的原始数据和干扰因子，以及所有 200 × 999 个散列值的原文，确定我没有作弊后，对剩下的那张钞票进行盲签名。这样的话，我只有 0.1% 的概率可以骗过服务器，得到一张不含个人信息的"黑票"。如果觉得这个概率值不够小，还可以进一步增加 1000 这个参数。

至此，我们终于得到了一个匿名的、离线的数字现金协议。

现代密码学诞生以来，人们先后提出了很多种不同的数字现金系统，其中重复消费问题永远是核心问题之一。早期的数字现金系统主要依靠某个中心节点的在线查询来解决这个问题，从在线变为离线则是又一个不小的进步。当然，不管是在线的，还是离线的，整个系统都必须以中心节点的稳定性和可信任性为前提。以 bitcoin 为代表的分布式数字现金协议则采用了一种完全不同的思路来解决包括重复消费在内的诸多问题，里面同样有很多让人拍案叫绝的思想值得大家研究。

6 计算几何

线性代数的魅力

　　很早的时候，我玩过一个非常简陋的 Flash 小游戏，大致就是控制一个飞机在二维卷轴中上下飞行以躲避一个个长条形的障碍。随着游戏的进行，飞机前进的速度越来越快，此时，一个可笑的 bug 出现了：飞机会有很小的概率毫发无伤地穿过障碍物。按道理说，速度越快，应该被撞得越惨啊？为什么在游戏中反而拥有了"穿墙术"呢？我仔细想了一下，不由得大笑：这是因为，当飞机的速度变快后，有可能上一帧飞机还在障碍物的这一侧，下一帧飞机就跑到障碍物的另一侧了。计算机的世界是离散的，物体表面上是在连续移动，实际上是在做大量微小的"瞬移"。物体速度变快了，每次"瞬移"的量变多了，穿墙的奇观也就诞生了。

　　怎么解决这个问题呢？一个简单的想法便是减小时间增量，更频繁地更新飞机的位置；另一个想法便是把障碍物变得更粗，从而防止飞机穿过去。但显然，这都不是根本的解决办法，如果飞机速度变得再快些，问题依旧存在。其实，问题的关键在于判断是否撞上障碍物的逻辑：我们不应该看飞机的位置是否遇到了障碍物，而应该看飞机的路径是否遇到了障碍物。换句话说，我们应该检查，相邻两帧飞机位置的连线是否与障碍物的边界相交（如图 1 所示）。

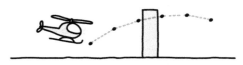

图 1　相邻两帧飞机位置的连线与障碍物的边界相交，就算飞机碰到障碍物

　　想到这一招后，我们就可以把长条形障碍升级成不规则形状的障碍了。原来的游戏里使用长条形的障碍，多半是因为我们很容易判断一个点是否位于一个各边与坐标轴平行的矩形内部（只需要看 $x_1 < x < x_2$ 和 $y_1 < y < y_2$ 是否同时满足即可），但若把矩形换成由一系列点构成的不规则多边形，判断起来就困难了。然而，如果用新的逻辑来判定碰撞，我们根本就不需要判断飞机是否在多边形内了，只需要看每次瞬移的路径是否会和多边形的其中至少一条边相交即可。

　　但是，我们又如何判断两条线段是否相交呢？具体地说，已知 A、B、C、D 四个点的坐标，如何判断线段 AB 和线段 CD 是否相交？仔细想想，你会发现，这还真不是一件简单的事。

一个简单的办法就是动用解析几何的知识。在平面直角坐标系中，直线可以用一次函数来表示。我们可以根据 A、B 两点的坐标，求出 A、B 两点所在直线的表达式。与之类似，我们可以根据 C、D 两点的坐标，求出 C、D 两点所在直线的表达式。两个直线方程联立求解，便能得到两条直线的交点坐标。

例如，如图 2 所示，A、B、C、D 的坐标分别是 $(-2, -2)$、$(6, 1)$、$(1, -1)$、$(-3, 4)$。假设同时经过 A、B 的直线满足表达式 $y = k \cdot x + b$，那么 k 和 b 就应该同时满足 $-2 = k \cdot (-2) + b$ 及 $1 = k \cdot 6 + b$，据此可以解出 $k = 0.375$ 及 $b = -1.25$。因此，A、B 所在直线的表达式就是 $y = 0.375x - 1.25$。与之类似，我们可以求出 C、D 所在直线的表达式，即 $y = -1.25x + 0.25$。现在，我们就有了两个关于 x 和 y 的二元一次方程了。将这两个二元一次方程联立起来，可以求出唯一解 $x \approx 0.923$，$y \approx -0.904$。因而，$(0.923, -0.904)$ 同时满足两个方程，说明这个点同时位于两条直线上，它也就是两条直线的交点了。

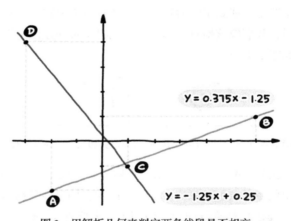

图 2　用解析几何来判定两条线段是否相交

等等，求出了交点，并不意味着 AB 和 CD 就会相交。我们求出的是直线 AB 和直线 CD 的交点，但线段 AB 和线段 CD 是否相交还说不清楚。我们还需要知道，交点 $(0.923, -0.904)$ 是否真的在两条线段上。我们已经知道 $(0.923, -0.904)$ 在直线 AB 上了，如果横坐标 0.923 确实位于 A、B 两点各自的横坐标之间，就说明它一定在线段 AB 上。与之类似，为了判断

$(0.923, -0.904)$ 是否在线段 CD 上，只需要看横坐标 0.923 是否介于 C 的横坐标和 D 的横坐标之间。检验发现，交点 $(0.923, -0.904)$ 确实在线段 AB 范围内，也确实在线段 CD 范围内。所以，AB 和 CD 会相交。

这个方法看上去不错，但是要在计算机上实现，就有困难了。如果 A、B 两点的纵坐标恰好相同，直线 AB 就是一条水平线，一次函数表达式中的 k 值为 0。更惨的是，如果 A、B 两点的横坐标恰好相同，直线 AB 就是一条竖直的线，它根本没有对应的一次函数表达式（或者说一次函数表达式中的 k 值为无穷大）。这些特殊情况都非常难处理，缺乏简洁和对称之美。最关键的是，整个运算过程会涉及大量的除法，于是会不可避免地引入浮点误差。

有没有什么只用加法、减法、乘法和比较运算就能判断线段是否相交的方法？在回答这个问题之前，让我们先来想一想，人是依据什么来判断线段是否相交的。其实，大多数时候，人眼能直接分辨出两对点相连后是否会相交。上面的例子则稍微困难一些，因为 C 点离直线 AB 实在是太近了，我们很难看出 C 点究竟在直线 AB 的哪一侧。我们不妨深究下去：我们为什么想要知道 C 点究竟在直线 AB 的哪一侧？因为，我们需要保证 C、D 两点在直线 AB 的异侧。由于 A、B 两点明显在直线 CD 的异侧，因此 A、B 的连线就会和直线 CD 相交；为了保证这个交点在线段 CD 上，我们还得让 C、D 两点在直线 AB 的异侧。总结起来就是：如果点 A 和点 B 在直线 CD 的异侧，并且点 C 和点 D 在直线 AB 的异侧，那么线段 AB 和线段 CD 就一定相交。只要有任意一条不满足，线段 AB 和线段 CD 就无法相交了。

那我们又怎么判断两点是否在直线的异侧呢？比方说，怎么判断 C、D 两点是否在直线 AB 的异侧？不妨假设你站在 A 点处，此时，相对于你来说，B、C、D 三个点的坐标就变成了 $(8, 3)$、$(3, 1)$、$(-1, 6)$。现在，再假设你面向 B 点站立，那么顺时针旋转不超过 180 度就能看见的点就位于 B 的顺时针方向，逆时针旋转不超过 180 度就能看见的点就位于 B 的逆时针方向（如图 3 所示）。如果 C、D 两个点一个在 B 点的顺时针方向，一个在 B 点的逆时针方向，这就说明 C、D 两点分居两侧。如果有办法可以有效地判断，相对于你来说，一个点在另一个点的顺时针方向还是逆时针方向，所有问题就解决了。

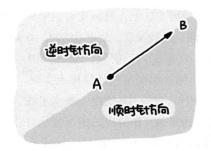

图 3　AB 的顺时针方向和逆时针方向

　　假设以你为原点，两个点的坐标分别为 (a,b) 和 (c,d)。如果两个点都在第一象限，那么第二个点在第一个点的什么方向是很好判断的：如图 4 所示，如果斜率 d/c 比 b/a 大，那么第二个点就在第一个点的逆时针方向；如果斜率 d/c 比 b/a 小，那么第二个点就在第一个点的顺时针方向。这等价于判断 $d/c - b/a$ 是大于 0 还是小于 0，或者说 $ad - bc$ 是大于 0 还是小于 0（注意，这里用到了 a 和 c 都大于 0 这个假设）。神奇的是，事实上，不管 (a,b) 和 (c,d) 各自位于哪个象限，$ad - bc$ 和 0 的大小关系与两个点的位置关系总是一致的：$ad - bc > 0$，则 (c,d) 在 (a,b) 的逆时针方向；$ad - bc < 0$，则 (c,d) 在 (a,b) 的顺时针方向。更神奇的是，多试几次你便会发现，$ad - bc$ 的绝对值的一半一定等于 (a,b)、(c,d) 和原点（也就是你所在的位置）所组成的三角形面积。这个结论如此精妙，背后一定有什么更为深刻的原因。

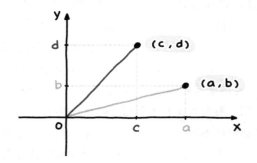

图 4　如何判断 (c,d) 在 (a,b) 的什么方向？

　　等等，$ad - bc$ 是个什么东西来着，怎么感觉这么熟悉？其实，$ad - bc$

就是行列式

$$\begin{vmatrix} a & c \\ b & d \end{vmatrix}$$

的值。

人们最早提出行列式，是用来判断 n 元一次方程组是否有唯一解的。方程组

$$ax + cy = m$$

$$bx + dy = n$$

是否有唯一解，完全是由行列式

$$\begin{vmatrix} a & c \\ b & d \end{vmatrix}$$

来决定的：这个方程组有唯一解，当且仅当

$$\begin{vmatrix} a & c \\ b & d \end{vmatrix} = ad - bc \neq 0$$

事实上，英文单词 determinant（行列式）就是从 determine（决定）这个词变过来的。不过，当时的人肯定不会料到，这个用意明确的判别式，竟然与很多不同领域的概念都有着千丝万缕的联系。从 1750 年开始，行列式理论有了一系列激动人心的发展。人们找到了行列式的很多其他意义，其中一个便是线性变换的面积伸展系数。

让我们把一张边长为 1 的正方形图片放在平面直角坐标系的第一象限，其中两条边与坐标轴对齐。现在，假如我们把这张图里的每个点 (x, y) 都移到 $(x + 3y, 2x - y)$ 去，结果会怎样？你会发现，这相当于是对原图做了一个"线性的拉扯"，把原图变成了一个平行四边形（如图 5 所示）。那么，$(x, y) \rightarrow (x + 3y, 2x - y)$ 便是一个线性变换，我们可以把这个线性变换简记作矩阵

$$\begin{pmatrix} 1 & 3 \\ 2 & -1 \end{pmatrix}$$

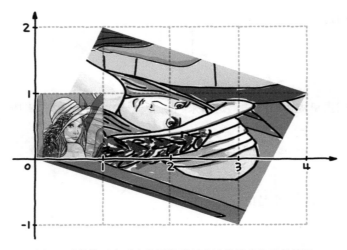

图5 对单位正方形内的图像进行上述线性变换后的结果

其实，表达线性变换就是矩阵最基本的用途。用某个矩阵来乘以某个列向量，就相当于是计算在某个线性变换下原来某个点现在的新位置；两个矩阵相乘的结果，也就是两个线性变换复合后得到的线性变换。而矩阵的行列式，则表示在对应的线性变换下，一个图形的面积会被放大到原来的多少倍。行列式的值大于1，则表明线性变换会把图形扯大；行列式的值等于1，则表明线性变换不会改变图形的面积；行列式的值小于1（但大于0），则表明线性变换会把图形压小。行列式的值甚至有可能是负的，这意味着这个线性变换会把图形翻转过来，变成原来的镜像。图5所示就是上面那个线性变换的效果，它会把一个单位正方形变成一个面积为7的平行四边形，但整个图像却反了。因此，我们有

$$\begin{vmatrix} 1 & 3 \\ 2 & -1 \end{vmatrix} = -7$$

如果行列式的值等于0，则表明线性变换会把图形碾成一条线（甚至一个点），使得图形的维度降低，因而图形的面积就变成了0。容易看出，解方程组

$$ax + cy = m$$
$$bx + dy = n$$

计算几何

其实就是在问，如果对整个平面上的所有点进行线性变换 $(x, y) \rightarrow (ax + cy, bx + dy)$，那么有没有什么点会变到 (m, n) 去。若

$$\begin{vmatrix} a & c \\ b & d \end{vmatrix} \neq 0$$

线性变换前后的点就形成了一一对应的关系，因而方程有唯一解。若

$$\begin{vmatrix} a & c \\ b & d \end{vmatrix} = 0$$

那么，整个平面就被压缩成一条线（甚至一个点）。假如 (m, n) 正好在这条线（或者这个点）上，它就会是由无数多个点变来的，此时方程组

$$ax + cy = m$$

$$bx + dy = n$$

就有无穷多个解；假如 (m, n) 不在这条线（或者这个点）上，就说明任何点都没能变到它那里去，此时方程组无解。总之，这个方程组就不可能有唯一解了。行列式的几何意义和判别式意义，就这样联系在了一起。

从另一个角度来看，图 5 所示的线性变换会把单位正方形中的顶点 $(1, 0)$ 变到 $(1, 2)$ 去，会把顶点 $(0, 1)$ 变到 $(3, -1)$ 去，而 $(0, 0)$ 则保持不变。因此，整个图形在线性变换之后，就会变成一个以 $(0, 0)$、$(1, 2)$、$(3, -1)$ 为顶点的平行四边形。同时注意到，若以原点 $(0, 0)$ 为参照，则原来 $(0, 1)$ 在 $(1, 0)$ 的逆时针方向，如果线性变换之后前者仍然在后者的逆时针方向，那么这个线性变换就是"顺的"，平行四边形面积为正；如果前者跑到了后者的顺时针方向，就说明整个图被翻过来了，平行四边形的面积就应该取负数。

根据同样的道理，行列式

$$\begin{vmatrix} a & c \\ b & d \end{vmatrix}$$

的值也就是由 $(0, 0)$、(a, b)、(c, d) 张成的平行四边形的面积，并且如果在

$(0,0)$ 看来，(c,d) 位于 (a,b) 的顺时针方向，那么这个面积值就是负的。最后，只需要注意到由 $(0,0)$、(a,b)、(c,d) 构成的三角形面积是平行四边形面积的一半，这就回到了我们之前观察到过的结论。

这一切都还可以向高维推广。$n \times n$ 的矩阵表示了 n 维空间中的一个线性变换，n 阶行列式就是 n 元一次方程组是否有唯一解的判别式，也就是 n 维线性变换对广义体积的影响系数。这一切都是为什么？为什么 n 阶行列式的定义正好符合这些直观意义？篇幅有限，这里就不再赘述，感兴趣的读者可以慢慢琢磨。这无疑是一次重新学习线性代数的好机会。

如果点 A 的坐标是 $(-2,-2)$，点 B 的坐标是 $(6,1)$，那么以 A 为参照物，B 点的坐标就变成了 $(8,3)$。在计算几何中，我们通常把这个 $(8,3)$ 就叫作向量 AB，它是一种既有大小又有方向的量。给定两个向量 (a,b) 和 (c,d)，那么 $ad-bc$ 的值就叫作这两个向量的"叉积"（cross product）。叉积的结果是一个带有符号的面积，我们把它叫作有向面积。（虽然这样描述叉积大大方便了后文的讲解，但实际上，这样描述叉积是错误的。两个向量的叉积应该是空间中的一个新的向量，它的长度等于这两个向量张成的平行四边形的面积，它的方向与这两个向量都垂直。这事儿非常复杂，我们就不再展开了。）

有了这些工具，很多问题都可以解决了。判断 AB 和 CD 是否相交，现在终于有了一个漂亮的方法：求出向量 AB 与向量 AC 的叉积，再求出向量 AB 与向量 AD 的叉积，看两个结果是否异号；同时，求出向量 CD 与向量 CA 的叉积，再求出向量 CD 与向量 CB 的叉积，看两个结果是否异号；如果两次都是异号，则表明 AB 和 CD 相交。事实上，我们还能利用叉积，求出交点的坐标来。如图 6 所示，假设 AB 和 CD 交于点 P，那么 $\triangle ACD$ 的面积就等于 $AP \cdot h_1/2 + AP \cdot h_2/2 = AP \cdot (h_1 + h_2)/2$，同理，$\triangle BCD$ 的面积就等于 $BP \cdot (h_1 + h_2)/2$。于是，AP 和 BP 的长度之比，就等于 $\triangle ACD$ 和 $\triangle BCD$ 的面积之比。我们可以用叉积求出 $\triangle ACD$ 和 $\triangle BCD$ 各自的面积，如果这两个面积之比为 $m:n$，A、B 两点的坐标分别是 (x_1, y_1) 和 (x_2, y_2)，那么 P 点的坐标就是 $(x_1 + (x_2 - x_1) \cdot m/(m+n), y_1 + (y_2 - y_1) \cdot m/(m+n))$，或者写成更美观的形式：$((n \cdot x_1 + m \cdot x_2)/(m+n), (n \cdot y_1 + m \cdot y_2)/(m+n))$。

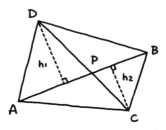

图6　用向量的叉积求出两个线段的交点

向量的叉积还可以解决很多其他的问题。由于三角形的面积等于底乘以高除以2，因此为了求出某个点到某条线段的距离，只需要先用叉积求出这三个点构成的三角形面积，再用这个面积值的两倍除以线段的长度即可（由勾股定理可得，(x_1, y_1) 和 (x_2, y_2) 的连线长度为 $(x_1 - x_2)^2 + (y_1 - y_2)^2$ 的算术平方根），如图7所示。为了判断给定的三个点是否共线，我们只需要计算由这三个点构成的三角形面积是否为0（考虑到可能的浮点误差，更好的做法是，看三角形的面积是否小于某个充分小的常量，比如 10^{-6}）。

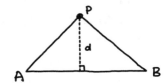

图7　用向量的叉积求出点到线段的距离

给定 V_1、V_2、V_3 和 V_4 这4个顶点的坐标，如何求出四边形 $V_1V_2V_3V_4$ 的面积？如图8所示，看上去，我们只需要算出向量 V_1V_2、向量 V_1V_3、向量 V_1V_4，并借此求出 $\triangle V_1V_2V_3$ 和 $\triangle V_1V_3V_4$ 的面积之和就行了，但是且慢，如果这个四边形是凹四边形呢？如图9所示，没有关系，不要忘了，我们的面积都是有向的。在累加过程中，面积的有向性会自动地帮我们加加减减，得到真实的四边形面积。同时，观察最终结果的正负，我们还能判断出顶点 V_1、V_2、V_3、V_4 是按顺时针方向排列的还是按逆时针方向排列的。同样，对于任意 n 边形来说，把 V_1 和其他所有点相连，可以得到 $\triangle V_1V_2V_3, \triangle V_1V_3V_4, \triangle V_1V_4V_5, \cdots$ 共 $n-2$ 个小三角形。把这 $n-2$ 个小三角形的有向面积加起来，就是整个多边形的面积了，即使是凹多边形也不例外。

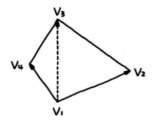
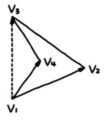

图 8　用向量的叉积求出凸四边形的面积　　图 9　用向量的叉积求出凹四边形的面积

最后，回到由那个简陋的飞机游戏所引申出来的问题——如果我们真的想判断某个点 P 是否在多边形以内，又该怎么办呢？大家或许很容易想到下面这个方法。如图 10 所示，假设我们根据前一段的算法，已经知道了这个多边形的各点是按照逆时针的顺序给出的，那么我们就沿着多边形逆时针走一圈，看看点 P 是否总在各边的左侧（逆时针方向）就行了。但是，如图 11 所示，这对于凹多边形来说是不成立的，多边形内的点并不见得总在多边形各边的同一侧。另一个容易想到的方法是，如图 12 所示，过该点作一条射线（或者说把该点和某个充分远的点相连），看它是否会与多边形的某条边相交。这个方法也是有问题的，因为从多边形以外的点出发所作的射线也有可能与多边形相交，如图 13 所示。那么，把"是否与多边形相交"改成"是否与多边形只相交一次"呢？对于凸多边形来说，这是可以的；但是在凹多边形中，射线也有可能与多边形相交不止一次，如图 14 所示。下面这个方法才算是抓到了多边形内和多边形外的本质区别：看射线是否与多边形相交了奇数次（换句话说，看射线是否与多边形的其中奇数条边有交点）。从多边形外的一个点走到多边形外的另一个点，如果与多边形相交，则一定是有进必有出，相交次数一定是偶数。根据类似的道理，从多边形内的某个点出发，最后走到最外边去了，相交次数一定是奇数。当然，这个里面还有很多非常恼人的特殊情况，比如，要是射线选得不好，正好从多边形的两条相邻线段的公共点上穿出去了，这样就会少算一次相交（如果规定端点处相交不算相交），或者多算一次相交（如果规定端点处相交也算相交）。尤其是考虑到浮点误差的情况下，边界情况就更不能掉以轻心了。怎么办呢？最简单的一种办法恐怕就是再随机选几条射线，多做几次实验了。当然，进一步利用计算几何，我们还有很多其他的办法，篇幅所限，就不多说了。

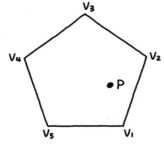

图 10　能否用"转圈法"判断点 P 是否在某个多边形以内？

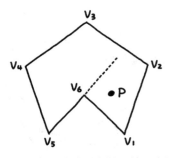

图 11　对于凹多边形来说，"转圈法"会失效

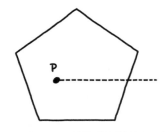

图 12　能否用"射线法"判断点 P 是否在某个多边形以内？

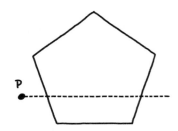

图 13　射线的起点在多边形外，整个射线与多边形有 2 个交点

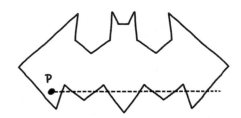

图 14　射线的起点在多边形内，整个射线与多边形有 9 个交点

美术馆问题

假如有一个凹四边形的美术馆。我们需要在美术馆当中安排尽可能少的警卫，使其能够观察到美术馆的所有角落。我们可以如图 1 所示安排两名警卫，但实际上，如图 2 所示安排一名警卫就够了。如果美术馆的形状更加复杂，很可能一名警卫永远不够，例如在图 3 所示美术馆中，安排两名警卫是必需的。如果美术馆的形状更加复杂，比如如图 4 所示，那么最

少需要安排多少名警卫呢? 这就是著名的美术馆问题 (art gallery problem): 给定一个多边形, 确定最少需要在多边形内放置多少名警卫, 才能让他们的视野覆盖整个多边形。

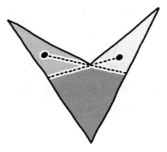

图1　用两名警卫看守美术馆

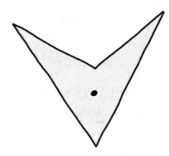

图2　用一名警卫看守美术馆

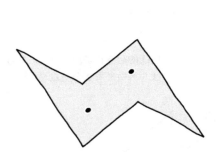

图3　看守这个美术馆至少需要两名警卫

图4　看守这个美术馆至少需要几名警卫?

有时候, 虽然多边形非常复杂, 顶点数非常多, 但是放置一名警卫就够了 (如图5所示)。当然, 也有一些构造多边形的定式, 可以充分利用顶点的数目, 产生尽可能多的偏僻角落, 从而增加所需警卫的数目。例如, 利用图6所示方法便能得出一系列含有 $n = 3k$ 个顶点的多边形, 使得里面至少要放置 k 名警卫才行。如果顶点数是 $3k + 1$ 或 $3k + 2$, 我们可以先作出顶点数为 $3k$ 的多边形, 再把剩下的顶点当作"废"的顶点添加进去, 这仍然可以让所需警卫的数量达到 k。由此可知, 对于任意顶点数 n, 我们都能找到一个至少需要 $\lfloor n/3 \rfloor$ 个警卫的多边形 (其中 $\lfloor x \rfloor$ 表示不超过 x 的最大整数)。

　　　　　　　　　　　　　　　　　　　　　　计算几何

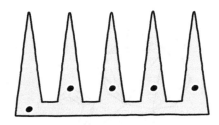

图 5　多边形的顶点数非常多，却只需
　　　要一名警卫

图 6　多边形的顶点数为 15，需要 5 名
　　　警卫

1975 年，瓦茨拉夫·赫瓦塔尔（Václav Chvátal）证明了一个非常经典的结论：对于任意一个含有 n 个顶点的多边形，放置 $\lfloor n/3 \rfloor$ 名警卫永远是足够的。不过，瓦茨拉夫·赫瓦塔尔给出的证明过程非常复杂。1978 年，史蒂夫·菲斯克（Steve Fisk）给出了另一种非常精妙的证明，整个证明过程只有 5 行。

让我们先来看看菲斯克的证明思想。多边形中的视野问题不好处理，但是三角形中的视野问题是很简单的：站在其中的任意一个位置都能观察到这个三角形中的每一个点（究其原因，是因为三角形永远是一个凸图形）。我们可以作出多边形的若干条对角线，把整个多边形划分成一个个的三角形，如图 7 所示。在每一个三角形里面放一名警卫，就能看守整个多边形了。不过，把警卫放在每个三角形的正中间也实在是有些亏。为什么不把警卫放在多边形的对角线上呢？多边形的每一条对角线都是两个三角形的公共边，站在它上面的每一名警卫都能同时看守两个三角形。这样一来，我们便能大大减少所需警卫的数目。其实，把警卫放在边上还是很亏。为什么不把警卫放在多边形的顶点上呢？这样的话，每个警卫都能看遍顶点交汇于此的所有三角形了。这就是菲斯克的证明思路。

把任意一个顶点数为 n 的多边形分割成小三角形。将各顶点染成红、绿、蓝三种颜色，使得每一个三角形的三个顶点正好是三种不同的颜色（如图 8 所示）。无妨假设，在三种颜色的顶点中，红色的顶点最少。那么，红色顶点的数目一定小于等于 $n/3$。现在，在每个红色顶点处各安排一名警卫。由于每个三角形都有一个红色的顶点，因此每一个三角形里的每一个点都保证能被看到。这样，我们就找到了一个大小不超过 $\lfloor n/3 \rfloor$ 的点集，它们足以看到多边形内的每一个点。

图 7　把图 4 所示多边形划分成一个个的三角形

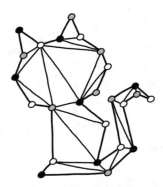

图 8　对顶点进行三染色，使得每一个三角形的三个顶点正好是三种不同的颜色

菲斯克给出的证明非常巧妙，不过里面略去了很多细节问题。为什么存在满足要求的染色方案？更进一步地问，为什么我们可以把多边形分割成一个个的小三角形？这其实都是需要证明的。

大家或许会说，一个多边形能够被分割成若干个小三角形，这不是一件很显然的事情吗？比方说，随便找一条把多边形分成两部分的对角线，然后继续深入地对每一部分进行分割，直到最终变成了一堆三角形为止。这个推理过程看上去很合理，但却有一个不易察觉的漏洞：你怎么敢肯定，存在一条把多边形分成两部分的对角线呢？令人吃惊的是，证明这一点并不容易。

1975 年，加里·霍斯勒·迈斯特斯（Gary Hosler Meisters）给出了一个证明。首先，选取一个横坐标最小的顶点。由于其他点都位于这个点的右侧（最多和它在同一竖直线上），因此这一定是一个向外凸的点。不妨把这个点记作 P_i，把与它相邻的两个点记作 P_{i-1} 和 P_{i+1}。如果 P_{i-1} 和 P_{i+1} 的连线与多边形的每一条边都不相交，说明 $P_{i-1}P_{i+1}$ 完全在多边形的内部，它就是一条把多边形分成两块的对角线，如图 9 所示。如果 P_{i-1} 和 P_{i+1} 的连线穿过了至少一条多边形的边，就说明 $P_{i-1}P_{i+1}$ 有一部分跑到了多边形外面去了，它不是一条可取的对角线。那该怎么办呢？容易看出，$\triangle P_iP_{i-1}P_{i+1}$ 中一定会包含其他的顶点。我们从中选择一个距离直线 $P_{i-1}P_{i+1}$ 最远的点，

不妨把它记作 R，如图 10 所示。那么，过 R 作 $P_{i-1}P_{i+1}$ 的平行线，其左侧就不会再有别的点了。于是，P_iR 就是一条安全的连线，它将会把多边形分成两部分。

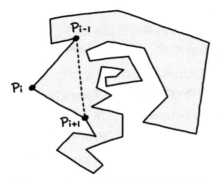
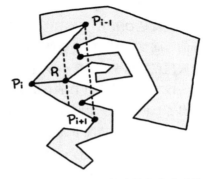

图 9　P_{i-1} 和 P_{i+1} 的连线与多边形的每一条边都不相交

图 10　P_{i-1} 和 P_{i+1} 的连线与多边形的某些边有相交

　　顺时针（或者逆时针）给出多边形各个顶点的坐标，我们可以用 $O(n)$ 的时间找出一条把多边形分成两部分的对角线。具体地说，找出最左边的那个顶点 P_i 需要 $O(n)$ 的时间，判断 $P_{i-1}P_{i+1}$ 是否与多边形各边发生相交也需要 $O(n)$ 的时间。如果确实有相交的情况发生，那么我们就枚举除了 P_i、P_{i-1}、P_{i+1} 之外的每一个顶点，筛选出位于 $\triangle P_iP_{i-1}P_{i+1}$ 以内的点，并找出其中哪个点和 P_{i-1}、P_{i+1} 所构成的三角形面积最大。根据三角形的面积公式，这个点一定是到 $P_{i-1}P_{i+1}$ 距离最远的点。这都可以在 $O(n)$ 的时间里完成。

　　之后，整个多边形将会被分成两个小多边形，每个小多边形的顶点数都比原多边形更少一些。如果其中一个小多边形有 k 个顶点（注意到 k 一定是大于等于 3 的），那么另一个小多边形将会有 $n-k+2$ 个顶点（因为这两个小多边形会有两个公共顶点），但考虑到 $k \geqslant 3$，后一个多边形的顶点数仍然是一个比 n 小的数。用同样的方法继续对两个小多边形进行分割，并像这样一直细分到底，便能得到最终的三角剖分方案了。我们可以用数学归纳法来证明，整个多边形最终将会被 $n-3$ 条对角线分成 $n-2$ 个小三角形。根据归纳假设，其中一个小多边形将会被 $k-3$ 条对角线分成 $k-2$ 个小三角形，另一个小多边形则会被 $n-k-1$ 条对角线分成 $n-k$ 个小三角形。把两个小多边形合在一起，于是就有 $(k-3)+(n-k-1)+1=n-3$

条对角线（注意到两个小多边形的黏合处也是大多边形的一条对角线），以及 $(k-2)+(n-k)=n-2$ 个小三角形。

因此，在不断地把各个小多边形都分到底的过程中，我们总共会找出 $O(n)$ 条对角线，每次找到一条对角线都需要花费 $O(n)$ 的时间，因而总的复杂度就是 $O(n^2)$。当然，考虑到后面需要处理的多边形越来越小，因而实际的时间复杂度可能会更低。运气最好的情况下，每条对角线都把多边形分成顶点数相等的两个小多边形，则总的复杂度就是 $O(n \cdot \log(n))$。

1977 年，李德财（Der-Tsai Lee）和佛朗哥·普雷帕拉塔（Franco Preparata）提出了一种利用"单调多边形"（monotone polygon）进行快速三角形剖分的方法，在最坏情况下的复杂度也是 $O(n \cdot \log(n))$。之后的很长一段时间里，人们都在思考这样一个问题：是否存在复杂度低于 $O(n \cdot \log(n))$ 的三角形剖分算法。1988 年，罗伯特·塔扬（Robert Tarjan）和克里斯托弗·范维克（Christopher Van Wyk）提出了一种 $O(n \cdot \log(\log(n)))$ 的算法，从而给出了一个肯定的回答。1991 年，贝尔纳·沙泽勒（Bernard Chazelle）用将近 40 页的篇幅描述了一种 $O(n)$ 的算法，虽然算法本身极其复杂，但却为三角形剖分的复杂度问题画上了一个句号。

接下来，大家可以自己尝试着把图 7 中的各个顶点染成三种颜色，使得相邻顶点的颜色都不相同。稍做尝试，你会发现这并不困难。随便选择一个三角形，把它的三个顶点染成三种不同的颜色，然后像玩扫雷游戏一样顺推下去，得出其他所有点的颜色。每一次，我们总是从一个已经染好颜色的三角形出发，迈过一条对角线，来到一个新的三角形里。在这个新的三角形中，只有一个顶点还没有颜色，我们只需要给它染上与其他两个顶点都不同的颜色即可。这样，我们就用掉了一条对角线，处理了一个新的三角形，给一个新的顶点染上了颜色。刚开始，我们没有跨过任何对角线，手中只有一个处理过的三角形，只有三个顶点被染了颜色。等到所有 $n-3$ 条对角线都用掉了之后，所有 $n-2$ 个三角形也就全部处理完了，所有 n 个顶点也就都有颜色了。容易看出，整个过程的时间复杂度为 $O(n)$。

最后，看看哪种颜色的顶点最少，那么就把警卫安放在这种颜色的顶点上。因而，我们不但成功地证明了 $\lfloor n/3 \rfloor$ 名警卫的充分性，还给出了一种安放这 $\lfloor n/3 \rfloor$ 名警卫的算法。

有趣的是，如果多边形里面有"洞"（好比房间里的立柱），如图 11

所示，此时三角剖分的算法和染色环节的算法都会失效。在三角形剖分时，我们总是假设每条对角线都能把多边形分成两块，然而对于有洞的多边形来说，这一点并不总是成立的。我们之所以能顺利地完成染色环节，也是因为多边形里面没有洞。在一个正常的多边形中，每一条对角线都会把整个多边形断成两部分，因此绝不会出现从某处出发连续跨过若干条对角线最后又回到出发点的情况；但是，在一个有洞的多边形中，我们有可能走着走着就回到了已经处理过的地方，新三角形的第三个顶点有可能已染色，进而导致矛盾产生。

图 11　一个有"洞"的多边形

图 12　把一个有洞的多边形转化为一个普通的多边形

不过，我们可以把一个有洞的多边形看作是一个普通的多边形。假如一个多边形里面有 h 个洞，我们就可以如图 12 所示，在图中增加 $2h$ 个顶点，把这 h 个洞都和外面连通，使得整个图变成拥有 $n + 2h$ 个顶点的多边形。我们立即证明了，一个顶点数为 n 的、含有 h 个洞的多边形一定能被 $\lfloor (n + 2h)/3 \rfloor$ 名警卫完全看守住。

另一方面，人们已经找到了一系列的多边形，它们都需要至少 $\lfloor (n + h)/3 \rfloor$ 名警卫才能被完全看住。但是，人们怎么也找不到所需警卫更多的多边形了。于是，人们猜想，$\lfloor (n + h)/3 \rfloor$ 名警卫是否也一定足够了呢？1986年，舍默（Shermer）成功证明了 $h = 1$ 的情形，但这种证明方法很难推广到 $h > 1$ 的情形。1991 年，霍夫曼（Hoffmann）、考夫曼（Kaufmann）和克里格尔（Kriegel）终于证明了 $h > 1$ 的情形，从而完美地解决了允许中间有洞的美术馆问题。

除了给多边形挖洞以外，人们还研究了很多美术馆问题的变形。1983

年，奥罗克（O'Rourke）证明了，如果允许每一名警卫都沿着一条线段来回移动，那么 $\lfloor n/4 \rfloor$ 名警卫一定是足够的。1984 年，卡恩（Kahn）、克拉韦（Klawe）和克莱特曼（Kleitman）证明了，如果多边形的每条边都是水平的或者竖直的，那么 $\lfloor n/4 \rfloor$ 名警卫一定是足够的。2003 年，迈克尔（Michael）和平丘（Pinciu）证明了，如果要求每名警卫都能被至少一名别的警卫看到，那么 $\lfloor (3n-1)/7 \rfloor$ 名警卫一定是足够的。并且，我们总能构造一些特殊的多边形，让所需的警卫数达到刚才这些上界。这说明，上面这些结论都已经不能再改进了。

不过，这些结论都只提供了所需警卫的上界。对于一些特定的多边形来说，我们远远用不到这么多警卫，就像图 5 那样。给出一个特定的多边形后，如何求出最少所需的警卫数目？目前，这个问题仍然没有一个快速有效的算法。

人们提出这些问题，固然是因为它有它的实际应用价值——安装最少的摄像头来监视超市里的每个角落，使用为数不多的点光源照亮整个房间，布置数量有限的激光扫描器来生成室内三维地图，设计最优的摄像机轨道铺设方案，等等。然而更关键的，则是这些问题本身的吸引力。美术馆问题拥有极其简单的描述和极其直观的解释，解决起来则需要综合应用诸多领域中的知识和技巧。这无疑是计算几何中最具魅力的问题之一。

KD 树与最邻近搜索

在写下这句话的时候，我正坐在一幢位于北纬 39.944 度，东经 116.349 度的大楼里。此时，你或许会把这个坐标输入到某个地图软件中，来看看我到底在什么地方。由于每个坐标都只精确到小数点后三位，因而这个坐标有可能并不精确地落在某幢大楼上。那么，你肯定会去寻找离这个坐标最近的大楼是哪一幢大楼。这时，你所做的就是一种叫作"最邻近搜索"（nearest neighbor search）的计算几何问题。更具体地说，最邻近搜索问题是指，预先给定平面上的 n 个点，想办法构建一个查询系统，使得每次随便输入某个坐标，系统都能快速地找出离该位置最近的点在哪儿。这里我们规定，"距离"指的就是两点之间的直线距离。比方说，平面上有 28 个点，它们的坐标依次为：

(0.038, 0.962), (0.0732, 0.417), (0.0992, 0.795), (0.134, 0.237), (0.175, 0.486),

(0.205, 0.449), (0.246, 0.0344), (0.276, 0.590), (0.309, 0.692), (0.346, 0.518),

(0.376, 0.0672), (0.416, 0.134), (0.452, 0.900), (0.486, 0.100), (0.515, 0.858),

(0.556, 0.622), (0.585, 0.274), (0.616, 0.935), (0.651, 0.756), (0.686, 0.172),

(0.720, 0.379), (0.762, 0.653), (0.792, 0.207), (0.826, 0.726), (0.860, 0.827),

(0.900, 0.553), (0.932, 0.348), (0.969, 0.307)

如果某次询问的位置是 (0.123, 0.567)，系统就应该返回第 5 个点 (0.175, 0.486)；如果另一次询问的位置是 (0.406, 0.651)，系统就应该返回第 9 个点 (0.309, 0.692)。在生活中，最邻近搜索问题十分常见：导航系统需要告诉用户最近的加油站在哪儿，消防总队需要立即联络离出事地点最近的消防站，等等。

或许有人会说，最邻近搜索问题怎么会成为一个问题呢？依次求出每个点到询问位置的距离，不就能找出最近的点是哪个了吗？这当然是一个稳妥的办法，但若点的数量非常巨大，这种做法的效率是非常低的。我们需要用一些技巧来提高最邻近搜索的速度。那么，为何不像人一样，只对询问位置附近的那些点进行排查呢？这也不行：人可以一眼看出询问位置附近究竟有哪些点，但为了让计算机确定出询问位置附近究竟有哪些点，还是得依次对每一个点进行计算。

在生活中，最常见的解决办法或许就是，事先划分出这 n 个点的"势力范围"，即以"离哪个点最近"为分类依据，把整个平面分成 n 个大块。这样得到的平面分割方案就叫作沃罗诺伊图（Voronoi diagram），它是以俄国数学家格奥尔吉·沃罗诺伊（Georgy Voronoy）的名字命名的。沃罗诺伊图是计算几何中一个非常重要的概念。刚才那 28 个点所对应的沃罗诺伊图如图 1 所示，两个"×"分别表示 (0.123, 0.567) 和 (0.406, 0.651) 这两个询问位置。由于两个"×"分别落在 5 号点和 9 号点所在的区域，因而我们立即就能答出，两次查询的结果分别是 5 号点和 9 号点。

但是，计算机要想使用这种思路，还是得算出各个询问位置究竟在哪个区域。为此，我们需要依次考察每一个区域，这并未减少我们的计算量。不过，这种思路背后的核心思想非常具有启发性：我们可以预先对这 n 个点做一番处理，把数据整理成一种更方便查询的样子。哪怕整理数据的过程非常耗时，若真能大幅提高今后成千上万次查询的效率，那这么做也是值得的。美国计算机科学家、《编程珠玑》(*Programming Pearls*) 的作者乔恩·本特利 (Jon Bentley) 于 1975 年发明了 KD 树 (k-d tree),巧妙地解决了这个问题。首先,找出从左往右数正中间的那个点,沿着它把整个平面分成左右两个部分。接下来,对于每一部分,都找出这个部分中从上往下数正中间的那个点,并沿着它把这个部分分成上下两个部分。现在,整个平面已经被分成了 4 个部分。接下来,再把这 4 个部分中的每一部分继续分成左右两半,从而得到 8 个部分;再把这 8 个部分中的每一部分继续分成上下两半,从而得到 16 个部分……直到每个部分里都不再有点为止。如果平面上还是那 28 个点,分割出来的结果就如图 2 所示。有时候,由于某个部分内的点数为偶数,我们没法找到正中间的那个点;此时,我们允许分割线两边的点数差 1。

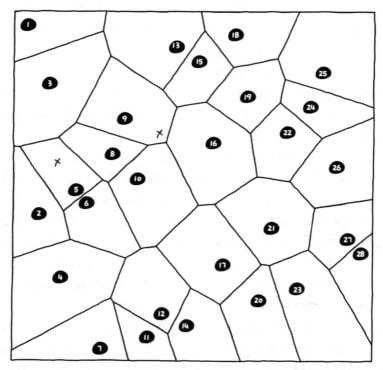

图 1 平面上的 28 个点及其对应的沃罗诺伊图

在计算机中,我们并不需要真的把图 2 画出来,只需要记录下每次选的都是哪个点即可。整张图最顶层的"主分割线"穿过的是 15 号点,15 号

计算几何

点两侧的"二级分割线"穿过的分别是 5 号点和 26 号点，5 号点两侧的"三级分割线"穿过的分别是 7 号点和 9 号点，26 号点两侧的"三级分割线"穿过的分别是 23 号点和 22 号点……不断记录每个点两侧的下一级分割线通过的究竟是哪两个点，最后得到的数据可以形象地用图 3 所示的树状图来表示。这棵树就是平面上的 28 个点所对应的 KD 树。

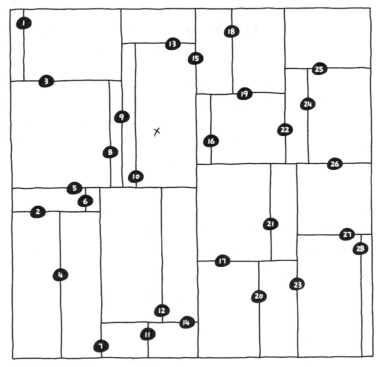

图 2　平面上的 28 个点及其对应的平面分割图，"×"表示查询位置 (0.406, 0.651)

　　获得询问位置后，计算机不断地检查这个位置在各级分割线的哪一侧，直至确定它属于底层的哪一个区域，然后依次向上考虑各级分割线上的点，尝试着寻找与询问位置越来越近的点，并在有必要时用同样的流程检查分割线的另一侧。在大多数层级上，检查分割线的另一侧都是没有必要的，因而我们可以成片地筛除不合格的点，大大地提高查询效率。让我们以 (0.406, 0.651) 这个查询位置为例，来说明 KD 树上的最邻近搜索是如何工作的吧。

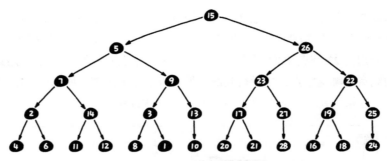

图 3　把图 2 所示的平面分割图表示成一棵树

　　首先，让我们分析出查询位置的归属地。这个查询位置在 15 号点的左边，在 5 号点的上边，在 9 号点的右边，在 13 号点的下边，在 10 号点的右边。每次判断查询位置在一个点的哪边时，我们要做的仅仅是比较一下相应坐标值的大小；下一步究竟应该与哪个点相比较，只需在 KD 树上查看一下即可。下面，我们就要逆着来时的路，搜寻最邻近的点了。

　　先算出查询位置与 10 号点的距离，约为 0.145908。我们把 10 号点记为当前的最近点。由于查询位置与 10 号点所在的分割线仅有 0.06 的距离（可以用相应坐标值相减直接得出，下同），因而要是这条分割线左边还有别的点，那么我们还得过去排查它们。好在 10 号点的左边已经是空的区域了，因此这一步就不用做了。

　　接下来，算出查询位置与 13 号点的距离，约为 0.253213。这个值比 0.145908 更大，因而目前找到的最近点仍然是 10 号点。事实上，查询位置与 13 号点所在的分割线也有 0.249 的距离，远远超过了 0.145908。因而，即使 13 号点的上边还有别的点，我们也不用费心处理了。

　　接下来，算出查询位置与 9 号点的距离，约为 0.105309，它比 0.145908 更小。因此，9 号点打败了 10 号点，成为了新的当前最近点。值得注意的是，查询位置与 9 号点所在的分割线只有 0.097 的距离，小于查询位置到当前最近点的距离。这说明，9 号点所在的分割线的另一侧可能还有更近的点。于是，我们必须进入 9 号点的左边，深入搜寻下去。

- 查询位置位于 3 号点的下面，位于 8 号点的右边。
- 查询位置与 8 号点的距离约为 0.1436，没有打败当前最近点。
- 查询位置与 8 号点所在分割线的距离为 0.13，超过了查询位置到当前最近点的距离。因而这条分割线左边的范围里不可能有更近的点，可以直接跳过。

- 查询位置与 3 号点的距离约为 0.338913，没有打败当前最近点。
- 查询位置与 3 号点所在分割线的距离为 0.144，超过了查询位置到当前最近点的距离。因而这条分割线上边的范围里不可能有更近的点，可以直接跳过。

这样，9 号点左边的范围就排查完毕了，我们又回到了 9 号点所在的层级。接下来，我们应该继续向上走，启动对 5 号点的考察。结果，不管是查询位置到 5 号点的距离，还是查询位置到 5 号点所在分割线的距离，都已经超过了查询位置到当前最近点的距离。因此，5 号点及其下边的所有点都可以排除掉。最后，我们应该考察 15 号点。结果，不管是查询位置到 15 号点的距离，还是查询位置到 15 号点所在分割线的距离，都已经超过了查询位置到当前最近点的距离。因此，15 号点及其右边的所有点都可以排除掉。最终，9 号点的"最近点"之名一直保留到了最后，它就是此次最邻近搜索的最终结果。

总之，在 KD 树这种结构的支持下，对于每一个无法排除的候选区域，我们都优先在最"近"的、有希望的子区域里搜寻，而对于那些已经落选的区域，则可放心大胆地整片略过。在一些极为特殊的情况下（比如已知点大致排成一个圆形，查询位置则大致位于圆心处），完成一次最邻近搜索的时间复杂度可能达到 $O(n)$。但在一般情况下，完成一次最邻近搜索的时间复杂度通常都是 $O(\log(n))$。

利用 KD 树能做的并不仅仅是最邻近搜索。即使是寻找离某个位置最近的 k 个点，利用 KD 树来完成也毫无压力。我们只需要不断记录当前最近的 k 个点，如果查询位置到某条分割线的距离超过了查询位置到当前第 k 近的点的距离，便可舍弃分割线另一侧的所有点。而且，不但平面上的点可以预处理成 KD 树，空间中的点也能处理成 KD 树——我们只需要把"分割线"换成"分割面"，各级分割面轮流与 x 轴、y 轴、z 轴垂直。同理，我们还能把 KD 树进一步推广到更高维度的空间中去。事实上，KD 树这个名字就是这么来的——2D 就是二维的意思，3D 就是三维的意思，KD 则是 K 维的意思，即任意维度的意思。

KD 树甚至可以扩展到一些非计算几何的领域里去。乔恩·本特利本人举了一个非常有意思的例子。在一个语音识别系统的数据库里，每个预先录下的音可能都有 k 个"特征"（比如声音的时长、第一共振峰的频率值、第二共振峰的频率值等）。为了判断出用户朗读的音是数据库里的哪个音，系统需要找出各种特征与之最接近的那个音。这本质上就是一个 k 维空间的最邻近搜索问题。我们可以把数据库中的所有音储存成 KD 树的形式，查找最邻近的音的效率会快很多。

同理，在数据分类、数据挖掘、模式识别、推荐系统、拼写检查等诸多领域中，利用这种方式对数据进行分区分层的规整，同样能让计算机方便、准确、快捷地实施各种操作。正如计算几何专家戴维·多布金（David Dobkin）说过的，计算几何这个领域诞生的最初动机，就是开发出各种理论问题的解决技巧，并在其他领域的实际问题中找到应用。

7

智力游戏的启示

"囚犯与灯泡"游戏与跷跷板协议

有 100 个囚犯分别关在 100 间牢房里。牢房外有一个空荡荡的房间,房间里有一个灯泡及控制这个灯泡的开关。初始时,灯是关着的。看守每次随便选择一名囚犯进入房间,但保证每个囚犯都会被选中无穷多次。如果在某一时刻,有囚犯成功断定所有人都进过这个房间,所有囚犯都能被释放。游戏开始前,所有囚犯可以聚在一起商量对策,但在此之后他们唯一可用来交流的工具就只有那个灯泡。他们应该设计一个怎样的协议呢?

这个经典的问题在网上被转载无数,题目描述被好事者们改得天花乱坠,甚至加进了"这盏灯永远有充足的能源供应"、"如果灯泡坏了或是电路出了故障会马上修好"等条件,剥掉了"算法问题"的外壳,填补了本不存在的漏洞,让更多的人动起了脑筋。在论坛上,每次贴出这个问题,总会引起一大群人的口水战。但很不幸的是,这个题目的来源至今仍是个谜。据目前已知的情况推测,这个题目最早来源于伯克利大学的电气工程荣誉学会,时间大概是 2001 年。在 2002 年的 7 月,IBM 官方网站上的 *Ponder This* 趣题栏目介绍了这个题目,囚犯与灯泡一炮走红,随即遍布网络的各个角落。2003 年,《数学情报》(*Mathematical Intelligencer*) 杂志上发表了一篇题为《一百个囚犯和一个灯泡》(*One Hundred Prisoners and a Lightbulb*) 的论文,也让囚犯们正式引起了数学家们的关注。

想必很多读者已经非常熟悉这个问题的标准答案了。游戏开始前,囚犯们选出一个代表。在游戏过程中,除了这名代表以外,其他每个囚犯在进入房间时都遵循完全相同的策略:如果是第一次看到灯泡处于不亮的状态,就按动开关,把灯泡点亮;在其他所有的情况下,都什么也不做。每次这名代表进入房间时,如果发现灯泡是亮的,就把它关掉;如果发现灯泡不亮,则什么也不做。同时,这名代表需要记住,他一共关过多少次灯。当他发现自己已经关了 99 次灯时,他就知道所有的囚犯都进过房间了。

不过,这里我想用另一种更玄乎的、更具启发性的方式重新讲述一下答案。

不妨幻想房间中有一个盒子,盒子里可以容纳一个小球。灯泡亮就表示这个假想的盒子里有一个假想的小球,灯泡不亮就表示这个假想的盒子是空的。因此,用开关控制灯泡就相当于在盒子里放进小球或者取走小球。

初始时，每个囚犯手中都有一个小球（当然这个小球也是囚犯们自己想象出来的）。游戏开始前，囚犯们选出一个代表作为统计者。之后，每次有囚犯进入房间后，如果小球还在他手里，盒子恰恰又是空着的，他就把小球放进去；而统计者的任务就是收集小球——每次进入房间后，看到盒子里有小球就把它拿走。如果某个时刻统计者手中集齐了（包括他自己的）100个小球，就说明所有人都进过房间了。

现在，让我们来考虑这个问题的一个加强版。上述策略能成功的原因是，大家都知道房间里的灯泡一开始是不亮的（盒子里一开始是没有小球的）。如果我们修改一下题目，其他条件都不变，但灯泡的初始状态是不确定的，那该怎么办呢？你会发现，刚才的方法就没有用了。统计者收集了100个小球并不足以说明所有人都来过房间，而他有可能永远也等不到第101个小球。那么，这个问题还有解吗？

是的，这个问题仍然有解，而且办法和原来几乎一样，只是有一些非常巧妙的变通。此时，"小球模型"开始发挥作用了：在引入了一些更加复杂的因素后，比起开灯关灯，用"小球语言"来描述显得更直观易懂。

囚犯们仍然选出一个统计者，由他来完成收集小球的任务。只不过这一次，每个囚犯初始时都有两个（假想的）小球。每个囚犯来到房间后，如果发现盒子是空的，手中正好还有小球的话，他就在盒子里放一个小球。统计者仍然只负责把小球从盒子里取出来。什么时候统计者收集到了200个小球（包括自己的两个），他就知道所有人都来过了。注意，这200个小球可能就是囚犯手中的200个小球，也有可能是囚犯手中的199个小球加上初始时房间里的小球，但不管哪种情况，都足以说明所有囚犯均已进过房间了。体会一下这个协议如何巧妙地解决了房间初始状态不确定的难题，真是越想越有味道。

数学趣题大师彼得·温克勒（Peter Winkler）的《最迷人的数学趣题：一位数学名家精彩的趣题珍集》（*Mathematical Puzzles: A Connoisseur's Collection*）一书中介绍了这个问题的另一个更加有趣的变种，让囚犯们的难题继续活跃着人们的大脑。

还是100个囚犯，还是一个空房间，还是要求所有囚犯事先构造一个协议，能保证有人可以断定所有人都来过房间。不过，这次不同的是，房间里有两个灯泡，分别由两个开关来控制。大家估计要说了，一个灯泡都能解决的事儿，用两个灯泡还不容易？嘿嘿，这次有一个附加的要求：所有人都必须遵循同一套策略。

1990 年，迈克尔·费希尔（Michael J. Fischer）、什洛莫·莫兰（Shlomo Moran）、史蒂文·鲁迪希（Steven Rudich）、加迪·陶本菲德（Gadi Taubenfeld）共同发表了一篇题为 *The Wakeup Problem* 的论文，给出了上述问题的一个答案。为了简便起见，我们姑且假设，初始时两个灯泡都是不亮的。最后，我们会讨论灯泡初始状态不定的情况。

我们还是把其中一个开关想象成一个盒子，它里面只能放一个小球。再把另一个开关想象成一个跷跷板，它也只有两种状态：左低右高、左高右低。要想改变跷跷板的倾斜方向，只能扳动它的开关。初始时，每个囚犯手中都有一个（假想的）小球。每个囚犯第一次进入房间后，他都幻想自己坐到跷跷板低的那一边上，然后把自己这一侧扳高。以后每次回到这个房间时，他都看看自己所在的那一侧是高还是低：如果是低的话，他就取走盒子里的小球（如果有的话），于是手中就多了一个小球；如果是高的话，他就在盒子里放一个小球（如果盒子是空的），此时手中的小球就少了一个。注意，如果他把手中的最后一个小球放进盒子了（此时他手中没有小球了），他就必须从跷跷板上下来，把自己所在的那一侧扳低，之后就再也不进行任何操作了。如果有某个囚犯收集到了 100 个小球，显然他就知道所有人都来过房间了。问题的关键就是：为什么最终总会有一个人能集齐所有的小球？

其实，协议中的很多复杂的细节都是为了保证下面这个引理成立：每一个人离开房间之后，房间里都只可能有两种情况：A，跷跷板两侧的人一样多；B，高的那边多一个人。这是因为，如果有囚犯第一次进入房间，他将坐上低的一侧，并把那一侧扳高，于是原本是情况 A 现在就会变成情况 B，而情况 B 则会变成情况 A；另外，如果有囚犯下了跷跷板，高的那一侧将少一人，同时该侧将被扳低，同样有情况 A 将变情况 B，情况 B 将变情况 A。

现在，让我们假设所有人都进过房间了，并且有 k 个人正在跷跷板上（其余的人都已经离开跷跷板了）。由于跷跷板两侧最多差一人，因此当 k 大于 1 时，跷跷板两侧都是有人的。而由于每个人都进过房间了，因此不会有新的人坐上跷跷板了。此时，位于高处的人将不断拿出自己的球，并被位于低处的人取走。直到某个时刻高处有人拿不出小球了，他将走下跷跷板，此时跷跷板的状态才会发生变化，跷跷板上的总人数将变成 $k-1$。跷跷板上的人数将以这种方式不断递减，直到最后跷跷板上只剩一个人时，显然他就拥有了所有人的小球，此时他就知道所有人都来过了。

即使初始时房间里两个灯泡的状态都是不确定的，我们也不必担心。初始时跷跷板为空，向哪边倾斜都是一样的。因此，灯泡的初始状态不定，对我们的协议只有一个危害：盒子里一开始可能就有小球，从而导致小球的总数凭空多出一个。于是，我们又会陷入"收集了 100 个小球并不足以说明所有人都来过房间"的困境。解决办法很简单，我们故技重施，再次假设初始时每个人手里都有两个小球。同样，什么时候有人收集了 200 个小球，就能判断出每个人都进过房间了。

这些智力游戏不仅仅是思维的体操，还可能有一些让人意想不到的实际应用。考虑这么一个与分布式计算有关的问题：假设我们有 n 个进程正在进行异步并行计算，它们只能借助一段不太宽裕的共享内存交换信息（对内存的读写均视为 read-modify-write 原子操作，避免多个进程同时读写内存），那么如何设计一个协议，让其中至少有一个进程能够最终确信，所有的进程都已经在参与运算了？这是一个值得关注的问题，毕竟，在经历了系统崩溃或者恶意攻击之后，这些进程有必要知道，是否所有的进程都已经恢复工作了。仿照原版"囚犯和灯泡"问题的解答方法，我们只需要 1 个 bit 的共享空间就够了：规定某个进程为统计者，其他进程不定期地访问共享内存，并在首次看到该 bit 的值为 0 时将其修改为 1，其作用相当于"签到"；统计者负责统计这个 bit 被修改过的次数，并不断将这个 bit 重置为 0，供那些还没"签到"的进程使用。如果这个 bit 的初始值不确定，整个协议只需稍做修改，让每个程序"签到"两次即可。这样，统计者便能在有限的时间内得知，所有进程都已经恢复工作了。但是，这种协议有一个小问题。一个理想的协议应该能够实现，如果真的有 t 个进程挂掉了，最终也一定会有某个仍然活跃的进程得知，目前至少有 $n-t$ 个进程在工作（虽然此时它还在无谓地等待那 t 个进程的消息）。然而，在"统计者协议"中，其他进程挂掉了还好，如果挂掉的偏偏是那个统计者该怎么办？为了克服这个问题，我们需要一种去中心化的协议方案。

一个更苛刻的限制则是，我们不但要求这些进程的地位相等，还要求所有进程都是无差异的，甚至连唯一 ID 也没有。换句话说，我们要求所有进程的行为规则都完全一致（在很多场合下，这种部署是非常有益的，比方说，它将为安装和配置的过程带来极大的方便）。在这种假设下，还能设计出一个满足要求的协议吗？当然可以。一个简单的方法便是设置一个计数器，每个进程都在这个计数器上加一个 1（并且只加一次），如果哪个进程发现，等它做完加 1 的操作后，计数器的值正好是 n，它就知道所有进程都在工作了。若有进程彻底死掉，计数器将会停留在 $n-t$ 的位置，最后一个操作计数器的进程将会得到准确的活跃进程数。等等，这种方案基于一个假设，即计数器的初始值为 0。如果共享内存的初始值不确定该怎么办？有人会说，那就找个进程先把它清零了啊。问题是，谁来负责清零？第一个访问共享内存的进程来负责清零吗？那它怎么知道自己是第一个进程？当它看到一个非零的计数器时，它怎么知道这是随机的初始值，还是真的计数器的值？或许有人还想到了别的招，比如说，能不能先让所有进程都记住这个初始值呢？还是不行，因为这些进程是异步的，它们永远不知道等到什么时候才可以开始修改计数器。不过不要急，问题还是可以解决的，无妨采用这样的策略：每个进程在首次访问计数器时，都记住它所看见的值，然后给它加 1；今后继续不断地访问计数器，但只观察计数器的值，不再修改它。只要有进程发现，计数器当前的值比它一开始看见的值大 n，它就知道所有进程都来过了。即使有进程坏掉，也总有进程能够观察到计数器比原来大了 $n-t$，从而推导出活跃进程至少有 $n-t$ 个。注意，在这种情况下，计数器可能会溢出并重新回到 $0, 1, 2, 3, \cdots$。不过没有关系，只要计数器的取值范围上限不小于 n，溢出了也不会发生歧义。

由于表达不超过 n 的自然数需要 $\log(n)$ 个 bit 的空间，因而"计数器协议"也就需要 $\log(n)$ 个 bit 的空间。但我们还是嫌它太多了。我们希望把共享内存的空间大小进一步压缩到常数级。费希尔等人在论文中提出的"跷跷板协议"，其实就是用来解决这个问题的。他们把进程的恢复叫作"wakeup"，论文题目 *The Wakeup Problem* 便如此得名。利用跷跷板协议，我们可以仅用两个 bit 的共享内存，便实现刚才的所有要求，让这些进程合作推断出整个系统的健康程度来。

跷跷板协议更重要的意义在于，以此为基础可以解决更多其他问题。在分布式计算中，"领导者选举问题"（leader election problem）可以说是最为基本的问题之一：假设有一个无中心的分布式系统，在某项任务开始之前，如何让所有节点共同确定出一个"领导者"？这看上去似乎很不可思议，我们需要从一个绝对公平的初始状态出发，得出一个极端不对称的结果。利用跷跷板协议，只需要两个 bit 的公共存储空间，我们便能做到这一点——所有节点执行一遍跷跷板协议，谁最后拥有了所有的小球，谁就是领导者。与此相关的还有"一致性问题"（consensus problem）——如何让所有节点在某个东西的取值上达成一致意见？这也可以归约为前面提出的诸多问题。

让我们感谢最初设计这个智力趣题的无名氏，他不仅给我们带来了无尽的思维乐趣，也为很多实际问题提供了全新的解决思路。

猜帽子游戏与汉明码

A、B、C 三个人围坐成一个圆圈，在主持人的带领下进行一次团队合作的游戏。主持人给每个人戴上一顶黑色或白色的帽子，每个人都只能看到另外两个人头上的帽子颜色。现在，他们需要独立地猜测自己头上帽子的颜色。每个人都要在自己手中的小纸条上写下"黑色"、"白色"或者"放弃"，然后交给主持人。如果说至少一个人猜对，并且没有人猜错，那他们就获胜了；只要有任何一个人猜错，或者所有人都写了"放弃"，那么他们就输了。如果在游戏开始前他们能够商量一个策略，那么最好的策略是什么？

仔细想一下你会发现，要想保证他们百分之百获胜是不可能的，因为游戏中大家不能交流信息，谁也不能保证自己能猜对。似乎最好的策略就是，让其中一个人猜测自己的帽子颜色，其他所有人全部放弃，这样他们将会获得 50% 的获胜几率。但是，有一种策略能保证他们有 75% 的概率获胜。你能想到这种策略吗？

设身处地地想，你或许会想到一个很自然的策略：如果一个人看到另外两个人的帽子颜色是一黑一白，那么这个人就放弃（换了你你也不敢猜）；如果看到另外两个人的帽子颜色一样，那就猜相反的颜色（因为三个人帽子颜色都一样似乎不太可能）。这样真的管用吗？让我们来看一下，使用这种策略能够在哪些情况下获胜。三个人的帽子颜色一共有 8 种组合，它们可以分为 4 类：

1. 三个人都是黑帽子。此时，每个人都看到两顶黑帽子，每个人都猜自己是白帽子，所有人都猜错。

2. 两顶黑帽子，一顶白帽子。此时，戴黑帽子的人将会看到一黑一白，于是放弃；戴白帽子的人看到的是两顶黑帽子，因此他将猜对，从而让大家获胜。

3. 两顶白帽子，一顶黑帽子。此时，戴白帽子的人将会看到一黑一白，于是放弃；戴黑帽子的人看到的是两顶白帽子，因此他将猜对，从而让大家获胜。

4. 三个人都是白帽子。此时，每个人都看到两顶白帽子，每个人都猜自己是黑帽子，所有人都猜错。

注意到只有在 (1) 和 (4) 中，他们才会输掉游戏。这占了所有情况的 2/8。其他情况都是胜局，因而获胜的概率高达 75%。

我们需要想一想，在这个看似对玩家极其不利的游戏中，为什么这种策略会有如此高的获胜概率。事实上，我们可以说明，在所有确定性的策略中，上述策略是最优的。

为了叙述方便，我们把 A、B、C 三个人头顶的帽子颜色依次用 0 和 1 来表示，数字 1 表示黑帽子，数字 0 表示白帽子。如果 A、B 的帽子是黑色的，C 的帽子是白色的，我们就用 110 来表示此时的情况。于是，所有可能的情况就相当于是所有的 8 个三位 0、1 串。我们假定，三个人商量的策略是一种确定性的策略，即同一个人面对同一个场景总是会做出相同的选择。假设当众人的策略已定后，整个游戏连续玩 8 次，每次都是不一样的情况。在这 8 次游戏中，主持人一共会收到 24 人次的回应，包括猜对的、猜错的和没猜的。注意到，这里面每有一个正确的猜测，就会有一个与之配对的错误的猜测。例如，假设玩家 A 在 110 的情况下猜对了，那他在 010 的情况下就一定猜错了。

因此，对于任意一种固定的策略，所有 8 种情况下的所有 24 次回应中，有多少人次猜对，就有多少人次猜错。上述策略的成功之处就在于，它把这些正误各半的猜测以一种非常划算的方式分配给了这 8 种情况：总共产生了 12 人次的猜测，把 6 次正确的猜测分配给了其中 6 种情况，把 6 次错误的猜测堆在了剩下的 2 种情况里。总之，大家要错就尽可能一起错，要对就尽可能只有一个人对。事实上，上述策略已经把这一点做到了极致：每次输掉时都是所有人全错，每次获胜时都是只有一个人对。因此，这一定就是最优的策略了。试想，如果要达到7/8的获胜率，我们需要至少7次正确的猜测，但这同时会带来7次错误的猜测，它们没法分配。

如果参与游戏的人数更多，获胜的概率还可以进一步提高，因为我们可以把更多的错误猜测堆进同一种情况里。理论上，如果有 n 个人，每一种情况都可以容纳 n 个错误的猜测，相应的 n 个正确的猜测则可以"救活"最多 n 种其他的情况。最理想的情况便是，所有 2^n 种情况恰好能分成若干个"1帮 n 小组"，于是每 $n+1$ 种情况中就有 n 种可以获胜的情况，从而让总的胜率达到 $n/(n+1)$。这也就是人数为 n 时获胜概率的理论上界。不过，为了达到这个上界，我们需要让 $n+1$ 正好能整除 2^n。这说明，$n+1$ 里面也只能包含因子2，即 $n+1$ 也是一个2的整数次幂。所以，n 也就只能是2的整数次幂减1的形式，如 $3, 7, 15, 31, \cdots$。

我们刚才已经看到，当 $n=3$ 时，确实存在这样的策略，使得获胜概率可以达到理论上界 $n/(n+1)=3/4$。这种策略是否能扩展到 $n=7$、$n=15$ 等其他的情况呢？让我们先来看看，上述 $n=3$ 时的完美策略究竟是怎样产生的。

为了实现"败则完败，胜则险胜"，三人想了一个好办法。游戏开始前，三个人先约定好两个0、1串作为"保留串"，即000和111。直观地说，这两个保留串就是众人认为最不可能发生的情况，也就是那些将会导致所有人全错的情况。他们的策略便是，每个人都观察另外两个人的帽子颜色：如果和所有的保留串都不匹配，则放弃；如果恰好符合某个保留串，就猜自己是与该保留串相背的颜色。例如，如果实际情况是001的话，前两个人能看到的就是?01和0?1，不符合任何一个保留串，于是放弃；第三个人看到的是00?，正好和000相符，于是他就反过来猜自己不是那个0。下面是一些有趣的事实：如果实际情况恰好就是这些保留串之一，那大家就全猜错了；如果实际情况与所有保留串都相差两个或两个以上的数字，那大家全部放弃；如果实际情况与某个保留串恰好相差一个数字，那只有一个人猜对，其余人放弃，从而获得胜利。可以看到，每一个保留串都对应着一次完败，但同时会换来三次险胜。例如，虽然在000的情况下大家都猜错了，但001、010、100这三种情况却被救活了。这就是"1帮3"的一种具体实现形式。而保留串集合 {000, 111} 的奇妙之处就在于，它们既无重复又无遗漏地帮助了其他所有的 0、1 串。完美策略便由此诞生。

当 $n = 7$ 时，0、1 串一共有 $2^7 = 128$ 种，最好的情况便是，其中 1/8 的 0、1 串救活了另外 7/8 的 0、1 串，此时保留串应该有 $128 \times (1/8) = 16$ 个。为了找到 $n = 7$ 时的完美策略，我们只需要找到 16 个保留串，使之能支撑起其他所有的 0、1 串。这样的保留串集合真的存在吗？是的。下面就是满足要求的保留串集合，你可以自己验证一下，其他每个 0、1 串都将会与某个保留串只差一位。

0000000 1110000 1001100 0101010 1101001 0111100 1100110 1000011

0011001 1011010 0100101 0010110 1010101 0110011 0001111 1111111

天啊，这是怎么做到的？原来，我们有一套用于生成上述列表的算法。

首先，用二进制给 0、1 串的 7 个数位进行编号，从左至右各个位置上的编号分别为 001、010、011、100、101、110、111。注意，其中有 3 个位置的编号里只有一个数字 1（即左起第 1 位、第 2 位和第 4 位），我们把这几个位置叫作"校验位"；其余 4 个位置的编号里都有两个或两个以上的数字 1（即左起第 3 位、第 5 位、第 6 位和第 7 位），我们把这几个位置叫作"数据位"。如果某个校验位和某个数据位在编号的相同位置上都有一个数字 1，我们就说该校验位需要审核该数据位。例如，检验位 001 会审核 011、101 和 111 这 3 位的数据，因为它们的编号在最末位上都是 1。每个数据位上的数字都可以从 0 和 1 当中任选一个，每个校验位则数一数，在所有自己要审核的数据位中，有多少位是数字 1：如果有奇数个数字 1，就在自己的位置上写下一个 1；如果有偶数个数字 1，就在自己的位置上写下一个 0。

假如 4 个数据位上的数字分别是 1、0、1、1（即下表中左起第 3、5、6、7 列的数字）。校验位 001 只审核 011、101、111 这 3 个数据位，其中数字 1 出现了 2 次，是一个偶数。根据规则，它自己位置上就应该填 0，如下表的第 1 列。与之类似，010 所审核的 3 个数据位上的数字都是 1，它自己的位置上就应该是 1；100 所审核的数据位中也只有 2 个 1，它自己的位置上就应该是 0。把所有 7 个数字全部连在一起，便成了一个 7 位 0、1 串：0110011。容易看到，对任何一个数据位上的数字进行修改，都会同时对至少两个检验位上的数字造成影响。

编号	001	010	011	100	101	110	111
数字	0	1	1	0	0	1	1

4 个数据位总共可以产生 $2^4 = 16$ 种不同的数据，把每一种数据及其校验信息写在一起，就能产生 16 个不同的 0、1 串。好了，这 16 个不同的 0、1 串就是那些满足要求的保留串！下面我们来证明，对于任意一个其他的 0、1 串，只需要变动一位即可成为这 16 个保留串之一。

假设某个 0、1 串 A 不属于上述保留串集合，就说明它的校验位不符合它的数据位。那么，我们首先根据规则重新计算它的校验位，得到一个合法的 0、1 串 B。显然，A 与 B 的差异一定都发生在校验位上，而 B 正好就是 16 个保留串之一。如果 A 和 B 只相差一位，那么直接把 A 改成 B 就行了；如果 A 和 B 相差不止一位，那么我们一定能在 B 中找到唯一的一个数据位，使得把这个数据位的数字颠倒过来后，能够同时修正所有不相符的校验位，让新的校验位和 A 完全相同。

举例来说，假设我们手中的 0、1 串是 1110011，它的校验位与数据位不相符。正确的 0、1 串应该是 0110011，这与原来的 0、1 串只相差一位。因而，直接把 1110011 改成 0110011 即可。要是我们手中的 0、1 串是 1111011 呢？正确的 0、1 串仍然是 0110011，但这次却与原来的 0、1 串差了两位，这两位的编号分别为 001 和 100。那么，我们就改变 0110011 中的一个数据位，使得 001 和 100 位置上的数字能同时取反。这样的数据位是存在的（并且是唯一的），就是编号为 101 的数据位——因为根据规则，只有 001 和 100 要审核它，因而改变了它的数字后，会同时改变 001 和 100 审核到的数字 1 的个数的奇偶性，但却不会对其他的校验位造成影响。如此一改，就会得到另一个合法的、属于保留串集合的 0、1 串——1111111。它与我们手中的 0、1 串相比，所有的校验位都是一致的，数据位只有一位之差。把手中的 0、1 串改成 1111111，问题也就解决了。

读者可能已经发现，我们实际上发明了一种可以进行自我纠错的编码方式！假设我要向你传输 4 个 bit 的信息，那么我可以按照上述方法，在这 4 个 bit 的信息当中插入 3 个 bit 的校验码之后传给你。如果传输过程当中随便哪一位被传错了（把 0 传成了 1，或者把 1 传成了 0），那么不管这一位错在校验码上还是数据本身上，你都能发现并且纠正这个错误。如果原始信息的长度大于 4 个 bit，就把它切分成一段段长度为 4 个 bit 的信息，分别发送。这种编码方式就叫作汉明码，是由美国数学家理查德·汉明（Richard Hamming）发明的。

据说，理查德·汉明在贝尔实验室工作时，经常遇到计算机读错输入数据的情况（在那个年代，输入数据全靠穿孔卡片，机器读卡时很容易发生错误），此时他不得不让计算机重新开始计算。有的朋友可能会说，为什么不把每个 bit 都重复一遍呢？如果把每个 1 都写成 11，把每个 0 都写成 00，这样不就不容易错了吗？然而，这种编码方式最多只能让计算机发现错误，但不能自动纠正错误。如果计算机读到了 10，那它怎么知道是把 11 错读成 10 了，还是把 00 错读成 10 了？因此，为了实现自纠错，我们需要把每个 bit 重复三遍，把每个 1 都写成 111，把每个 0 都写成 000。不管计算机读到的是 000、001、010 还是 100，通通认为原始信息为 0；如果计算机读到的是 111、110、101、011，则认为原始信息是 1。这样一来，计算机每读取 3 个 bit 就可以允许有一次错误。不过，这种做法的代价是巨大的，冗余数据的长度是原始数据的两倍。于是，汉明开始着手研究新的编码方式，最终于 1950 年提出了前文所说的汉明码。

其实，汉明发明的编码方式只是一整类编码方式中的一个特例，我们通常记作 Hamming(7,4)。$n = 3$ 时的保留串 {000, 111} 则对应了一种在每 1 个 bit 的信息里添加 2 位校验码的"微型纠错码"，本质上就是刚才的"重复三遍法"。构造 $n = 15$ 时的保留串则可以得到 Hamming(15,11)，即把每 11 个 bit 的信息扩展成 15 个 bit 的信息，其中任意一位传错都能被纠正过来。更大的 n 则对应冗余信息更少，但平均容错量也更小的编码方案。值得一提的是，所有这些编码方案的效率都已经达到了极限——它们用尽了全部的编码空间，每一个可能的 n 位 0、1 串要么是无错的，要么是可以被纠错的。

需要注意的是，如果信息传输过程中经常会出现连续的错误，汉明码就不好使了。不过，不管怎样，汉明码的发明开创了信息理论中的一个全新的分支。此后，人们又源源不断地发明了更多可以自我纠错的编码，包括第 5 章讲到的里德–所罗门编码，它们各有各的长处，各有各的适用范围。

中文信息处理与数据挖掘

汉语的句法结构识别和语义识别

我们太习惯于自己的母语。很多有趣的汉语语法现象，如果不特别拿出来说说，我们很难意识到。每次讲到这个话题，我最喜欢提起的就是这么一个"语文问题"：想想看，"别"和"甭"有什么区别？

或许你想了半天，发现"别"和"甭"在任何场合下都可以互相替换，完全没有区别。我们可以说"别理他"，也可以说"甭理他"；我们可以说"别吃了"，也可以说"甭吃了"；我们可以说"别讨论了"，也可以说"甭讨论了"。这两个字真的没有区别吗？其实不然。有些动词就只能和"别"搭配，不能和"甭"搭配。"别忘了"就不能说成"甭忘了"，"别饿了"就不能说成"甭饿了"，"别感冒了"也不能说成"甭感冒了"。

"理""吃""讨论"这一组动词和"忘""饿""感冒"这一组动词究竟有什么区别，以至于一组动词前面可以用"甭"，另一组动词前面不能用"甭"呢？把规律总结出来是非常有必要的，这不单单是为了实现自动校对、机器聊天那些伟大的目标，更为了完成一件非常实际的任务：在对外汉语教学的时候，我们要把这个语法规则给老外朋友们讲明白。

从语义方面仔细比较这两组动词，你就知道了。"理""吃""讨论"都是能够主动发出的动作，但"忘""饿""感冒"都不是能受主体控制的动作。1988 年，我国语言学家马庆株先生在《自主动词和非自主动词》中，把前一类动词叫作"自主动词"，把后一类动词叫作"非自主动词"。自主动词还有"走""买""问""洗""刷""修""打扫""参加""学习""编辑""游行""利用"等，非自主动词还有"病""怕""醒""懂""塌""亏""出事""堕落""看见""知道""获得""及格"等。

把动词分成这样两类是很有价值的，它不仅刻画了"别"和"甭"后面能接的动词，还顺便解释了很多其他的汉语语法现象。《自主动词和非自主动词》这篇论文一开头就非常吸引人：

> 能单说"看""我看""看报"，不能单说"塌"，"房子塌""塌房子"不能成话，而非要说"塌了""房子塌了""塌了一间房子"不可。能说"马上看"，"马上塌""马上塌了"却都不能说。

显然，这都是自主动词和非自主动词的区别。当然，自主动词和非自主动词的区别还有很多体现。自主动词的前面可以加"肯""值得"等词，例如"他不肯走""这值得参加"；但非自主动词的前面就不能加这些词，例如"他不肯病""这值得出事"都不能说。自主动词后面能够加"一番""几遍"等，例如"洗一番""打扫几遍"；但非自主动词后面都不行，例如"醒一番""获得几遍"都不能说。自主动词可以重叠使用，例如"问问""学习学习"；但非自主动词都不能这样用，例如"懂懂""看见看见"都不能说……

　　每次我讲到这里，总有人会打断："等等！让我给你想一个反例出来！"然后，他还真能举出反例："谁说非自主动词就不能重叠了？比方说'忘'是非自主动词，但我们可以说'看了又忘忘了又看'；再比如说'知道'是非自主动词，但我们可以说'不知道知道了会怎么样'。"

　　你或许已经看出来了，从某种意义上说，这样的"反例"有些赖皮。第一个"忘"和第二个"忘"根本不是真的并列到一起了，第一个"知道"和第二个"知道"也分属两个不同的大块。一个句子里的成分并不是从左至右线性地组合在一起的，而是有顺序有层次地组合在一起的，两个词看似一前一后重叠使用，其实位于句子结构中的不同分支上。

　　在中文自动处理领域，利用基于大词库的规则方法，或者基于语料库的统计方法，我们可以有效地给一句话分词。有些词可能有不止一种词性，例如"锁"既可以是名词，也可以是动词。利用相同的模型，计算机还能自动标注出这些词的词性。但是，即使做到了这一步，很多实际问题仍然没法处理。就像刚才的那个例子一样：如果我们把所有的非自主动词，以及其他不能重叠使用的词语，全都收集起来并做成一个词库，用于自动校对软件的重字重词检测功能，在不对句子内部结构做进一步处理的情况下，可能会出现很多误判。因此，计算机要想正确地解析一个句子，在分词和标注词性后，接下来该做的就是分析句法结构的层次。

　　在计算机中，怎样描述一个句子的句法结构呢？1957 年，美国语言学家诺姆·乔姆斯基（Noam Chomsky）出版了《句法结构》（*Syntactic Structures*）一书，把这种语言的层次化结构用形式化的方式清晰地描述了出来，这也就是所谓的"生成语法"（generative grammar）模型。这本书是 20 世纪为数不多的几本真正的著作之一，文字非常简练，思路非常明晰，震撼了包括语言学、计算机理论在内的多个领域。

　　随便取一句很长很复杂的话，比如"汽车被开车的师傅修好了"，我们总能自顶向下地一层层分析出它的结构。这个句子最顶层的结构就是"汽车修好了"。汽车怎么修好了呢? 汽车被师傅修好了。汽车被什么样的师傅修好了呢? 哦, 汽车被开车的师傅修好了。当然, 我们还可以无限地扩展下去, 继续把句子中的每一个底层的成分替换成更详细更复杂的描述, 就好像小学语文中的扩句练习那样。这就是生成语法的核心思想。

熟悉编译原理的朋友们可能知道"上下文无关文法"(context-free grammar)。其实, 上面提到的扩展规则本质上就是一种上下文无关文法。例如, 一个句子可以是"什么怎么样"的形式, 我们就把这条规则记作:

句子 → 名词性短语 + 动词性短语

其中, "名词性短语"指的是一个具有名词功能的成分, 它有可能就是一个名词, 也有可能还有它自己的内部结构。例如, 它有可能是一个形容词性短语加上"的"再加上另一个名词性短语构成的, 比如"便宜的汽车"; 还有可能是由动词性短语加上"的"再加上名词性短语构成的, 比如"抛锚了的汽车"; 甚至可能是由名词性短语加上"的"再加上名词性短语构成的, 比如"老师的汽车"。我们把名词性短语的生成规则也都记下来:

名词性短语 → 名词
名词性短语 → 形容词性短语 + 的 + 名词性短语
名词性短语 → 动词性短语 + 的 + 名词性短语
名词性短语 → 名词性短语 + 的 + 名词性短语
……

与之类似, 动词性短语也有诸多具体的形式:

动词性短语 → 动词
动词性短语 → 动词性短语 + 了
动词性短语 → 介词短语 + 动词性短语
……

上面我们涉及了介词短语, 它也有自己的生成规则:

介词短语 → 介词 + 名词性短语
……

我们构造句子的任务，也就是从"句子"这个初始节点出发，不断调用规则，产生越来越复杂的句型框架，然后从词库中选择相应词性的单词，填进这个框架里（如图 1 所示）。

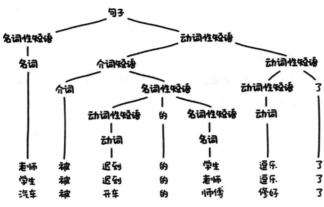

图 1　一个合乎语法的句型框架

而分析句法结构的任务，则是已知一个句子从左到右各词的词性，要反过来求出一棵满足要求的"句法结构树"。1968 年，美国计算机科学家杰伊·厄尔利（Jay Early）提出了厄尔利算法（Earley parser），可以非常高效地完成这一任务。

这样看来，句法结构的问题似乎就已经完美地解决了。其实，我们还差得很远。生成语法有两个大问题。首先，句法结构正确的句子不见得都是好句子。乔姆斯基本人给出了一个经典的例子：Colorless green ideas sleep furiously。形容词加形容词加名词加动词加副词，这是一个完全符合句法要求的序列，但随便拼凑会闹出很多笑话——什么叫作"无色的绿色的想法在狂暴地睡觉"？不过，如果我们不涉及句子的生成，只关心句子的结构分析，这个缺陷对我们来说影响似乎并不大。生成语法的第二个问题就比较麻烦了：从同一个词性序列出发，可能会构建出不同的句法结构树。比较下面两个例子：

| 老师 | 被 | 迟到 | 的 | 学生 | 逗乐 | 了 |
| 电话 | 被 | 窃听 | 的 | 房间 | 找到 | 了 |

它们都是"名词＋介词＋动词＋的＋名词＋动词＋了"，但它们的结构并不一样，前者是老师被逗乐了，"迟到"是修饰"学生"的，后者是房间

找到了，"电话被窃听"是一起来修饰房间的。但是，纯粹运用前面的模型，我们无法区分出两句话分别应该是哪个句法结构树。如何强化句法分析的模型和算法，让计算机构建出一棵正确的句法树，这成了一个大问题。

让我们来看一个更简单的例子吧。同样是"动词＋形容词＋名词"，我们有如图 2 所示两种构建句法结构树的方案。

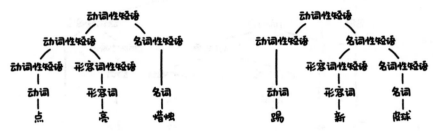

图 2　"动词＋形容词＋名词"的两种句法结构树

未经过汉语语法训练的朋友可能会问，"点亮蜡烛"和"踢新皮球"的句法结构真的不同吗？我们能证明，这里面真的存在不同。我们造一个句子"踢破皮球"，你会发现对于这个句子来说，两种句法结构都是成立的，于是出现了歧义：把皮球踢破了（结构和"点亮蜡烛"一致），或者是，踢一个破的皮球（结构和"踢新皮球"一致）。

但为什么"点亮蜡烛"只有一种理解方式呢？这是因为我们通常不会把"亮"字直接放在名词前作定语，我们一般不说"一根亮蜡烛""一颗亮星星"等。为什么"踢新皮球"也只有一种理解方式呢？这是因为我们通常不会把"新"直接放在动词后面作补语，不会说"皮球踢新了""衣服洗新了"等。但是"破"既能作定语又能作补语，于是"踢破皮球"就产生了两种不同的意思。如果我们把每个形容词能否作定语、能否作补语都记下来，然后在生成规则中添加限制条件，不就能完美解决这个问题了吗？

基于规则的句法分析器就是这么做的。汉语言学家们已经列出了所有词的各种特征：

词	词性	能作补语	能作定语	……
亮	形容词	true	false	……
新	形容词	false	true	……
……	……	……	……	……

当然，每个动词也有一大堆属性：

词	词性	能带宾语	能带补语	自主动词	……
点	动词	true	true	true	……
踢	动词	true	true	true	……
缺乏	动词	true	false	false	……
排队	动词	false	false	true	……
……	……	……	……	……	……

名词也不例外：

词	词性	能作主语	能作宾语	能受数量词修饰	……
蜡烛	名词	true	true	true	……
皮球	名词	true	true	true	……
……	……	……	……	……	……

有人估计会觉得奇怪了："能作主语"也是一个属性，莫非有的名词不能作主语？哈哈，这样的名词不但有，而且还真不少：剧毒、看头、地步、正轨、存亡……这些词都不放在动词前面。难道有的名词不能作宾语吗？这样的词也有不少：享年、芳龄、心术、浑身、家丑……这些词都不放在动词后面。这样说来，存在不受数量词修饰的词也就不奇怪了。事实上，上面这些怪异的名词前面基本上都不能加数量词。

另外至关重要的一点是，这些性质可以"向上传递"。比方说，我们规定，套用规则

名词性短语 → 形容词性短语 + 名词性短语

后，整个名词性短语能否作主语、能否作宾语、能否受数量词修饰，这将取决于它的第二个构成成分。通俗地讲就是，如果"皮球"能够作主语，那么"新皮球"也能够作主语，如果"皮球"能够作宾语，那么"新皮球"也能够作宾语，等等。有了"词语知识库"，又确保了这些知识能够在更高层次得到保留，我们就能给语法生成规则添加限制条件了。例如，我们可以规定，套用规则

动词性短语 → 动词性短语 + 名词性短语

的前提条件就是，那个动词性短语的"能带宾语"属性为 true，并且那个

名词性短语"能作宾语"的属性为 true。另外，我们规定

动词性短语 → 动词性短语 + 形容词性短语

必须满足动词性短语的"能带补语"属性为 true，并且形容词性短语的"能作补语"属性为 true。这样便阻止了"踢新皮球"中的"踢"和"新"先结合起来，因为"新"不能作补语。

最后我们规定，套用规则

名词性短语 → 形容词性短语 + 名词性短语

时，形容词性短语必须要能作定语。这就避免了"点亮蜡烛"中的"亮"和"蜡烛"先组合起来，因为"亮"通常不作定语。这样，我们便解决了"动词 + 形容词 + 名词"的结构分析问题。

当然，这只是一个很简单的例子。一条语法生成规则往往有很多限制条件，这些限制条件不光是简单的"功能相符"和"前后一致"，有些复杂的限制条件甚至需要用"若……则……"的方式来描述。比方说，本文开头所说的非自主动词不能重叠，写进规则库里就会是这样：

动词性短语 → 动词 + 动词
条款 1：若两动词完全相同，则必须都是自主动词
条款 2：……
条款 3：……
……

而且，为了更充分地刻画出每一种规则的使用条件和使用结果，我们还需要往前面那个词典里添加大量的信息。为什么可以说"扁扁的""甜甜的"，却不能说"熟熟的""难难的"？为什么可以说"很体谅""很投入"，却不能说"很体会""很陷入"？为什么可以说"这是我爸""这是我朋友"，却不能说"这是我书""这是我狗"？为什么可以说"把飞机拆了""把张三打了"，却不能说"把飞机坐了""把张三看了"？这些简单例子说明，汉语中词与词之间还有各种怪异的区别特征，并且哪个词拥有哪些性质纯粹是知识库的问题，几乎完全没有规律可循。一个实用的句法结构分析系统，往往拥有上百种属性标签。北京大学计算语言所编写的《现代汉语语法信息词典》，里面包含了 579 种属性。我们的理想目标就是，找到汉语中每一

种可能会影响句法结构的因素，并据此为词库里的每一个词打上标签；再列出汉语语法中的每一条生成规则，找到每一条生成规则的应用条件，以及应用这条规则之后，整个成分将会以怎样的方式继承哪些子成分的哪些属性，又会在什么样的情况下产生哪些新的属性。这样一来，按照生成语言学的观点，计算机就应该能正确解析所有的汉语句子了。

有了上面的这套系统，在分析一个中文句子时，计算机就可以超越简单朴素的线性分析，初步具备了解决各种高级问题的能力，不会再认为"不知道知道了会怎么样"是录入错误了。但是，要想让计算机从句子中获取到理解语义所需的所有信息，这是远远不够的。考虑"鸡不吃了"这句话，它有两种意思：鸡不吃东西了，或者我们不吃鸡了。但是，这种歧义并不是由词义或者结构导致的，两种意思所对应的句法树完全相同。但为什么歧义仍然产生了呢？这是因为，在句法结构内部，还有更深层次的语义结构，两者并不相同。

汉语就是这么奇怪，位于主语位置上的事物既有可能是动作的发出者，也有可能是动作的承受者。"我吃完了"可以说，"苹果吃完了"也能讲。然而，"鸡"这个东西既能吃，也能被吃，歧义由此产生。

位于宾语位置上的事物也不一定就是动作的承受者，"来客人了""住了一个人"都是属于宾语反而是动作发出者的情况。曾经听过一个讲数理逻辑的老师感叹，汉语的谓词太不规范了，明明是太阳在晒我，为什么要说成是"我晒太阳"呢？事实上，汉语的动宾搭配范围极其广泛，还有很多更怪异的例子："写字"是我们真正在写的东西，"写书"是写的结果，"写毛笔"是写的工具，"写楷体"是写的方式，"写地上"是写的场所，"写一只狗"，等等，什么叫作"写一只狗"啊？我们能说"写一只狗"吗？当然可以，这是写的内容嘛，"同学们这周作文写什么啊"，"我写一只狗"。大家可以想象，学中文的老外看了这个会是什么表情。虽然通过句法分析，我们能够判断出句子中的每样东西都和哪个动词相关联，但从语义层面上看这个关联是什么，我们还需要新的模型。

汉语语言学家把事物与动词的语义关系分为了17种，叫作17种"语义角色"，它们是施事、感事、当事、动力、受事、结果、系事、工具、材料、方式、内容、与事、对象、场所、目标、起点、时间。你可以看到，语义角色的划分非常详细。同样是动作的发出者，施事指的是真正意义上的发出动作，比如"他吃饭"中的"他"；感事则是指某种感知活动的经验者，比如"他知道这件事了"中的"他"；当事则是指性质状态的主体，比如"他病了"中的"他"；动力则是自然力量的发出者，比如"洪水淹没了村庄"中的"洪水"。语义角色的具体划分及 17 这个数目是有争议的，不过不管怎样，这个模型本身能够非常贴切地回答"什么是语义"这个问题。

汉语有一种"投射理论"，即一个句子的结构是由这个句子中的谓语投射出来的。给定一个动词后，这个动词能够带多少个语义角色，这几个语义角色都是什么，基本上都已经确定了。因而，完整的句子所应有的结构实际上也就已经确定了。比如，说到"休息"这个动词，你就会觉得它缺少一个施事，而且也不缺别的了。我们只会说"老王休息"，不会说"老王休息手"或者"老王休息沙发"。因而我们认为，"休息"只有一个"论元"。它的"论元结构"是：

休息 < 施事 >

因此，一旦在句子中看到"休息"这个词，我们就需要在句内或者句外寻找"休息"所需要的施事。这个过程有一个很帅的名字，叫作"配价"。"休息"就是一个典型的"一价动词"。我们平时接触得比较多的则是二价动词。不过，它们具体的论元有可能不一样：

吃 < 施事，受事 >
去 < 施事，目标 >
淹没 < 动力，受事 >

三价动词也是有的，例如：

送 < 施事，受事，与事 >

甚至还有零价动词，例如：

下雨 <∅>

下面我们要教计算机做的，就是怎样给动词配价。之前，我们已经给出了解析句法结构的方法，这样计算机便能判断出每个动词究竟在和哪些词发生关系。语义分析的实质，就是确定出它们具体是什么关系。因此，语义识别的问题，也就转化成了"语义角色标注"的问题。然而，语义角色出现的位置并不固定，施事也能出现在动词后面，受事也能出现在动词前面，怎样让计算机识别语义角色呢？在回答这个问题之前，我们不妨问问自己：我们是怎么知道，"我吃完了"中的"我"是"吃"的施事，"苹果吃完了"中的"苹果"是"吃"的受事的呢？大家肯定会说，废话，"我"当然只能是"吃"的施事，因为我显然不会"被吃"；"苹果"当然只能是"吃"的受事，因为苹果显然不能发出"吃"的动作。也就是说，"吃"的两个论元都有"语义类"的要求。我们把"吃"的论元结构写得更详细一些：

吃 < 施事 [语义类：人 | 动物]，受事 [语义类：食物 | 药物]>

而"淹没"一词的论元结构则可以补充为

淹没 < 动力 [语义类：自然事物]，受事 [语义类：建筑物 | 空间]>

所以，为了完成计算机自动标注语义角色的任务，我们需要人工建立两个庞大的数据库：语义类词典和论元结构词典。这样的工程早已有人做过了。北京语言大学 1990 年 5 月启动的"九〇五语义工程"就是人工构建的一棵规模相当大的语义树。它把词语分成了事物、运动、时空、属性四大类，其中事物类分为事类和物类，物类又分为具体物和抽象物，具体物则再分为生物和非生物，生物之下则分了人类、动物、植物、微生物、生物构件五类，非生物之下则分了天然物、人工物、遗弃物、几何图形和非生物构件五类，其中人工物之下又包括设施物、运载物、器具物、原材料、耗散物、信息物、钱财七类。整棵语义树有 414 个节点，其中叶子节点 309个，深度最大的地方达到了 9 层。论元结构方面则有清华大学和人民大学共同完成的《现代汉语述语动词机器词典》，词典中包括了各种动词的拼音、释义、分类、论元数、论元的语义角色、论元的语义限制等语法和语义信息。

说到语义工程，不得不提到董振东先生的"知网"。这是一个综合了语义分类和语义关系的知识库，不但通过语义树反映了词与词的共性，还通过语义关系反映了每个词的个性。它不但能告诉你"医生"和"病人"都是人，还告诉了你"医生"可以对"病人"发出一个"医治"的动作。知网的理念和 WordNet 工程很相似，后者是普林斯顿大学在 1985 年就已经开始构建的英文单词语义关系词典，背后也是一个语义关系网的概念，词与词的关系涉及同义词、反义词、上下位词、整体与部分、子集与超集、材料

汉语的句法结构识别和语义识别

与成品等。如果你的电脑里装了 Mathematica，你可以通过 WordData 函数获取到 WordNet 的数据。

看到这里，想必大家会欢呼，啊，这下子，在中文信息处理领域，从语法到语义都已经漂亮地解决了吧。其实并没有。上面的论元语义角色的模型有很多问题。其中一个很容易想到的是隐喻的问题，比如"信息淹没了我""悲伤淹没了我"。一旦出现动词的新用法，我们只能更新论元结构：

淹没 < 动力 [语义类：自然事物 | 抽象事物]，受事 [语义类：建筑物 | 空间 | 人类]>

但更麻烦的则是下面这些违背语义规则的情况。一个是否定句，比如"张三不可能吃思想"。一个是疑问句，比如"张三怎么可能吃思想"。还有一个很麻烦的就是超常现象。随便在新闻网站上搜索，你就会发现各种不符合语义规则的情形。我搜索了一个"吃金属"，立即看到某新闻标题《法国一位老人以吃金属为生》。要想解决这些问题，需要给配价模型打上不少补丁。

然而，配价模型也仅仅解决了动词的语义问题。其他词呢？好在，我们也可以为名词发展一套类似的配价理论。我们通常认为"教师"是一个零价名词，而"老师"则是一个一价名词，因为说到"老师"时，我们通常会说"谁的老师"。"态度"则是一个二价名词，因为我们通常要说"谁对谁的态度"才算完整。事实上，形容词也有配价，"优秀"就是一个一价形容词，"友好"则是一个二价形容词，原因也是类似的。配价理论还有很多更复杂的内容，这里我们就不再详说了。

但还有很多配价理论完全无法解决的问题。比如，语义有指向的问题。"砍光了""砍累了""砍钝了""砍快了"，都是动词后面跟形容词作补语，但实际意义各不相同。"砍光了"指的是"树砍光了"，"砍累了"指的是"人砍累了"，"砍钝了"指的是"斧子砍钝了"，"砍快了"指的是"砍砍快了"。看来，一个动词的每个论元不但有语义类的限制，还有"评价方式"的限制。

两个动词连用，也有语义关系的问题。"抓住不放"中，"抓住"和"不放"这两个动作构成一种反复的关系，抓住就等于不放。"说起来气人"中，"说起来"和"气人"这两个动作构成了一种条件关系，即每次发生了"说起来"这个事件后，都会产生"气人"这个结果。大家或许又会说，这两种情况真的有区别吗？是的，而且我能证明这一点。让我们造一个句子"留着没用"，你会发现它出现了歧义：既可以像"抓住不放"一样理解为反复关系，一直把它留着没有使用；又可以像"说起来气人"一样理解为条件关系，留着的话是不会有用的。因此，动词与动词连用确实会产生不同的语义关系，这需要另一套模型来处理。

虚词的语义更麻烦。别以为"了"就是表示完成，"这本书看了三天"表示这本书看完了，"这本书看了三天了"反而表示这本书没看完。"了"到底有多少个义项，现在也没有一个定论。副词也算虚词，副词的语义同样捉摸不定。比较"张三和李四结婚了"与"张三和李四都结婚了"，你会发现描述"都"字的语义没那么简单。

不过，在实际的产品应用中，前面所说的这些问题都不大。这篇文章中讲到的基本上都是基于规则的语言学处理方法。目前更实用的，则是对大规模真实语料的概率统计分析与机器学习算法，这条路子可以无视很多具体的语言学问题，并且效果也相当理想。最大熵模型（maximum entropy model）和条件随机场（conditional random field）都是目前非常常用的自然语言处理手段，感兴趣的朋友可以深入研究一下。但是，这些方法也有它们自己的缺点，就是它们的不可预测性。不管哪条路，似乎都离目标还有很远的一段距离。期待在未来的某一日，自然语言处理领域会迎来一套全新的语言模型，一举解决前面提到的所有难题。

社交网络里的文本数据挖掘

很多迹象都表明一个残酷的事实——我慢慢老了。身体各个地方都开始有毛病了，问到年龄时要想一想才能答出来了，朋友怀孕时众人的反应从惊骇变成祝贺了，更年轻的一代已经不知道什么是"超级解霸"了。哦，对了，还有一点：网上的很多句子现在也看不懂了。有人在网上发了一句"突然累觉不爱了"，我看了半天不知道是什么意思，连断句都断不出来。经询问，方知"累觉不爱"是一个固定用法，或者说是一个网络新成语，意思就是"很累，感觉自己不会再爱了"。而且，要想系统地学习这些新词，还真的很难找到地方。如果你在网上搜索"网络新词大全"，找到的大多是"上古网络用语"，诸如"偶""斑竹""美眉"等。于是有一天我突发奇想：

能不能编写一个程序，从近几年的社交网络语料中自动挖掘出所有的网络新词？

挖掘新词的传统方法是，先用人们熟知的方法对文本进行分词，然后猜测未能成功匹配的剩余片段就是新词。这似乎陷入了一个怪圈：分词的准确性本身就依赖于词库的完整性，如果词库中根本没有新词，我们又怎么能信任分词结果呢？此时，一种大胆的想法是，首先不依赖于任何已有的词库，仅仅根据词的共同特征，将一段大规模语料中可能成词的文本片段全部提取出来，不管它是新词还是旧词。然后，再把所有抽出来的词和已有词库进行比较，不就能找出新词了吗？这里，我所选用的语料是人人网 2011 年 12 月前半个月中部分用户的状态（类似于现在的微博），相信这里面会有大量的新词。（非常感谢人人网提供这份极具价值的网络语料。）

要想从一段文本中抽出词来，我们的第一个问题就是，怎样的文本片段才算一个词？大家想到的第一个标准或许是，看这个文本片段出现的次数是否足够多。我们可以把所有出现频次超过某个阈值的片段提取出来，作为该语料中的词汇输出。不过，光是出现频次高还不够，一个经常出现的文本片段有可能不是一个词，而是多个词构成的词组。在人人网用户状态中，"的电影"出现了 389 次，"电影院"只出现了 175 次，然而我们却更倾向于把"电影院"当作一个词，因为直觉上看，"电影"和"院"凝固得更紧一些。

为了证明"电影院"一词的内部凝固程度确实很高，我们可以计算一下，如果"电影"和"院"真的是各自独立地在文本中随机出现，它俩正好拼到一起的概率会有多小。在整个 2400 万字的数据中，"电影"一共出现了 2774 次，出现的概率约为 0.000113。"院"字则出现了 4797 次，出现的概率约为 0.0001969。如果两者之间真的毫无关系，它们恰好拼在了一起的概率就应该是 $0.000113 \times 0.0001969$，约为 2.223×10^{-8}。但事实上，"电影院"在语料中一共出现了 175 次，出现概率约为 7.183×10^{-6}，是预测值的 300 多倍。与之类似，统计可得"的"字的出现概率约为 0.0166，因而"的"和"电影"随机组合到了一起的理论概率值为 0.0166×0.000113，约为 1.875×10^{-6}，这与"的电影"出现的真实概率很接近——真实概率约为 1.6×10^{-5}，是预测值的 8.5 倍。计算结果表明，"电影院"更可能是一个有意义的搭配，而"的电影"则更像是"的"和"电影"这两个成分偶然拼到一起的。

当然，作为一个无知识库的抽词程序，我们并不知道"电影院"是"电影"加"院"得来的，也并不知道"的电影"是"的"加上"电影"得来的。错误的切分方法会过高地估计该片段的凝合程度。如果我们把"电影院"看作是"电"加"影院"所得，由此得到的凝合程度会更高一些。因此，为了算出一个文本片段的凝合程度，我们需要枚举它的凝合方式——这个文本片段是由哪两部分组合而来的。令 $p(x)$ 为文本片段 x 在整个语料中出现的概率，那么我们定义"电影院"的凝合程度就是 $p(电影院)$ 与 $p(电) \cdot p(影院)$ 的比值和 $p(电影院)$ 与 $p(电影) \cdot p(院)$ 的比值中的较小值，"的电影"的凝合程度则是 $p(的电影)$ 分别除以 $p(的) \cdot p(电影)$ 和 $p(的电) \cdot p(影)$ 所得的商的较小值。

　　可以想到，凝合程度最高的文本片段就是诸如"蝙蝠""蜘蛛""彷徨""忐忑""玫瑰"之类的词了，这些词里的每一个字几乎总是会和另一个字同时出现，从不在其他场合中使用。

　　光看文本片段内部的凝合程度还不够，我们还需要从整体来看它在外部的表现。考虑"被子"和"辈子"这两个片段。我们可以说"买被子""盖被子""进被子""好被子""这被子"等，在"被子"前面加各种字；但"辈子"的用法却非常固定，除了"一辈子""这辈子""上辈子""下辈子"，基本上"辈子"前面不能加别的字了。"辈子"这个文本片段左边可以出现的字太有限，以至于直觉上我们可能会认为，"辈子"并不单独成词，真正成词的其实是"一辈子""这辈子"之类的整体。可见，文本片段的自由运用程度也是判断它是否成词的重要标准。如果一个文本片段能够算作一个词，它应该能够灵活地出现在各种不同的环境中，具有非常丰富的左邻字集合和右邻字集合。

　　"信息熵"（information entropy）是一个非常神奇的概念，它能够反映知道一个事件的结果后平均会给你带来多大的信息量。如果某个结果的发生概率为 p，当你知道它确实发生了，你得到的信息量就被定义为 $-\log(p)$。p 越小，你得到的信息量就越大。如果骰子 A 的 6 个面分别是 1、1、1、2、2、3，那么当你知道了投掷的结果是 1 时，你可能并不会觉得奇怪，此时你得到的信息量只有 $-\log(1/2)$，约为 0.693。知道投掷结果是 2 时，你会稍微有些意外，你所得到的信息量是 $-\log(1/3) \approx 1.0986$。知道投掷结果是 3 时，你或许会显得非常惊讶，你所得到的信息量则高达 $-\log(1/6) \approx 1.79$。

但是，你只有 1/2 的机会得到 0.693 的信息量，只有 1/3 的机会得到 1.0986 的信息量，只有 1/6 的机会得到 1.79 的信息量，因而平均情况下你会得到 0.693/2 + 1.0986/3 + 1.79/6 ≈ 1.0114 的信息量。这个 1.0114 就是投掷骰子 A 的信息熵。现在，假如另一颗骰子 B 有 100 个面，其中 99 个面都是 1，只有一个面上写的是 2。知道骰子的投掷结果是 2 会给你带来一个巨大无比的信息量，它等于 −log(1/100)，约为 4.605；但你只有百分之一的概率获取到这么大的信息量，其他情况下你只能得到 −log(99/100) ≈ 0.01005 的信息量。平均情况下，你只能获得 0.056 的信息量，这就是投掷骰子 B 的信息熵。再考虑一个最极端的情况：如果某颗骰子 C 的 6 个面都是 1，投掷它不会给你带来任何信息，其信息熵为 −log(1) = 0。什么随机事件的信息熵会更大呢？换句话说，发生了怎样的事件之后，你最想问一下它的结果如何？直觉上看，当然就是那些结果最不确定的事件。没错，信息熵直观地反映了一个事件的结果有多么随机。

我们用信息熵来衡量一个文本片段的左邻字集合和右邻字集合有多随机。考虑"吃葡萄不吐葡萄皮不吃葡萄倒吐葡萄皮"这句话，"葡萄"一词出现了 4 次，其中左邻字分别为 {吃, 吐, 吃, 吐}，右邻字分别为 {不, 皮, 倒, 皮}。根据公式，"葡萄"一词的左邻字的信息熵为 −(1/2)·log(1/2)−(1/2)·log(1/2) ≈ 0.693，它的右邻字的信息熵则为 −(1/2)·log(1/2) − (1/4)·log(1/4) − (1/4)·log(1/4) ≈ 1.04。可见，在这个句子中，"葡萄"一词的右邻字更加丰富一些。

在人人网用户状态中，"被子"一词一共出现了 956 次，"辈子"一词一共出现了 2330 次，两者的右邻字集合的信息熵分别为 3.87404 和 4.11644，数值上非常接近。但"被子"的左邻字用例非常丰富：用得最多的是"晒被子"，它一共出现了 162 次；其次是"的被子"，出现了 85 次；接下来分别是"条被子""在被子""床被子"，分别出现了 69 次、64 次和 52 次；当然，还有"叠被子""盖被子""加被子""新被子""掀被子""收被子""薄被子""踢被子""抢被子"等 100 多种不同的用法构成的长尾……所有左邻字的信息熵为 3.67453。但"辈子"的左邻字就很可怜了，2330 个"辈子"中有 1276 个"一辈子"，有 596 个"这辈子"，有 235 个"下辈子"，有 149 个"上辈子"，有 32 个"半辈子"，有 10 个"八辈子"，有 7 个"几辈子"，有 6 个"哪辈子"，以及"n 辈子""两辈子"等 13 种更罕见的用法。所有左邻字的信息熵仅为 1.25963。因而，"辈子"能否成词，明显就有争议了。"下

中文信息处理与数据挖掘

子"则是更典型的例子，310 个"下子"的用例中有 294 个出自"一下子"，5 个出自"两下子"，5 个出自"这下子"，其余的都是只出现过一次的罕见用法。事实上，"下子"的左邻字信息熵仅为 0.294421，我们不应该把它看作一个能灵活运用的词。当然，一些文本片段的左邻字没啥问题，右邻字用例却非常贫乏，例如"交响""后遗""鹅卵"等，把它们看作单独的词似乎也不太合适。我们不妨就把一个文本片段的自由运用程度定义为它的左邻字信息熵和右邻字信息熵中的较小值。

在实际运用中你会发现，文本片段的凝固程度和自由程度，两种判断标准缺一不可。只看凝固程度的话，程序会找出"巧克""俄罗""颜六色""柴可夫"等实际上是"半个词"的片段；只看自由程度的话，程序会把"吃了一顿""看了一遍""睡了一晚""去了一趟"中的"了一"提取出来，因为它的左右邻字都太丰富了。

我们把文本中出现过的所有长度不超过 d 的子串都当作潜在的词（即候选词，其中 d 为自己设定的候选词长度上限，我设定的值为 5），再为出现频次、凝固程度和自由程度各设定一个阈值，然后只需要提取出所有满足阈值要求的候选词即可。为了提高效率，我们可以把语料全文视作一整个字符串，并对该字符串的所有后缀按字典序排序。下表就是对"四是四十是十十四是十四四十是四十"的所有后缀进行排序后的结果。实际上，我们只需要在内存中储存这些后缀的前 $d+1$ 个字，或者更好的做法是，只储存它们在语料中的起始位置。

十
十十四是十四四十是四十
十是十十四是十四四十是四十
十是四十
十四是十四四十是四十
十四四十是四十
是十十四是十四四十是四十
是十四四十是四十
是四十
是四十是十十四是十四四十是四十
四十

四十是十十四是十四四十是四十

四十是四十

四是十四四十是四十

四是四十是十十四是十四四十是四十

四四十是四十

这样的话，相同的候选词便都集中在了一起，从头到尾扫描一遍便能算出各个候选词的频次和右邻字信息熵。将整个语料逆序后重新排列所有的后缀，再扫描一遍后便能统计出每个候选词的左邻字信息熵。另外，有了频次信息后，凝固程度也都很好计算了。这样，我们便得到了一个无需任何知识库的抽词算法，输入一段充分长的文本，这个算法能以大致 $O(n \cdot \log(n))$ 的效率提取出可能的词来。

对不同的语料进行抽词，并且按这些词的频次从高到低排序。你会发现，不同文本的用词特征是非常明显的。下面是对《西游记》全文的抽词结果：

行者、八戒、师父、三藏、大圣、唐僧、菩萨、沙僧、和尚、怎么、长老、妖精、甚么、悟空、国王、呆子、徒弟、如何、宝贝、今日、兄弟、取经、铁棒、认得、果然、东土、玉帝、性命、神通、公主、门外、变作、欢喜、贫僧、陛下、太宗、袈裟、土地、爷爷、兵器、多少、怪物、变做、十分、变化、近前、手段、猪八戒、孙悟空、观音、娘娘、吩咐、衣服、晓得、左右、金箍棒、师徒们、仔细、言语、叩头、奈何、钉钯、拜佛、妖邪、五百、汝等、关文、安排、抬头、齐天大圣、许多、毫毛、玄奘、孩儿、递与、忍不住、葫芦、扯住、收拾、皇帝、揭谛、佛祖、本事、造化、磕头……

《资本论》全文的抽词结果则是：

商品、形式、货币、我们、过程、自己、机器、社会、部分、表现、没有、流通、需要、增加、已经、交换、关系、先令、积累、必须、英国、条件、发展、麻布、儿童、进行、提高、消费、减少、任何、手段、职能、土地、特殊、实际、完全、平均、直接、随着、简单、规律、市场、增长、上衣、决定、什么、制度、最后、支付、许多、虽然、棉纱、形态、棉花、法律、绝对、提供、扩大、独立、世纪、性质、假定、每天、包含、物质、家庭、规模、考察、剥削、经济学、甚至、延长、财富、纺纱、购买、开始、代替、便士、怎样、降低、能够、原料、等价物……

《圣经》全文的抽词结果则是：

以色列、没有、自己、一切、面前、大卫、知道、什么、犹大、祭司、摩西、看见、百姓、吩咐、埃及、听见、弟兄、告诉、基督、已经、先知、扫罗、父亲、雅各、永远、攻击、智慧、荣耀、临到、洁净、离开、怎样、平安、律法、支派、许多、门徒、打发、好像、仇敌、原文作、名叫、巴比伦、今日、首领、旷野、所罗门、约瑟、两个、燔祭、法老、衣服、脱离、二十、公义、审判、十二、亚伯拉罕、石头、聚集、按着、祷告、罪孽、约书亚、事奉、指着、城邑、进入、彼此、建造、保罗、应当、摩押、圣灵、惧怕、应许、如今、帮助、牲畜……

《时间简史》全文的抽词结果则是：

黑洞、必须、非常、任何、膨胀、科学、预言、太阳、观察、定律、运动、事件、奇点、坍缩、问题、模型、方向、区域、知道、开始、辐射、部分、牛顿、产生、夸克、无限、轨道、解释、边界、甚至、自己、类似、描述、最终、旋转、爱因斯坦、绕着、什么、效应、表明、温度、研究、收缩、吸引、按照、完全、增加、开端、基本、计算、结构、上帝、进行、已经、发展、几乎、仍然、足够、影响、初始、科学家、事件视界、第二、改变、历史、世界、包含、准确、证明、导致、需要、应该、至少、刚好、提供、通过、似乎、继续、实验、复杂、伽利略……

当然，我也没有忘记对人人网用户状态进行分析——人人网用户状态中最常出现的词是：

哈哈、什么、今天、怎么、现在、可以、知道、喜欢、终于、这样、觉得、因为、如果、感觉、开始、回家、考试、老师、幸福、朋友、时间、发现、东西、快乐、为什么、睡觉、生活、已经、希望、最后、各种、状态、世界、突然、手机、其实、那些、同学、孩子、木有、然后、以后、学校、所以、青年、晚安、原来、电话、加油、果然、学习、中

> 国、最近、应该、需要、居然、事情、永远、特别、北京、他妈、伤不起、必须、呵呵、月亮、毕业、问题、谢谢、英语、生日快乐、工作、虽然、讨厌、给力、容易、上课、作业、今晚、继续、努力、有木有、记得……

事实上，程序从人人网的状态数据中一共抽出了大约 1200 个词，里面大多数词也确实都是标准的现代汉语词汇。不过别忘了，我们的目标是新词抽取。将所有抽出来的词与已有词库做对比，于是得到了人人网特有的词汇（同样按频次从高到低排序）：

> 伤不起、给力、有木有、挂科、坑爹、神马、淡定、老爸、肿么、无语、微博、六级、高数、选课、悲催、很久、人人网、情何以堪、童鞋、哇咔咔、脑残、吐槽、猥琐、奶茶、我勒个去、刷屏、妹纸、胃疼、飘过、考研、弱爆了、太准了、忽悠、羡慕嫉妒恨、手贱、柯南、狗血、秒杀、碎觉、奥特曼、内牛满面、斗地主、腾讯、灰常、偶遇、拉拉、九把刀、高富帅、阿内尔卡、魔兽世界、线代、三国杀、林俊杰、速速、臭美、花痴……

我还想到了更有意思的玩法。为什么不拿每一天状态里的词去和前一天的状态做对比，从而提取出这一天里特有的词呢？这样一来，我们就能从人人网的用户状态中提取出每日热点了！从手里的数据规模看，这是完全有可能的。我选了 12 个比较具有代表性的词，并列出了它们在 2011 年 12 月 13 日的用户状态中出现的频次（频次 1），以及 2011 年 12 月 14 日的用户状态中出现的频次（频次 2）：

词	频次 1	频次 2
下雪	33	92
那些年	139	146
李宇春	1	4
看见	145	695
魔兽	23	20
高数	82	83
生日快乐	235	210
今天	1416	1562

词	频次 1	频次 2
北半球	2	18
脖子	23	69
悲伤	61	33
电磁炉	0	3

　　大家可以从直觉上迅速判断出，哪些词可以算作是 12 月 14 日的热词。比方说，"下雪"一词在 12 月 13 日只出现了 33 次，在 12 月 14 日却出现了 92 次，后者是前者的 2.8 倍，这不大可能是巧合，初步判断一定是 12 月 14 日真的有什么地方下雪了。"那些年"在 12 月 14 日的频次确实比 12 月 13 日更多，但相差并不大，我们没有理由认为它是当日的一个热词。

　　一个问题摆在了我们面前：我们如何去量化一个词的"当日热度"？第一想法当然是简单地看一看每个词的当日频次和昨日频次之间的倍数关系，不过细想一下你就发现问题了：它不能解决样本过少带来的偶然性。12 月 14 日"李宇春"一词的出现频次是 12 月 13 日的 4 倍，这超过了"下雪"一词的 2.8 倍，但我们却更愿意相信"李宇春"的现象只是一个偶然。更麻烦的则是"电磁炉"一行，12 月 14 日的频次是 12 月 13 日的无穷多倍，但显然我们也不能因此就认为"电磁炉"是 12 月 14 日最热的词。

　　忽略所有样本过少的词？这似乎也不太好，样本少的词也有可能真的是热词。比如"北半球"一词，虽然它在两天里的频次都很低，但这个 9 倍的关系确实不容忽视。事实上，人眼很容易看出哪些词真的是 12 月 14 日的热词：除了"下雪"以外，"看见""北半球"和"脖子"也应该是热词。你或许坚信后三个词异峰突起的背后一定有什么原因（并且迫切地想知道这个原因究竟是什么），但却会果断地把"李宇春"和"电磁炉"这两个"异常"归结为偶然原因。你的直觉是对的——2011 年 12 月 14 日发生了极其壮观的双子座流星雨，此乃北半球三大流星雨之一。白天网友们不断转发新闻，因而"北半球"一词热了起来；晚上网友们不断发消息说"看见了""又看见了"，"看见"一词的出现频次猛增；最后呢，仰望天空一晚上，脖子终于出毛病了，于是回家路上一个劲儿地发"脖子难受"。

　　让计算机也能聪明地排除偶然因素，这是我们在数据挖掘过程中经常遇到的问题。我们经常需要对样本过少的项目进行"平滑"操作，以避免分母过小带来的奇点。这里，我采用的是一个非常容易理解的方法：一个词的样本太少，就给这个词的热度打折扣。为了便于说明，我们选出 4 个词来举例分析。

下表截取了前 4 个词，右边 4 列分别表示各词在 12 月 13 日出现的频次，在 12 月 14 日出现的频次，在两天里一共出现的总频次，以及后一天的频次所占的比重。第 3 列数字是前两列数字之和，第 4 列数字则是第 2 列数字除以第 3 列数字的结果。最后一列应该是一个介于 0 和 1 之间的数，它表明对应的词有多大概率出现在了 12 月 14 日这一天。最后一列可以看作是各词的得分。可以看到，此时"下雪"的得分低于"李宇春"，这是我们不希望看到的结果。"李宇春"的样本太少，我们想以此为缘由把它的得分拖下去。

词	频次 1	频次 2	频次合计	频次 2 所占比重
下雪	33	92	125	0.736
那些年	139	146	285	0.512
李宇春	1	4	5	0.8
看见	145	695	840	0.827
（平均）			313.75	0.719

怎么做呢？我们把每个词的得分都和全局平均分取一个加权平均！首先计算出这四个词的平均总频次，为 313.75；再计算出这四个词的平均得分，为 0.719。接下来，我们假设已经有 313.75 个人预先给每个词都打了 0.719 分，换句话说，每个词都已经收到了 313.75 次评分，并且所有这 313.75 个评分都是 0.719 分。"下雪"这个词则还有额外的 125 个人评分，其中每个人都给了 0.736 分。因此，"下雪"一词的最终得分就是：

下雪：$(0.736 \times 125 + 0.719 \times 313.75)/(125 + 313.75) \approx 0.724$

与之类似，其他几个词的得分依次如下：

那些年：$(0.512 \times 285 + 0.719 \times 313.75)/(285 + 313.75) \approx 0.62$
李宇春：$(0.8 \times 5 + 0.719 \times 313.75)/(5 + 313.75) \approx 0.7202$
看见：$(0.827 \times 840 + 0.719 \times 313.75)/(840 + 313.75) \approx 0.798$

容易看出，此时样本越大的词，就越有能力把最终得分拉向自己本来的得分，样本太小的词，最终得分将会与全局平均分非常接近。经过这么一番调整，"下雪"一词的得分便高于"李宇春"了。实际运用中，313.75这个数也可以由你自己来定，定得越高就表明你越在意样本过少带来的负面影响。这种与全局平均取加权平均的思想叫作"贝叶斯平均"（Bayesian average），从上面的若干式子里很容易看出，它实际上是最常见的平滑处理方法之一——分子分母都加上一个常数——的一种特殊形式。

利用之前的抽词程序抽取出人人网每一天中用户状态所含的词，把它们的频次都与前一天的做对比，再利用刚才的方法加以平滑，便能得出每一天的热词了。我手上的数据是人人网 2011 年 12 月上半月的数据，因此可以得出从 12 月 2 日到 12 月 15 日的热词（选取每日前 5 名，按得分从高到低排列）。

2011-12-02：第一场雪、北京、金隅、周末、新疆

2011-12-03：荷兰、葡萄牙、死亡之组、欧洲杯、德国

2011-12-04：那些年、宣传、期末、男朋友、升旗

2011-12-05：教室、老师、视帝、体育课、质量

2011-12-06：乔尔、星期二、摄影、经济、音乐

2011-12-07：陈超、星巴克、优秀、童鞋、投票

2011-12-08：曼联、曼城、欧联杯、皇马、冻死

2011-12-09：保罗、月全食、交易、火箭、黄蜂

2011-12-10：变身、罗伊、穿越、皇马、巴萨

2011-12-11：皇马、巴萨、卡卡、梅西、下半场

2011-12-12：淘宝、阿内尔卡、双十二、申花、老师

2011-12-13：南京、南京大屠杀、勿忘国耻、默哀、警报

2011-12-14：流星雨、许愿、愿望、情人节、几颗

2011-12-15：快船、保罗、巴萨、昨晚、龙门飞甲

看来，12 月 14 日果然有流星雨发生。

注意，由于我们仅仅对比了相邻两天的状态，因而产生了个别实际上是由工作日和休息日的区别造成的"热词"，比如"教室""老师""星期二"等。把这样的词当作热词可能并不太妥。结合上周同日的数据，或者干脆直接与之前整个一周的数据来对比，或许可以部分地解决这一问题。

事实上，有了上述工具，我们可以任意比较两段不同文本中的用词特点。更有趣的是，人人网状态的大多数发布者都填写了性别和年龄等个人

信息，我们为何不把状态重新分成男性和女性两组，或者 80 后和 90 后两组，挖掘出不同属性的人都爱说什么？要知道，在过去，这样的问题需要进行大规模语言统计调查才能回答！然而，在互联网海量用户生成内容的支持下，我们可以轻而易举地挖掘出答案来。

我真的做了这个工作（基于另一段日期内的数据）。男性爱说的词有：

兄弟、篮球、男篮、米兰、曼联、足球、皇马、比赛、国足、超级杯、球迷、中国、老婆、政府、航母、踢球、赛季、股市、砸蛋、铁道部、媳妇、国际、美国、连败、魔兽、斯内德、红十字、经济、腐败、程序、郭美美、英雄、民主、鸟巢、米兰德比、官员、内涵、历史、训练、评级、金融、体育、记者、事故、程序员、媒体、投资、事件、社会、项目、伊布、主义、决赛、纳尼、领导、喝酒、民族、新闻、言论、和谐、农民、体制、城管……

下面则是女性爱说的词：

一起玩、蛋糕、加好友、老公、呜呜、姐姐、嘻嘻、老虎、讨厌、妈妈、呜呜呜、啦啦啦、便宜、减肥、男朋友、老娘、逛街、无限、帅哥、礼物、互相、奶茶、委屈、各种、高跟鞋、指甲、城市猎人、闺蜜、巧克力、第二、爸爸、宠物、箱子、吼吼、大黄蜂、狮子、胃疼、玫瑰、包包、裙子、游戏、遇见、嘿嘿、灰常、眼睛、各位、妈咪、化妆、玫瑰花、蓝精灵、幸福、陪我玩、任务、怨念、舍不得、害怕、狗狗、眼泪、温暖、面膜、收藏、李民浩、神经、土豆、零食、痘痘、戒指、巨蟹、晒黑……

下面是 90 后用户爱用的词：

加好友、作业、各种、乖乖、蛋糕、来访、通知书、麻将、聚会、补课、欢乐、刷屏、录取、无限、互相、速度、一起玩、啦啦啦、晚安、求陪同、基友、美女、矮油、巨蟹、五月天、第二、唱歌、老虎、扣扣、喷喷、帅哥、哈哈哈、便宜、斯内普、写作业、劳资、孩纸、哎哟、炎亚纶、箱子、无聊、求来访、查分、上课、果断、处女、首映、屏蔽、混蛋、暑假、吓死、新东方、组队、下学期、陪我玩、打雷、妹纸、水瓶、射手、搞基、吐槽、同学聚会、出去玩、呜呜、白羊、表白、做作业、签名、姐姐、停机、伏地魔、对象、哈哈、主页、情侣、无压力、共同、摩羯、碎觉、肿么办……

下面则是 80 后用户爱用的词：

加班、培训、周末、工作、公司、各位、值班、砸蛋、上班、任务、公务员、工资、领导、包包、办公室、校内、郭美美、时尚、企业、股市、新号码、英国、常联系、实验室、论文、忙碌、项目、部门、祈福、邀请、招聘、顺利、朋友、红十字、男朋友、媒体、产品、标准、号码、存钱、牛仔裤、曼联、政府、简单、立秋、事故、伯明翰、博士、辞职、健康、销售、深圳、奶茶、搬家、实验、投资、节日快乐、坚持、规则、考验、生活、体制、客户、发工资、忽悠、提供、教育、处理、惠存、沟通、团购、缺乏、腐败、启程、红十字会、结婚、管理、环境、暴跌、服务、变形金刚、祝福、银行……

人人网中还有一种记录了用户当时所在地理位置的特殊状态，叫作"签到"，这使得我们还可以站在空间的维度对信息进行观察。这个地方的人都爱说些什么？爱说这个词的人都分布在哪里？借助这些签到信息，我们也能挖掘出很多有意思的结果来。例如，对北京用户的签到信息进行抽词，然后对于每一个抽出来的词，筛选出所有包含该词的签到信息并按地理坐标的位置聚类，这样我们便能找出那些地理分布最集中的词。结果非常有趣："考试"一词集中分布在海淀众高校区，"天津"一词集中出现在北京南站，"逛街"一词则全都在西单附近。北京首都国际机场也是一个非常特别的地点，"北京""登机""终于""再见"等词在这里出现的密度极高。

从全国范围来看，不同区域的人也有明显的用词区别。我们可以将全国地图划分成网格，统计出所有签到信息在各个小格内出现的频次，作为标准分布；然后对于每一个抽出来的词，统计出包含该词的签到信息在各个小格内出现的频次，并与标准分布进行对比（可以采用余弦距离等公式），从而找出那些分布最反常的词。程序运行后发现，这样的词还真不少。一些明显具有南北差异的词，分布就会与整个背景相差甚远。例如，在节假日的时候，"滑雪"一词主要在北方出现，"登山"一词则主要在南方出现。地方特色也是造成词语分布差异的一大原因，例如"三里屯"一词几乎只在北京出现，"热干面"一词集中出现在武汉地区，"地铁"一词明显只有个别城市有所涉及。这种由当地人的用词特征反映出来的真实的地方特色，很可能是许多旅游爱好者梦寐以求的信息。另外，方言也会导致用词分布差异，例如"咋这么"主要分布在北方地区，"搞不懂"主要分布在南方城市，"伐"则非常集中地出现在上海地区。当数据规模足够大时，或许我们能通过计算的方法，自动对中国的方言区进行划分。

其实，不仅仅是发布时间、用户性别、用户年龄、地理位置这 4 个维度，我们还可以依据浏览器、用户职业、用户活跃度、用户行为偏好等各种各样的维度进行分析，甚至可以综合考虑以上维度，在某个特定范围内挖掘热点事件，或者根据语言习惯去寻找出某个特定的人群。这或许听上去太过理想化，不过我坚信，有了合适的算法，这些想法终究会被一一实现。

图灵机与 NP 问题

9

可数集、图灵机及我们的世界

意大利科学家伽利略·伽利莱（Galileo Galilei）于 1564 年出生，于 1642 年逝世。1638 年，伽利略出版了他人生中的最后一本书——《关于两门新科学的谈话和数学证明》（*Discourses and Mathematical Demonstrations Relating to Two New Sciences*）。在这本书里，伽利略提到了一个让人匪夷所思的现象：正整数和平方数究竟谁多谁少，这很难说清楚。首先，平方数只占全体正整数的一部分，从这个意义上讲，平方数显然要少一些；但是，正整数和平方数之间存在一一对应的关系，从这个意义上讲，两种数又一样多。

$1\leftrightarrow1$

$2\leftrightarrow4$

$3\leftrightarrow9$

$4\leftrightarrow16$

$5\leftrightarrow25$

……

因而，如果两组元素都有无穷多个，那么要比较两组元素的个数，仅凭直觉是不够的，我们需要一个严格的定义。德国数学家、集合论创始人格奥尔格·康托尔（Georg Cantor）提出，用能否建立一一对应的关系作为判断两组元素个数是否相等的唯一标准。1874 年，康托尔发表了一篇极其重要的论文，即后人公认的集合论开山之作。在这篇论文里，康托尔证明了两件事情，第一件事情就是：全体代数数与全体正整数之间具有一一对应的关系。

所谓代数数（algebraic number），就是那些可以成为整系数多项式方程的解的数。这是一个非常庞大的数集。由于所有整数 n 都是方程 $x-n=0$ 的解，因而所有的整数都是代数数。由于所有的有理数 b/a 都是方程 $a \cdot x - b = 0$ 的解，因而所有的有理数也都是代数数。$\sqrt{2}$ 也是代数数，因为它是方程 $x^2 - 2 = 0$ 的解。$\sqrt{2} + \sqrt{3}$ 也是代数数，因为它是方程 $x^4 - 10x^2 + 1 = 0$ 的解。

$$-\sqrt{\sqrt{2}+1}$$

也是代数数，因为它是方程 $x^4 - 2x^2 - 1 = 0$ 的解。总之，对于某个数 u，如果存在合适的正整数 r 及整数 $a_0, a_1, a_2, ..., a_{r-1}, a_r$，使得 u 正好是关于 x

的方程

$$a_r x^r + a_{r-1} x^{r-1} + \cdots + a_2 x^2 + a_1 x + a_0 = 0$$

的一个解，那么 u 就是一个代数数。

代数数显然是一个比正整数大得多的群体，然而康托尔却用了一种并不复杂的方法，把它们一一对应了起来。定义多项式方程

$$a_r x^r + a_{r-1} x^{r-1} + \cdots + a_2 x^2 + a_1 x + a_0 = 0$$

的"复杂程度"为 $r + |a_0| + |a_1| + |a_2| + \cdots + |a_{r-1}| + |a_r|$，即方程的次数与所有系数的绝对值之和。容易看出，对于任意一个正整数 n，复杂程度为 n 的整系数多项式方程都是有限的。我们可以按照下面的方法依次列出所有的整系数多项式方程：先列出所有复杂程度为 1 的多项式方程，再列出所有复杂程度为 2 的多项式方程，再列出所有复杂程度为 3 的多项式方程，以此类推。对于复杂程度相同的多项式，则按照次数从小到大的顺序排列；如果次数也相同，则按照 a_0 从小到大的顺序排列；如果 a_0 的值也相同，则按照 a_1 从小到大的顺序排列；如果 a_1 的值也相同，则按照 a_2 从小到大的顺序排列……这样一来，对于任意一个整系数多项式方程，不管它的次数有多高，不管它的各项系数有多大，它总会出现在上述多项式方程序列中的某个位置。我们在第 5 章曾经证明过，一个多项式方程是几次方程，就最多只能有几个不同的解。因而，我们可以从小到大依次列出第 1 个多项式方程的所有解，再从小到大依次列出第 2 个多项式方程的所有解，再从小到大依次列出第 3 个多项式方程的所有解，以此类推。这样，我们就得到了一个代数数序列，每一个可能的代数数最终都会出现在该数列中。我们最后加上一个规定：在列出这些代数数时，一旦遇到某个之前已出现过的数，则跳过该数以避免重复列入。最终，我们得到的是一个代数数序列，它既无重复又无遗漏地包含了所有的代数数。全体代数数和全体正整数也就有了一种对应关系：序列中的第 1 个代数数和正整数 1 相对应，序列中的第 2 个代数数和正整数 2 相对应，一个代数数在这个序列里排在哪一位，它就和哪一个正整数相对应。从这个意义上来讲，代数数和正整数是一样多的。

在同一篇论文中，康托尔还证明了另外一件出人意料的事情：全体实

数与全体正整数之间不能建立一一对应的关系。是的，康托尔证明了，不管用什么样的方法，不管构造思路有多巧妙，你都无法让全体实数与全体正整数一一对应起来。这说明，同样是无穷多，实数的数量比正整数、代数数都高出了一个级别。

在此后的几年里，康托尔连续发表了数篇论文，奠定了集合论的基础。在 1883 年的一篇论文中，康托尔使用了"可数集"（countable set）和"不可数集"（uncountable set）这两个新的词汇。如果某个集合里的元素能够与全体正整数构成一一对应的关系，这个集合就是可数集，意即其中的元素是可以按照某种顺序列举出来的；如果某个集合里的元素不能够与全体正整数构成一一对应的关系，这个集合就是不可数集，意即其中的元素是不能按照某种顺序列举出来的。所以，全体代数数构成了一个可数集，而全体实数则是一个不可数集。

1891 年，康托尔发表了另一篇论文，给出了实数集不可数的另一种证明方法。此后，这个简单到不可思议的证明不断地震撼着每一个集合论的初学者。

事实上，实数区间 [0,1] 就已经是一个不可数的集合了。换句话说，你绝不可能用"第 1 个数是某某某，第 2 个数是某某某"的方式把 0 到 1 之间的所有实数一个不漏地列举出来。我们大致的证明思路是，假设你把实数区间 [0,1] 里的所有数按照某种顺序排列起来，那么我总能找到至少一个 0 到 1 之间的实数，它不在你的列表里，从而证明你的列表并不全。首先，把你的列表上的数全都展开成小数形式。这里面有的是有限小数，有的是无限循环小数，有的是无限不循环小数。对于那些有限小数，我们可以在其后面添加数字 0，把它也变成无限小数。同时，我们把 0 写成 $0.00000\cdots$，把 1 写成 $0.99999\cdots$。这样，列表里的所有数都变成了 $0.?????\cdots$ 的形式。

$$a_1 = 0.5858585858\cdots$$

$$a_2 = 0.0036211111\cdots$$

$$a_3 = 0.6180339887\cdots$$

$$a_4 = 0.5160000000\cdots$$

$$a_5 = 0.9999999999\cdots$$

$$\cdots\cdots$$

现在，我就可以构造这么一个小数，它的小数点后第 1 位不等于 a_1 的第 1 位，小数点后第 2 位不等于 a_2 的第 2 位，总之，小数点后第 i 位不等于 a_i 的第 i 位。我们可以把每一位数字的取法规定死。如果 a_i 的小数点后第 i 位不是 1，我们的小数相应位置上的数字就取 1；如果 a_i 的小数点后第 i 位正好就是 1，我们的小数相应位置上的数字就取 2。最终得到的小数也具有 $0.?????\cdots$ 的形式，仍然属于实数区间 $[0,1]$，但它显然不在你的列表中，因为它和列表中的每一个数都有至少一位是不同的。这样，我们就证明了实数区间是不可数的。

这就是传说中的"对角线方法"（diagonal method）。第一次看到这个对角线方法的证明后，想必你一定会为证明的简洁性拍案叫绝。但是，冷静下来思考一下，你会发现对角线方法里面还有不少值得注意的问题。一个经典的问题就是，上述证明究竟在什么地方用到了"实数区间"这个条件。为什么同样的方法不能推导出 0 到 1 之间的有理数是不可数的呢？我们当然可以把 0 到 1 之间的全体有理数都写成无限小数，也可以假设它们已经排列成了 $a_1, a_2, a_3, \cdots$。

$$a_1 = 0.1111111111\cdots$$
$$a_2 = 0.3267676767\cdots$$
$$a_3 = 0.5302000000\cdots$$
$$a_4 = 0.0439439439\cdots$$
$$a_5 = 0.1126000000\cdots$$
$$\cdots\cdots$$

我们当然也可以像刚才那样，用对角线方法取出一个不在列表里的数，从而说明有理数是不可数的。这个结论显然不对。代数数是可数的，有理数只是代数数的一小部分，就更应该是可数的了。这个"证明"错在哪儿呢？这个"证明"错在，最后用对角线方法取得的数不保证是有理数，因此即便它不在上述列表中，也并不会对"有理数是可数的"这一结论构成威胁。

这本书的第 3 章里简单提到了德国数学家大卫·希尔伯特，他曾在 1891 年构造了一种可以经过正方形内每一个点的连续曲线。然而更让人难忘的，则是他在 1928 年提出的一个著名的问题：是否存在一系列有限的步骤，能够判定任意给定数学命题的真假？这个问题就叫作 Entscheidungsproblem，德语"判定性问题"的意思。大家普遍认为，这样的一套步骤是不存在的，也就是说，我们没有一种判断一个数学命题是否为真的通用方法。为了证明这一点，真正的难题是将问题形式化：什么叫作"一系列有限的步骤"？当然，现在大家知道，这里所说的"有限的步骤"指的就是由条件语句、循环语句等元素搭建而成的一个机械过程，也就是我们常说的"算法"。不过，在没有计算机的时代，人们只能模模糊糊地体会"一个机械过程"的意思。1936 年，英国数学家阿兰·图灵（Alan Turing），这位 20 世纪最传奇的人物之一，在著名的论文《论可计算数及其在判定性问题上的应用》（*On Computable Numbers, with an Application to the Entscheidungsproblem*）中提出了一种假想的机器，第一次给了"机械过程"一个确凿的含义。

图灵提出的机器非常简单。假设有一张无穷向右延伸的纸条，从左至右分成一个一个的小格子。每一个小格子里都可以填写一个字符（通常是单个数字或者字母）。纸条下方有一个用来标识"当前格子"的箭头，在机器运行过程中，箭头的位置会不断移动，箭头的颜色也会不断变化。不妨假设初始时箭头的颜色是红色，并且指向左起第一个格子。为了让机器动起来，我们还需要给它制订一大堆指令。每条指令都由 5 个参数构成，格式非常单一，只能形如"如果当前箭头是红色，箭头所在格子写的是字符 A，则把这个格子里的字符改为字符 B，箭头变为绿色并且向右移动一格"，其中最后箭头的移动只能是"左移一格"、"右移一格"、"不动"中的一个。我们可以把上面这条指令记作：

(红色，字符 A) → 字符 B，绿色，右移一格

合法的指令还有很多，例如：

(红色，字符 1) → 字符 G，红色，不动

这条指令的作用就是，当箭头是红色并且指向的格子中写有字符 1 时，把字符 1 改成字符 G，并保持箭头颜色和位置都不动。第 2 个参数有可能是一个空白符，例如：

图灵机与 NP 问题

(绿色，空白符) → 字符 y，蓝色，左移一格

表示当箭头是绿色并且指向的格子是空白格时，就地打印字符 y，箭头变蓝并左移一格。当然，第 3 个参数也有可能是一个空白符，例如：

(黄色，字符 β) → 空白符，蓝色，左移一格

表示当箭头是黄色并且指向的格子写有字符 β 时，擦除该字符，箭头变蓝并左移一格。这样，给机器一张空白的纸条，或者一张预先印有东西的纸条，这台机器便能根据指令自动工作。如果在某一步，任何指令都不适用，机器便自动停止工作。

在实际编写指令时，图灵总是把纸条上的格子分为两种来使用。其中一种叫作 E 格，这种格子是专门用来打草稿的，里面的字符可以随时修改或者擦除；另一种叫作 F 格，它里面的字符才是真正输出的字符，一旦打印便不宜再删改。因此，E 格的作用大致相当于我们今天所说的内存，F 格的作用则大致相当于我们今天所说的输出设备。图灵总是把纸条的左起第 1,3,5,7,… 个格子用作 F 格，把第 2,4,6,8,… 个格子用作 E 格。

精心设计不同的指令集，我们就能得到功能不同的"图灵机"（Turing machine）。你可以设计一台图灵机，让它在 F 格上打印出根号 2 的值；甚至可以设计一台图灵机，让它在 F 格上打印出圆周率的值。在论文中，图灵本人还实现了一种特殊的图灵机——"通用图灵机"（universal Turing machine），它可以模拟别的图灵机的运行。具体地说，如果把任意一台图灵机的指令集用图灵自己提出的一种规范方式编码并预存在纸条上，那么通用图灵机就能够根据纸条上已有的信息，在纸条上做大量的例行工作，并不断在 F 格上输出那台图灵机应该输出的东西。用现在的话说，这就相当于是用 C 语言写了一个 C 语言解释器。图灵用字母 U 来表示这个强大的通用图灵机。

有了图灵机的概念，我们不但能够更严谨地表述大卫·希尔伯特的难题，还能既准确又方便地引入很多其他的概念，例如"可计算数"（computable number）。直观地说，可计算数就是那些有办法算出来的数。所以，不但所有整数、所有有理数都是可计算数，所有代数数也都是可计算数。事实上，人们已经证明，$\sin 1$、$2^{\sqrt{2}}$、圆周率 π、自然底数 e 等数都不是代数数，但它们显然也都是可计算数。借助图灵机，我们可以给可计算数下一个非

常精确的定义：对于某个实数，如果存在一个图灵机，能在 F 格上打印出该实数小数点后任意多位的数字，我们就把这个实数叫作"可计算数"。用我们现在的话说就是，可计算数就是那些能够编写程序打印出来的数。

注意，我们能够按照图灵机的指令集总长度从小到大地把所有可能的图灵机一一列举出来（长度相等时可以按字典序排序）。把那些无法产生一个实数的图灵机和产生重复实数的图灵机都剔除掉，我们就能得到一个既无重复又无遗漏的可计算数序列。这表明，所有的可计算数构成了一个可数集。然而，刚才已经证明，实数集是一个不可数集。这表明，全体可计算数只占全体实数中很小的一部分。

不过，利用康托尔的对角线方法，我们能够"证明"一个完全相反的结论：可计算数是不可数的。

同样，我们只考虑 $[0,1]$ 区间内的可计算数。首先把所有的可计算数列成一张表 $a_1, a_2, a_3, \cdots$，然后利用对角线方法构造一个与列表中任意一个数都不相等的数。既然这个数不在列表里，那就说明我们的列表并不全。所以说，可计算数是不可数的。

等等！你或许注意到了里面的陷阱——最后得到的这个数本身是可计算数吗？前面我们演示过对角线方法的一种错误应用，问题就出在这里。吃一堑，长一智。这一回，我们不能再忘记检查最后这个数本来是否应该在列表中了。但仔细一想，你会发现，最后这个数本身好像还真是可计算数！由于每一个 a_i 都是可计算的，因此它的小数点后第 i 位数字能够在有限的时间里算出来。我们再把"不同于小数点后第 i 位数字"的含义规定死，严格按照 $0 \to 1, 1 \to 2, 2 \to 1, 3 \to 1, \cdots, 9 \to 1$ 的规则选取相异的数字，就像之前所做的那样。别忘了，我们有一个强大的通用图灵机 U，它可以模拟出其他图灵机的运行结果。因而，我们可以对它进行改造，让它依次模拟列表里的每一个数所对应的图灵机（并把所有模拟工作都改在 E 格上完成），先找到 a_1 的小数点后第 1 位后，再找到 a_2 的小数点后第 2 位，再找到 a_3 的小数点后第 3 位，等等。每找到一个新的数字，便按照规则在下一个 F 格上打印一个不同的数字。显然，最后得到的这个数是可计算的。但是，这个可计算数却不在列表中，这说明我们的列表并不全。所以说，可计算数是不可数的。

当然，这段"证明"肯定是错的，因为可计算数实际上是可数的。那么，这个"证明"究竟错在哪里呢？这个"证明"错在，我们一开始就凭空假设了一个可计算数列表，这个列表的生成规则是不透明的。这本来没啥（事实上我们在证明实数不可数时也是这么做的），但关键是，如果这个列表本身并不是通过某种方式计算出来的，最后用对角线方法得到的数也就不是可计算的。那么，如果我们修改一下证明，事先给定一种生成可计算数列表的方案呢？麻烦就麻烦在这里：可计算数确实是可数的，确实能够一个一个地列举出来，但我们不见得能找出一个具体的列举算法。大家或许会奇怪，我们先依次列举出所有可能的图灵机，然后划掉那些不合法的图灵机，不就列出所有的可计算数了吗？问题就出在，我们不能有效地判断哪些图灵机是不合法的。这里"不合法的图灵机"含义有很多，它有可能是真的不合法（例如包含有互相冲突的指令），也有可能是会在 F 格输出非数字字符，还有可能是在某一步之后陷入死循环永远输不出下一个数字。后面两个问题显然很难办，因为你不知道一个图灵机运行后将在什么地方开始不合法，也无法知道一个图灵机迟迟没能输出下一位数是因为真的遇到死循环还是只需要再等一等。因此，仅用模拟运行的方法，我们无法在有限的时间里判断图灵机的合法性。有没有可能不模拟运行图灵机，依靠某种通用的方法提前"预知"一个图灵机是否合法呢？在论文的第 8 节，图灵证明了这在理论上就是不可行的。这个结论可以重新表述为，不存在这样的一个图灵机 D，使得把任意一个图灵机 M 的指令集预先储存在纸条上，图灵机 D 开始运行后都能在有限步之内判断出图灵机 M 能否输出一个合法的小数，并在纸条上输出判断的结果。

这个结论的证明其实很简单。注意，如果这样的图灵机 D 真的存在，我们就会得出"可计算数是不可数的"这么一个荒谬的结论。这就已经足以说明，图灵机 D 是不存在的。不过，为了让证明更具说服力，图灵还给出了一些更具体的分析。

如果我们真的有了这么一个图灵机 D，那么我们就能把图灵机 D 的指令集和通用图灵机 U 的指令集汇集起来，编制出一个新的图灵机 H。我们可以在图灵机 H 里添加一些额外的指令，让它自动枚举所有可能的图灵机，每产生一个图灵机，都用 D 来判断其合法性，并在第 i 次找到合法的图灵机时，用 U 去模拟这个图灵机的运行，直至获取到这个图灵机将要输出的第 i 个数字，然后让 H 自己在下一个 F 格上输出一个与之不同的数字。可见，图灵机 H 本身是合法的，因为它模拟运行的都是合法的图灵机，不会被卡死，同时它在 F 格上也只会输出数字，不会输出别的东西（D 和 U 的工作都很容易搬到 E 格上完成）。因此，图灵机 H 本身也在合法图灵机的列表里。不妨假设它是第 n 个图灵机。现在，运行图灵机 H，它便会开始自动寻找所有合法的图灵机。总有一个时候，它会找到第 n 个合法的图灵机，也就是图灵机 H 自己。图灵机 H 将会模拟运行它自己，试图找出它自己将输出的第 n 位数字是什么，然后输出一个与之不同的数。你会发现，此时矛盾已经出现了：它怎么能在第 n 位输出一个不同于它自己在第 n 位应该输出的数呢？

　　而实际情况则更有意思：H 永远卡在这里了。当它遇到第 n 个合法的图灵机（也就是它自己）时，它将会模拟自己的运行。它将会模拟自己模拟前 $n-1$ 个合法图灵机的运行，找出自己在前 $n-1$ 位输出了什么。然后它将模拟自己模拟第 n 个合法的图灵机（也就是它自己）。于是，它将会模拟自己模拟自己又一次模拟之前的图灵机，并再次遇到自己……你会发现，图灵机 H 将陷入一个死循环，这与它本身的合法性相矛盾。图灵用这种方法证明，预知指令集今后的行为是永远不可能实现的。

　　这个定理有着更深刻的含义，即没有一种通用的方法可以预测一个图灵机无穷远后的将来。后人把这一切总结为著名的"停机问题"（halting problem），即没有一种通用的办法能够判断一段计算机程序是否会无限运行下去。正如《图灵的秘密》（The Annotated Turing）封底上的一段文字所说：在没有计算机的时代，图灵不但探索了计算机能做的事，还指出了计算机永远不能做到的事。

　　在论文的最后一节，图灵给出了一种图灵机指令集和一阶逻辑表达式的转换规则，使得这个图灵机将会打出至少一个数字 0，当且仅当对应的一阶逻辑表达式为真。然而，我们没有一种预测出图灵机是否会输出数字 0 的办法，因而也就没有一种判断数学命题是否为真的通用办法。于是，Entscheidungsproblem 有了一个完美的解答。

　　有趣的是，图灵机本身的提出比 Entscheidungsproblem 的解决意义更大。计算机诞生以后，出现了五花八门的高级编程语言，一个比一个帅气，但它们的表达能力实际上都没有超过图灵机。事实上，再庞大的流程图，再复杂的数学关系，再怪异的语法规则，最终都可以用图灵机来描述。图灵机似乎是一个终极工具，它似乎能够表达一切形式的计算方法，可以描述一切事物背后的规律。在同一时代，美国数学家阿隆佐·邱奇（Alonzo Church）创立了λ算子（λ-calculus），用数学的方法去阐释"机械过程"的含义。后来人们发现，图灵机和λ算子是等价的，它们具有相同的表达能力，是描述"可计算性"的两种不同的模型。图灵机和λ算子真的能够描述所有直观意义上的"可计算数"、"可计算数列"、"可计算函数"吗？有没有什么东西超出了它们的表达能力？这个深刻的哲学问题就叫作"邱奇图灵论题"（Church-Turing thesis）。当然，我们没法用形式化的方法对其进行论证，不过大家普遍认为，图灵机和λ算子确实已经具有描述世间一切复杂关系的能力了。人们曾经提出过一些hypercomputer，即超出图灵机范围的假想机器，比如能在有限时间里运行无穷多步的机器，能真正处理实数的机器，等等。不过这在理论上都是不可能实现的。

事实上，图灵在他的论文中就已经指出，人的思维也没有跳出图灵机的范围。对此，图灵有一段非常漂亮的论证：人在思考过程中，总能在任意时刻停下来，把当前进度记录在一张纸上，然后走开并将其完全抛诸脑后，过一会儿再回来，并完全凭借纸上的内容拾起记忆，读取进度，继续演算。也就是说，人的每一帧思维，都可以完全由上一帧思维推导过来，不依赖于历史思维过程。而图灵机所做的，也就是把人的思维步骤拆分到最细罢了。

没错，这意味着，或许一个人的语言、计算甚至学习能力，完全等价于一个图灵机，只不过这个图灵机的指令集可能异常庞大。1950年，图灵在另一篇经典论文《计算机器与智能》（*Computing Machinery and Intelligence*）中正式把人和机器放到了相同的高度：让一个真人C先后与一台计算机A和另一个真人B聊天，但事先不告诉他A和B哪个是机器哪个是人；如果C无法通过聊天内容分辨出谁是机器谁是人，我们就认为计算机A具有了所谓的人工智能。这就是著名的图灵测试（Turing test）。

计算机拥有智能？这岂不意味着计算机也能学习，也能思考，也拥有喜怒哀乐？人类似乎瞬间失去了不少优越感，于是不少科学家都旗帜鲜明地提出了反对意见。其中最为经典的恐怕要数美国哲学家约翰·塞尔（John Searle）在1980年提出的"中文屋子"（Chinese room）思想实验了。把一个不懂汉语的老外关在一个屋子里，屋子里放有足够多的草稿纸和铅笔，以及一本汉语机器聊天程序的源代码。屋子外面则坐着一个地地道道的中国人。屋里屋外只能通过纸条传递信息。老外可以用人工模拟程序运行的方式，与屋外的人进行文字聊天，但这能说明老外就懂中文了吗？显然不能。每次讲到中文屋子时，我往往会换一种更具戏剧效果的说法。一群微软研究员在小屋子里研究代码研究了半天，最后某人指着草稿纸一角的某个数字一拍大腿说，哦，原来屋外的人传进来的是一段笑话！于是，研究员们派一个代表到屋子外面捧腹大笑——显然，这个研究员是在装笑，他完全不知道笑点在哪儿。这个例子非常有力地说明了，机器虽然能通过图灵测试，但它并不具有真正的智能。

当然，有反方必有正方。另一派观点则认为，计算机拥有智能是一件理所当然的事。这涉及一个更为根本的问题：究竟什么是智能？

我曾经看过一本科幻小说，书名不记得了，情节内容也完全不记得了，只记得看完小说第一页时的那种震撼。在小说的开头，作者发问，什么是自我意识？作者继续写到，草履虫、蚯蚓之类的小动物，通常是谈不上自我意识的。猫猫狗狗之类的动物，或许会有一些自我意识吧。至于人呢，其实我只敢保证我自己有自我意识，其他人有没有自我意识我就不知道了。看到这里我被吓得毛骨悚然：完全有可能整个世界就只有我一个人有自我意识，其他所有人都是装出一副有意识的样子的无生命物！

我有一次做汉语语义识别的演讲，讲到利用语义角色模型结合内置的知识库，计算机就能区别出"我吃完了"和"苹果吃完了"的不同，可以推出"孩子吃完了"多半指的是什么。一位听众举手说："难道计算机真的'理解'句子的意思了？"我的回答是："没有冒犯的意思，你认为你能理解一个汉语句子的意思对吧，那你怎样证明这一点呢？"听众朋友立即明白了。你怎样证明你真的懂了某一句话？你或许会说，我能对其进行扩句缩句啊，我能换一种句型表达同样的意思啊，我能顺着这句话讲下去，讲出与这句话有关的故事、笑话或者典故，甚至能在纸上画出句子里的场景来呢！那好，现在某台计算机也能做到这样的事情了，怎么办？

这就是所谓的"功能主义"（functionalism）：只要它的输入输出表现得和人一样，不管它是什么，不管它是怎么工作的，哪怕它只是一块石头，我们也认为它是有智能的。永远不要觉得规则化、机械化的东西就没有智能。你觉得你能一拍脑袋想一个随机数，并且嘲笑计算机永远无法生成真

图灵机与 NP 问题

正的随机数。但是，你凭什么认为你想的数真的就是随机的呢？事实上，你想的数究竟是什么，这也是由你的大脑机器一步一步产生的。你的大脑逃不出图灵机。

事实上，整个世界也逃不出图灵机的范围。艾萨克·牛顿（Isaac Newton）系统地总结了物体运动规律后，人类豁然开朗，原来世界上的万事万物都是由"力"来支配的，扔出一个东西后，这个东西将以怎样的路线做怎样的运动，会撞击到哪些其他的物体，它们分别又会受到怎样的影响，这都是可以算出来的。这便是所谓的"宇宙机械论"（universal mechanism）：我们的世界是一个简单的、确定的、线性的、无生的世界。1814年，法国数学家皮埃尔–西蒙·拉普拉斯（Pierre-Simon Laplace）给出一个更加漂亮的诠释：如果有一个妖精，它知道宇宙某个时刻所有基本粒子的位置和动量，那么它就能够根据物理规律，计算出今后每一时刻整个宇宙的状态，从而预测未来。刘慈欣在科幻小说《镜子》中更加极端地把初始状态取到宇宙大爆炸的时刻，因为宇宙诞生之初的状态极其简单，调整到正确的参数就可以生成我们所处的这个宇宙。这就是所谓的"决定论"（determinism）。

我特别相信这些说法。我的拖延症有一个非常怪异的缘由，那就是我会告诉自己，截止的那一天总会到来的，这堆破事儿总会被我做完的。遇上纠结的问题，我不会做过多的思考，而会让一切顺其自然。其实，结果已经是确定的了，我真正需要做的不过是亲自把这个过程经历一遍。就仿佛我没有自由意志了一样。

不过，现代物理学的观念，尤其是量子理论的诞生，开始质疑上帝究竟会不会掷骰子了。然而，上帝会不会掷骰子，对于我们来说其实并不重要。图灵的结论告诉我们，即使未来是注定的，我们也没有一种算法去预测它，除非模拟它运行一遍。但是，模拟这个宇宙的运行，需要的计算量必然超出了这个宇宙自身的所有资源。运行这个宇宙的唯一方式，就是运行这个宇宙本身。赛斯·劳埃德（Seth Lloyd）在《为宇宙编程》（*Programming the Universe*）里说，"我们体会到的自由意志很像图灵的停机问题：一旦把某个想法付诸实践，我们完全不知道它会通向一个怎样的结局，除非我们亲身经历这一切，目睹结局的到来。"

未来很可能是既定的，但是谁也不知道未来究竟是什么样。每个人的将来依旧充满了未知数，依旧充满了不确定性。所以，努力吧，未来仍然是属于你的。

P 问题、NP 问题及 NP 完全问题

在本书第 2 章中，我们讲到了这样一个问题：给定 n 个物体各自的重量，以及每个物体最大可以承受的重量，判断出能否把它们叠成一摞，使得所有的物体都不会被压坏。出人意料的是，问题的解决方法异常简单：按照自身重量与最大承重之和进行排序，这个和越小的物体放在越上面，这个和越大的物体放在越下面，然后检验这是否能让所有物体都不被压坏，它的答案就决定了整个问题的答案。如果我们使用插入排序来完成排序的任务，那么排序阶段的操作次数应该与 n^2 成正比，而检验阶段的操作次数就应该与 n 成正比，整个算法的时间复杂度就是 $O(n^2)$。当然，在编写程序时，一些细节处可能还需要很多额外的操作。不过，对于运算速度极快的计算机来说，这都可以忽略不计。1985 年由英特尔公司推出的 80386 芯片每秒钟可以执行 200 万条指令，1999 年的英特尔奔腾 III 处理器每秒钟可以执行 20 亿条指令，2012 年的英特尔酷睿 i7 处理器每秒钟则可以执行 1000 亿条以上的指令。不妨假设，当 $n = 10$ 时，借助上述算法，计算机只需要 0.1 毫秒就能得到答案。

算法的时间复杂度为 $O(n^2)$，说明当 n 增加到原来的 100 倍时，运行完成所需的时间会增加到原来的 10000 倍。因此，如果 n 变成 1000，计算机也只需要 1 秒就能得到答案。即使 n 增加到 100000，计算机也只需要 10000 秒就能得到答案，这大约相当于 2 小时 47 分钟。

其实，为了判断这些物体能否安全叠放，我们似乎完全不必如此煞费心机。我们还有一个更基本的方法：枚举所有可能的叠放顺序，看看有没有满足要求的方案。n 个物体一共会产生 $n!$ 种不同的叠放顺序，每次检验都需要耗费 $O(n)$ 的时间。所以，为了得到答案，最坏情况下的时间复杂度为 $O(n \cdot n!)$。那么，我们为什么不采用这种粗暴豪爽的算法呢？主要原因大概就是，这种算法的时间复杂度有些太高。但是，既然计算机的运算速度如此之快，$O(n \cdot n!)$ 的时间复杂度想必也不在话下吧？让我们来看一看。仍然假设 $n = 10$ 时，计算机只需要 0.1 毫秒就能得到答案。令人吃惊的是，若真的以 $O(n \cdot n!)$ 的级别增长，到了 $n = 15$ 时，完成算法全过程需要的时

间就已经增加到了 54 秒。当 $n = 20$ 时，算法全过程耗时 1.34 亿秒，相当于 1551 天，也就是 4.25 年。当 $n = 30$ 时，算法全过程耗时 700 万亿年，而目前的资料显示，宇宙大爆炸也不过是在 137 亿年以前。如果 $n = 100$，计算机需要不分昼夜地工作 8.15×10^{140} 年才能得到答案。根据目前的宇宙学理论，到了那个时候，整个宇宙早已一片死寂。

为什么 $O(n^2)$ 和 $O(n \cdot n!)$ 的差异那么大呢？原因就是，前者毕竟属于多项式级的增长，后者则已经超过了指数级的增长。

指数级的增长真的非常可怕，虽然 n 较小的时候看上去似乎很平常，但它很快就会超出你的想象，完全处于失控状态。一张纸对折一次会变成 2 层，再对折一次会变成 4 层……如此下去，每对折一次这个数目便会翻一倍。因此，一张纸对折了 n 次后，你就能得到 2^n 层纸。当 $n = 5$ 时，纸张层数 $2^5 = 32$；当 $n = 10$ 时，纸张层数瞬间变成了 1024；当 $n = 30$ 时，你面前将出现 $2^{30} = 1073741824$ 层纸！一张纸的厚度大约是 0.1 毫米，这 10 亿多张纸叠加在一起，就有 10 万多米。卡门线（Kármán line）位于海拔 100 千米处，是国际标准规定的外太空与地球大气层的界线。这表明，把一张纸对折 30 次以后，其总高度将会超出地球的大气层，直达外太空。

波斯史诗《王书》记载的故事也形象地道出了指数级增长的猛烈程度。一位智者发明了国际象棋，国王想要奖赏他，于是问他想要什么。智者说："在这个棋盘的第一个格子里放上一颗大米，第二个格子里放上两颗大米，第三个格子里放上四颗大米，以此类推，每个格子里的大米数都是前一个格子的两倍。所有 64 个格子里的大米就是我想要的奖赏了。"国王觉得这很容易办到，便欣然同意了。殊不知，哪怕只看第 64 个格子里的大米，就已经有 $2^{63} \approx 9.22 \times 10^{19}$ 颗了。如果把这些大米分给当时世界上的所有人，那么每一个人都会得到上千吨大米。国际象棋的棋盘里幸好只有 64 个格子。如果国际象棋的棋盘里有 300 个格子，里面的大米颗数就会超过全宇宙的原子总数了。

因而，在计算机算法领域，我们有一个最基本的假设：所有实用的、快速的、高效的算法，其时间复杂度都应该是多项式级别的。因此，在为计算机编写程序解决实际问题时，我们往往希望算法的时间复杂度是多项式级别的。这里的"问题"一词太过宽泛，可能会带来很多麻烦，因而我们规定，接下来所说的问题指的都是"判定性问题"（decision problem），即那些给定某些数据之后，要求回答"是"或者"否"的问题。

在复杂度理论中，如果某个判定性问题可以用图灵机在多项式级别的时间内解出，我们就说这个问题是一个 P 问题，或者说它属于集合 P。这里，P 是"多项式"的英文单词 polynomial 的首字母。

我们在第 1 章讲过，判断一个图中是否存在欧拉路径，我们有一个非常高效的做法：只需要先判断这个图是否是连通的，再数一数各个顶点的度数即可。如果这个图是连通的，并且度数为奇数的顶点不超过两个，则该图存在欧拉路径；上述两个条件中的任意一个不被满足，这个图都不存在欧拉路径。依据这个结论，我们很容易得到一种多项式级的算法。因此，欧拉路径的存在性问题也是一个 P 问题。

在第 2 章中，我们讲到了最优前缀码编码问题，并给出了一种非常漂亮的多项式级算法。利用这种算法，我们找到了英文句子 that that that is that that is not is not that that is that that is is not true is not true 的最优编码方案：{t→10, ␣→01, a→001, h→000, i→1100, s→1101, n→11111, o→11110, e→11000, r→110011, u→110010}。在这个方案下，整个句子可以编码为一个长度仅有 274 位的 0、1 串。不过，因为"输出最优的编码方案"并不是一个判定性问题，就连"输出编码结果的最短总长度"也不是一个判定性问题，所以直接说最优前缀码编码问题是一个 P 问题，这种做法是不严谨的。为了把最优前缀码编码问题纳入讨论范围，我们需要以一种是非问题的形式把问题重新呈现出来。其中一种方法就是，把原问题改编为：给定一个字符串及一个正整数 N，问是否存在一种前缀码编码方式，使得整个字符串编码后的总长度小于等于 N。改编后的问题显然已经变成了一个判定性问题，并且当 N 的取值足够犀利时，我们必须要找到那个最优的编码方案才能准确地给出答案，这说明改编后的问题仍然原汁原味地保留了原问题的挑战性。由于我们有办法在多项式的时间里解决原来的问题，因而自然就能在多项式的时间里解决改编后的问题（只需要求出真正的最优长度即可）。也就是说，最优前缀码编码问题的判定性版本是一个 P 问题。

历史上至少有过两个问题，它们看起来非常困难，非常不像 P 问题，但在人们的不懈努力之下，最终还是成功地加入了 P 问题的大家庭。其中一个是线性规划（linear programming），它是一种起源于二战时期的运筹学模型。1947 年，乔治·丹齐格（George Dantzig）提出了一种非常漂亮的算法

——单纯形法（simplex algorithm），它在随机数据中的表现非常不错，但在最坏情况下却需要耗费指数级的时间。因此，有很长一段时间人们都在怀疑，线性规划是否有多项式级的算法。直到 1979 年，人们才迎来了线性规划的第一个多项式级的算法，它是由苏联数学家列昂尼德·哈奇扬（Leonid Khachiyan）提出的。另外一个问题则是在第 5 章中提到的质数判定问题。人们曾经提出过各种质数判定的多项式级算法，但它们要么是基于概率的，要么是基于某些假设的，要么是有一定适用范围的。直到 2002 年，质数判定问题才正式归入了 P 问题的集合。

同时，我们也有很多游离于集合 P 之外的问题。目前人们还没有找到一种有效的整数分解算法。也就是说，目前人们还不知道整数分解问题是否属于 P 问题。（这里我们指的也是整数分解问题的判定性版本，即给定一个正整数 N 和一个小于 N 的正整数 M，判断出 N 是否能被某个不超过 M 的数整除。）人们猜测，整数分解很可能不属于 P 问题，这正是 RSA 算法目前足够安全的原因。另一个著名的问题叫作"子集和问题"（subset sum problem）：给定一个整数集合 S 和一个大整数 M，判断出能否在 S 里选出一些数，使得它们的和正好为 M？比如，假设集合 S 为

$$\{38, 71, 45, 86, 68, 65, 82, 89, 84, 85, 91, 8\}$$

并且大整数 $M = 277$，那么你就需要判断出能否在上面这一行数里选出若干数，使得它们相加之后正好等于 277。为了解决这类问题，其中一种算法就是，枚举所有可能的选数方案，看看有没有满足要求的。如果用 n 来表示集合里的元素个数，那么所有可能的选数方案就有 $O(2^n)$ 种，检验每一种方案都需要花费 $O(n)$ 的时间，因而整个算法的时间复杂度为 $O(n \cdot 2^n)$。虽然人们已经找到了时间复杂度更低的算法，但没有一种算法的时间复杂度是多项式级的。人们猜测，子集和问题很可能也不属于 P 问题。

美国计算机科学家杰克·埃德蒙兹（Jack Edmonds）在 1964 年的一篇讨论某个矩阵问题的论文中，也提到了类似于 P 问题的概念："当然，给定一个矩阵后，考虑所有可能的染色方案，我们一定能碰上一个符合要求的剖分，但这种方法所需要的工作量大得惊人。我们要寻找一种算法，使得随着矩阵大小的增加，工作量仅仅呈代数式地上涨……和大多数组合问题一样，找出一个有限的算法很容易，找出一个满足上述条件的，从而能在

实际中运用的算法，就不那么容易了。"接下来，埃德蒙兹模模糊糊地触碰到了一个新的概念："给定一个矩阵，它的各列最少能被剖分成多少个独立集？我们试着找出一个好的刻画方式。至于什么叫作'好的刻画'，则采用'绝对主管原则'。一个好的刻画，应该能透露出矩阵的某些信息，使得某个主管能够在助手找到一个最小的剖分方案之后，轻易地验证出这确实是最小的剖分方案。有了一个好的刻画，并不意味着就有一个好的算法。助手很可能还是得拼死拼活，才能找到那个剖分方案。"

埃德蒙兹后面所说的，不是设计一种多项式级的算法来寻找答案，而是设计一种多项式级的算法来验证答案的正确性。对于很多问题，这件事情是很好办的。为了向人们展示出确实有可能让所有的物体都不被压坏，我们只需要给出一种满足要求的物体叠放顺序，并让计算机用 $O(n)$ 的时间验证它的确满足要求即可。为了向人们展示出某个图确实存在欧拉路径，我们可以给出一种走遍每一条边的顺序，并让计算机用 $O(n)$ 的时间验证，这确实是一条合法的连续路线，并且它既无重复又无遗漏地包含了图中所有的边。

对于有些问题来说，如果答案是肯定的，我们可能并没有一种非常明显的高效方法来检验这一点。不过，很容易看出，找出一个多项式级的答案验核算法，再怎么也比找出一个多项式级的答案获取算法更容易。很多看上去非常困难的问题，都是先找到多项式级的答案验核算法，再找到多项式级的答案获取算法的。质数判定问题就是一个经典的例子。如果某个数确实是一个质数，你怎样才能在多项式级的时间里证明这一点？1975 年，沃恩·普拉特（我们曾在第 3 章的最后一节中提到过他）在《每个质数都有一份简短的证明书》（*Every Prime Has a Succinct Certificate*）一文中给出了这样的一种方法，无疑推动了质数判定算法的发展。

还有些问题是如此之难，以至于目前人们不但没有找到多项式级的答案获取算法，而且还不知道是否存在多项式级的答案验核算法。比如经典的"第 K 大子集问题"（Kth largest subset problem）：给定一个含有 n 个整数的集合 S，一个大整数 M，以及一个不超过 2^n 的整数 K，判断出是否存在至少 K 个不同的子集，使得每个子集里的元素之和都不超过 M？如果答案是肯定的，一个很容易想到的验证方法便是，把所有满足要求的 K 个子集都列出来，并交由计算机审核。只可惜，子集的数目是指数级的，因而审核工作也将会花费指数级的时间。人们猜测，第 K 大子集问题很可能没有多项式级的检验方法。

在复杂度理论中，一个问题有没有高效的答案验核算法，也是一个非常重要的研究课题。对于一个判定性问题，如果存在一个多项式级的算法，使得每次遇到答案应为"是"的时候，我们都能向这个算法输入一段适当的"证据"，让算法运行完毕后就能确信答案确实为"是"，我们就说这个问题是一个 NP 问题，或者说它属于集合 NP。为了解释"NP 问题"这个名字的来由，我们不得不提到 NP 问题的另一个等价定义：可以在具备随机功能的机器上用多项式级的时间解决的问题。

"具备随机功能"这种说法也是很笼统、很随意的，好在我们可以借助图灵机模型对它进行形式化。如果允许图灵机的指令集发生冲突，比如指令集里面既有

(红色，字符 A) → 字符 B，绿色，右移一格

又有

(红色，字符 A) → 空白符，蓝色，左移一格

我们就认为这样的图灵机具备了随机的功能。这种新型的图灵机就叫作"非确定型图灵机"（nondeterministic Turing machine）。机器一旦遇到了矛盾纠结之处，就随机选择一条指令执行。你可以把机器面对的每一次随机选择都想象成是一个通向各个平行世界的岔路口，因而整台机器可以同时试遍所有的分支，自动探寻所有的可能。如果你看过尼古拉斯·凯奇主演的电影《预见未来》（Next），你或许会对这一幕非常熟悉。只要在任意一个分支里机器回答了"是"，那么整台机器也就算作回答了"是"。

在如此强大的机器上，很多问题都不是问题了。为了判断出能否让所有的物体都不被压坏，我们只需要让机器每次都从剩余物体中随便选一个放，看看由此产生的 $n!$ 种放法里是否有哪种放法符合要求。为了判断出给定图中是否存在欧拉路径，我们只需要让机器随机选择一个出发点，并在有多条路可走时随机选择一条路，最后看看有没有哪种走法可以既无重复又无遗漏地走遍所有的边。事实上，在非确定型图灵机上可以用多项式级的时间获取到答案的问题，正是那些在确定型图灵机上可以用多项式级的时间验核答案的问题，原因很简单：如果一个问题可以在非确定型图灵机

上获解，找到解的那个分支沿途做出的选择就成了展示答案正确性的最有力证据；反之，如果我们能在确定型图灵机上验核出答案确实为"是"，我们便可以在非确定型图灵机上随机产生验核所需的证据，看看在所有可能的证据当中会不会出现一条真的能通过验核的证据。"非确定型"的英文单词是 nondeterministic，它的首字母是 N；"多项式"的英文单词是 polynomial，它的首字母是 P。NP 问题便如此得名。

容易想到，所有的 P 问题一定都是 NP 问题，但反过来就不好说了。例如，子集和问题显然是属于集合 NP 的，为了验证答案确实为"是"，我们只需提供任意一个满足要求的子集，让计算机进行检验即可。然而，之前就讨论过，人们不但没有找到子集和问题的多项式级解法，而且也相信子集和问题恐怕根本就没有多项式级的解法。因而，子集和问题很可能属于这么一种类型的问题：它属于集合 NP，却不属于集合 P。当然，这只是人们的猜测。

1971 年，史提芬·古克（Stephen Cook）发表了计算机科学领域最重要的论文之一——《定理证明过程的复杂性》（*The Complexity of Theorem-Proving Procedures*）。在这篇论文里，史提芬·古克提出了一个著名的问题：属于集合 NP 但不属于集合 P 的问题真的存在吗？会不会实际上集合 P 完全等于集合 NP 呢？如果一定要用一句最简单、最直观的话来描述这个问题，那就是：能高效地检验解的正确性，是否就意味着能高效地找出一个解？数十年来，无数的学者向这个问题发起了无数次进攻。根据格哈德·韦金格（Gerhard Woeginger）的统计，仅从 1996 年算起，就有 100 余人声称解决了这个问题，其中 55 人声称 P 是等于 NP 的，另外 45 人声称 P 是不等于 NP 的，还有若干人声称这个问题理论上不可能被解决。但不出所料的是，所有这些"证明"都是错误的。目前为止，既没有人真正地证明了 P = NP，也没有人真正地证明了 P ≠ NP，也没有人真正地证明了这个问题的不可解性。这个问题毫无疑问地成为了计算机科学领域最大的未解之谜。在 2000 年美国克雷数学研究所（Clay Mathematics Institute）公布的千禧年七大数学难题（Millennium Prize Problems）中，P 和 NP 问题排在了第一位。第一个解决该问题的人将会获得一百万美元的奖金。

让我们来看一下，科学家们都是怎么看 P 和 NP 问题的吧。英国数学家、生命游戏（Game of Life）的发明者约翰·康威（John Conway）认为，P 是不等于 NP 的，并且到了 21 世纪 30 年代就会有人证明这一点。他说道："我觉得这本来不应该是什么难题，只是这个理论来得太迟，我们还没有弄出任何解决问题的工具。"美国计算机科学家、1985 年图灵奖获得者理查德·卡普（Richard Karp）也认为，P 是不等于 NP 的。他说："我认为传统的证明方法是远远不够的，解决这个问题需要一种绝对新奇的手段。直觉告诉我，这个问题最终会由一位不被传统思想束缚的年轻科学家解决掉。"美国计算机科学家、《自动机理论、语言和计算导论》（*Introduction to Automata Theory, Languages and Computation*）的作者杰夫瑞·厄尔曼（Jeffrey Ullman）同样相信 P 不等于 NP。他说："我认为这个问题和那些困扰人类上百年的数学难题有得一拼，比如四色定理（four color theorem）。所以我猜测，解决这个问题至少还要 100 年。我敢肯定，解决问题所需的工具至今仍未出现，甚至连这种工具的名字都还没有出现。但别忘了，那些最伟大的数学难题刚被提出来的 30 年里，所面对的也是这样的情况。"

你或许注意到了，大家似乎都倾向于认为 P ≠ NP。事实上，根据威廉·加萨奇（William Gasarch）的调查，超过八成的学者都认为 P ≠ NP。这至少有两个主要的原因。首先，证明 P = NP 看上去比证明 P ≠ NP 更容易，但即使这样，目前仍然没有任何迹象表明 P = NP。为了证明 P = NP，我们只需要构造一种可以适用于一切 NP 问题的超级万能的多项式级求解算法。在那篇划时代的论文里，史提芬·古克证明了一个颇有些出人意料的结论，让 P = NP 的构造性证明看起来更加唾手可得。在第 1 章中，我们讲到了棒球赛淘汰问题的解法：把棒球赛淘汰问题转化成一个网络最大流问题，并用网络最大流的算法来解决它。这说明，网络最大流问题是一个比棒球赛淘汰问题更一般的"大问题"，它可以用来解决包括棒球赛淘汰在内的很多"小问题"。史提芬·古克则证明了，在 NP 问题的集合里，存在至少一个最"大"的问题，它的表达能力如此之强，以至于一切 NP 问题都可以在多项式的时间里变成这个问题的一种特例。很容易想到，如果这样的"终极 NP 问题"有了多项式级的求解算法，所有的 NP 问题都将拥有多项式级的求解算法。这样的问题就叫作"NP 完全问题"（NP-complete problem）。在论文中，史提芬·古克构造出了一个具体的 NP 完全问题，它涉及了很多计算机底层的逻辑运算，能蕴含所有的 NP 问题其实也不是非常奇怪的事。

后来，人们还找到了很多其他的 NP 完全问题。1972 年，理查德·卡普发表了《组合问题中的可归约性》(*Reducibility among Combinatorial Problems*)一文。这是复杂度理论当中又一篇里程碑式的论文,"P 问题"、"NP 问题"、"NP 完全问题"等术语就诞生于此。在这篇论文里,理查德·卡普列出了 21 个 NP 完全问题,其中不乏一些看起来很"正常"、很"自然"的问题,刚才提到的子集和问题就是其中之一。1979 年,迈克尔·加里(Michael Garey)和戴维·约翰逊(David Johnson)合作出版了第一本与 NP 完全问题理论相关的教材——《计算机和难解性:NP 完全性理论导引》(*Computers and Intractability: A Guide to the Theory of NP-Completeness*)。该书的附录中列出了超过 300 个 NP 完全问题,这一共用去了 100 页的篇幅,几乎占了整本书的三分之一。如果这些 NP 完全问题当中的任何一个问题拥有了多项式级的求解算法,所有的 NP 问题都将自动地获得多项式级的求解算法,P 也就等于 NP 了。然而,这么多年过去了,没有任何人找到任何一个 NP 完全问题的任何一种多项式解法。这让人们不得不转而相信,P 是不等于 NP 的。

人们相信 P ≠ NP 的另一个原因是,这个假设经受住了实践的考验。工业与生活中的诸多方面都依赖于 P ≠ NP 的假设。如果哪一天科学家们证明了 P = NP,寻找一个解和验证一个解变得同样容易,这个世界将会大不一样。1995 年,鲁塞尔·因帕利亚佐(Russell Impagliazzo)对此做了一番生动的描述。

首先,各种各样的 NP 问题,尤其是那些最为困难的 NP 完全问题,都将全部获得多项式级的解法。工业上、管理上的几乎所有最优化问题都立即有了高效的求解方案。事实上,我们甚至不需要编程告诉计算机应该怎样求解问题,我们只需要编程告诉计算机我们想要什么样的解,编译器将会自动为我们做好一个高效的求解系统。其次,很多人工智能问题也迎刃而解了。比方说,为了让计算机具备中文处理能力,我们可以准备一个训练集,里面包含一大批句子样本,每个句子都带有"符合语法"、"不符合语法"这两种标记之一。接下来,我们要求计算机构造一个代码长度最短的程序,使得将这些语句输入这个程序后,程序能正确得出它们是否符合语法。显然,这个最优化问题本身是一个 NP 问题(这里有个前提,即这样的程序是存在的,并且是多项式级的),因此计算机可以在多项式时间内找到这个最简程序。根据奥卡姆剃刀原理(Occam's razor),我们有理由相